国家社科基金一般项目
"基于公共意愿的国家公园公益化运营研究"
（项目批准号：17BJY156）

基于公共意愿的
国家公园
公益化运营研究

孙琨◎著

中国财经出版传媒集团

经济科学出版社
Economic Science Press
·北京·

图书在版编目（CIP）数据

基于公共意愿的国家公园公益化运营研究/孙琨著
. －－北京：经济科学出版社，2023.11
ISBN 978 - 7 - 5218 - 5082 - 6

Ⅰ. ①基…　Ⅱ. ①孙…　Ⅲ. ①国家公园 - 运营管理 -
研究 - 中国　Ⅳ. ①S759. 992

中国国家版本馆 CIP 数据核字（2023）第 165547 号

责任编辑：周国强
责任校对：蒋子明
责任印制：张佳裕

基于公共意愿的国家公园公益化运营研究

JIYU GONGGONG YIYUAN DE GUOJIA GONGYUAN GONGYIHUA YUNYING YANJIU

孙　琨　著

经济科学出版社出版、发行　新华书店经销
社址：北京市海淀区阜成路甲 28 号　邮编：100142
总编部电话：010 - 88191217　发行部电话：010 - 88191522
网址：www. esp. com. cn
电子邮箱：esp@ esp. com. cn
天猫网店：经济科学出版社旗舰店
网址：http：//jjkxcbs. tmall. com
固安华明印业有限公司印装
710 × 1000　16 开　20 印张　350000 字
2023 年 11 月第 1 版　2023 年 11 月第 1 次印刷
ISBN 978 - 7 - 5218 - 5082 - 6　定价：98. 00 元

前　　言

　　2013 年党中央正式提出建立国家公园体制，然后经过一系列制度建设和试点实践，国家公园已成为建设和展示生态文明的重要空间。在国家实施国家公园建设战略的背景下，本书的主要研究目的包括：丰富"国家公园体制改革"这一重大问题的理论研究；为国家公园更好地向公众提供公共服务，动员更多社会力量参与国家公园建设运营提供理论参考；从国家公园公益化运营实践中总结经验、发现问题及提出问题应对思路，助力国家公园公益化运营水平的提升。

　　第一，本书从社会响应侧角度，从"义与利"视角分析国家公园公共服务中的公众意愿特征，公众对国家公园各种公共服务价值的响应意愿、对国家公园建设投入的参与意愿，以及访客在国家中的生态游憩意愿。第二，本书在国家公园公共服务价值评价方面，除环境、游憩价值外，对在相关研究中尚未受到充分考虑的"康养、科研、教育"价值也进行了评价，拓展了国家公园公共服务价值评价维度。第三，本书探讨国家公园的地方性服务促进、公众生态文明感知、专业化服务与管理、补充元素植入这些目前被探讨得尚较少的问题，并提出实现这些相应内容的具体办法。第四，本书从国家公园公益化运营契合公众意愿的角度，提出应对国家公园公益化管理运营中一些实际问题的新思路。例如，通过对各主体角色合理定位来实现利益协调，实行家庭式接待来应对游客原生态体验感不足及社区同公园矛盾突出的问题，以有偿环境服务来应对国家公园保护投入不足的问题；等等。第五，本书也发现一些重要现象。例如，国家公园所达成的标准对公众趋义及趋利意愿有关键影响；在国家公园公益化功能实现中，公众的捐赠及志愿服务意愿普遍存在，而国家公园对相应意愿响应不足；国家公园在使访客产生实现感方面更具优势，但许多访客追求实现感的意愿偏弱；国家对国家公园的统管尚不够，未很好体现全民意愿；等等。这些发现对提升国家公园公益化运营水平有参考意义。最后，本书也有助于厘清国家公园公益化运营中的一些关键问题。例如，许多研究认为社区会对国家公园公益化运营带来巨大挑战，而本书研究发现让居民参与保护是最经济有效的选择；非国有土地并非不能被纳入国家公园，通过"协议托管、民间共同契约、地役权制度"可实现对非国有土地的统一保护和管理；国家公园总体应实行低门票费或免门票运营策略，但可设置增值服务项目来单独公正收费，以协调实现公益与增收的矛盾；等等。

本书可从研究视角、生态价值评价方法、国家公园运营模式优化等方面为相关研究提供参考，可为国家公园在建设实践中找到更多公益化运营管理抓手、有效应对现实中存在的问题、提升公益化运营效率等提供相应理论依据。同时，本书尚未对国家公园不同利益相关者的意愿做比较分析；未对公众的相应消极及不合理意愿进行识别，并提出对相应意愿进行调适和纠正的具体办法；未分析公众对于不同类型国家公园公共服务的意愿差异；等等。后续笔者将在这些方面开展进一步研究。

目　录

第 1 章

公众对于国家公园公共服务的意愿

　　建设国家公园是生态文明建设的一项重要内容，有助于实现人与自然和谐共生。早在 1996 年，中国科学院牵头在云南省开展国家公园研究，开始了建设国家公园的探索。2006 年，云南省迪庆州在地方立法中提出设立普达措国家公园，并于 2007 年由云南省政府正式挂牌设立。2008 年，云南省确定了普达措、西双版纳、老君山等 8 处国家公园试点，在同年被国家林业局确定为建设国家公园试点省，随后在其省林业厅设置了国家公园管理办公室（李海韵等，2021）。在同年 10 月，第一个国家层面上的国家公园试点单位在黑龙江汤旺河被环保部与国家旅游局批准成立。之后，很多省份也都产生了建设国家公园的想法。

　　近年来，党中央、国务院对国家公园体制建设进行了多次部署，相关部门在此方面完成了许多关键性工作。2013 年 11 月，党中央在《全面深化改革若干重大问题的决定》中正式提出建立国家公园体制。2015 年 1 月，国家发改委、中央编办、财政部等 13 个部门联合发布了《建立国家公园体制试点方案》，并于 2016 年开始，陆续确定了三江源、祁连山、钱江源、武夷山、海南热带雨林等 10 个国家公园体制试点区。中共中央办公厅与国务院办公厅在 2017 年 9 月公布了《建立国家公园体制总体方案》，在 2019 年 6 月印发了《关于建立以国家公园为主体的自然保护地体系的指导意见》。2021 年 10 月国家正式宣布确定三江源、武夷山、海南热带雨林等 5 个国家公园为第一批国家公园。至此，国家公园体制建设已初见成效。本研究中所说的国家公园是指 2013 年 11 月党的十八届三中全会首次提出"建立国家公园体制"以来，由国家发改委、中央编办、财政部等 13 个部委正式发文设立的国家公园体制试点区，以及 2021 年 9 月由国务院正式批复设立的 5 个国家公园（由试点区正式变为国家公园）。根据国家层面制度设计，我国的国家公园同世界自然保护联盟（IUCN）所界定的国家公园（国外许多国家的国家公园与此相对应）有一些差异。其在我国的自然保护地系统中处于最高保护等级，实施最严管控措施；为体现人与自然和谐共生关系，其在生态保护前提下遵循绿色发展原则。

根据 2017 年《建立国家公园体制总体方案》，国家公园坚持全民公益性，向公众提供教育、科研、游憩等公共服务。国家公园需通过公益化运营来体现其公益性特征、体现其公共服务职能。国家公园的公共服务对象是社会公众，因此其需基于对公众意愿的了解、站在公众立场上来进行公益化运营。其公益化运营中所提供的公共服务与公众意愿契合程度越高，则其为公众创造福祉的社会效益就越突出，就越能引起社会公众的积极响应。根据奥古斯丁的阐释：意愿是决定人外在行为的主观自愿因素，是个体独立自由的选择行为模式，是体现人自身个性的心灵能力；意愿决定了个体行为的主动特性（吴天岳，2005）。据此，公众对于国家公园公共服务的意愿就是公众针对该服务实施行为选择的主观自愿模式，其内化于公众的思想观念之中（冯艳滨和杨桂华，2017），影响公众实际行为（Hattke & Kalucza, 2019），进而影响国家公园在公共服务方面的成效（Riccucci et al., 2016）。例如，许多研究都主张通过促进公众参与来改进公共服务（汪锦军，2011），认为公众参与是国家公园建设的一种社会资本（郝龙，2020），包括参与其公共服务决策、评价、使用和提供等（李鹏，2015；孙晓莉，2009）；而公众参与行为直接受其意愿影响（许凌飞和彭勃，2017）。

因此，有必要了解公众对于国家公园公共服务的意愿，以为提升国家公园公共服务与公众意愿的契合程度、扩大和深化公众对国家公园建设的参与提供参考。

1.1 公众对于国家公园公共服务意愿的国外概况

1.1.1 支持设立国家公园的意愿

国家公园在提供公共生态服务方面的重要性已为公众所普遍认可（Kumar et al.，2019）。即使原本在国家公园内从事农、渔业生产的个体，虽然设立国家公园会对其生产造成限制，但其仍认为建设国家公园对整个社会有益（O'Del，2016）。在公众认知中，国家公园可向社会公众提供生态、文化及休闲等公共服务，使公众生活质量得以提升，因而其存在有重要意义（Strickland-Munro & Moore，2013）。在美国，95%的家庭认为保护国家公园很重要，可让当代及后代人受益，85%的人认为不管其是否能到访国家公园，国家公园的存在都可使其获益（Jones et al.，2012）。许多人期望能在拥有国家公园的区域内生活，以享受相应公共生态服务（Zawilińska，2020）。国家公园内本地居民还基于以下意愿而支持设立国家公园：希望国家公园在保护和向年轻一代传输文化知识方面发挥重要作用（Cetin & Sevik，2016）。

1.1.2 依托国家公园提升生活质量的意愿

建设国家公园的目标是为了提高公众生活质量（Strickland-Munro & Moore，2013）。国家公园的"生态、美学、文化、游憩、精神、疗养"等价值（Brown & Reed，2000；Mayer，2014）有助于公众生活质量的提升，访问国家公园可使个体得以放松、兴奋，满足其自我实现、社会交往，进而提升总体生活质量的需求（Ramkissoon et al.，2018）。通过梳理相关文献发现，在提升生活质量方面，公众对国家公园的意愿主要体现在"游憩、健康、情感"等三个方面。

1.1.2.1 进行游憩的意愿

国家公园通常被认为拥有纯粹的、不同寻常的自然景观（Haukeland，

2011）、人文胜迹（Sohel et al.，2015），以及相对优质的旅游服务质量
（Mayer，2014）。公众期望进入国家公园获得难忘的自然生态游憩经历（Weiler
et al.，2019）。在到访国家公园前，访客普遍希望对国家公园的游憩内容及资
源分布形成更多认识，以制定有效、便利的旅行规划（Tom Dieck et al.，
2018）；在到访后，其希望国家公园能向其展示更多自然生态知识（Sri-
arkarin & Lee，2018），以加深其对国家公园的了解。一些个体则期望得到在
户外环境中进行体验式学习的机会（Tormey，2022）；期望国家公园内开展更
多游憩活动，设置更多游憩步道，针对特定国家公园的研究表明，新设 1 种
游憩活动、1 千米游憩步道，可分别使国家公园访客数量增长 30%、0.4%
（Neuvonen et al.，2010）。许多访客想要在国家公园内进行较长时间的游憩，
例如，77% 以上的访客想要在澳大利亚卡里基尼（Karijini）国家公园内停留
3 晚以上（Rodger et al.，2015）。国家公园访客在住宿及饮食选择方面，均
具有明显的亲生态意愿，例如，针对南非克鲁格国家公园的调查显示，访客
更愿意选择有亲近自然生态便利条件的地点住宿（Kruger et al.，2017）；针
对英国国家公园的调查表明，3/5 以上的访客会特意选择具有本土原生态性
的饮食进行消费（Sims，2009）。但也存在部分个体游憩意愿不尽合理的现
象，例如，许多较年轻人士更期望在国家公园内自驾游（Uba & Chatzidakis，
2016），大部分访客都想到公园内的代表性景观区游憩，而不管该区域客流拥
挤状况如何（Haukeland，2011），而这都易于引起相应的环境问题。

1.1.2.2 获得健康的意愿

公众期望国家公园能在调节到访者情绪、使人形成从事户外活动的健康
生活方式、促进人健康和幸福水平方面产生贡献（Cleary et al.，2017）。来
自澳大利亚的调查表明：被调查者期望"国家公园的存在可以削减医疗保健
支出"（Moyle & Weiler，2016）。许多人期望从国家公园中获得丰富的药用植
物资源（Shinwari & Khan，2000）；使儿童通过游乐促进身心健康发育，使其
变得活跃；使青年在人生关键时期通过接触国家公园促进其心理健康
（Strickland-Munro & Moore，2013）。随着当前城市空气质量问题的暴露，人
们到空气新鲜的国家公园区域进行健康休养的愿望正在日益增强，尤其在新
冠疫情影响下，这种现象更为突出（Kim et al.，2021）；许多追求身心健康
的游客对于在国家公园森林氧吧中进行森林浴表现出强烈的向往（Kil et al.，

2021）。越来越多的研究正在更深入地揭示国家公园自然生态环境在促进公众身心健康方面的价值，例如，大自然声音和景观对人健康的促进作用（Buxton et al.，2021），这些研究正在深化和拓宽公众相关认识，会使其以促进健康为目的进入国家公园的意愿更加强烈。

1.1.2.3　情感体验的意愿

在文化情感方面，许多人期望一些国家公园能成为保护和传承地方文化的空间（Cetin & Sevik，2016），通过旅游利用激发社区居民对地方传统文化的热爱（Cottrell & Raadik，2008），使访客有更多机会接触艺术、文学、历史等（Strickland-Munro & Moore，2013），培养人的艺术情趣、历史文化情怀等。在自然情感方面，人们期望国家公园能激发个体的自然环境责任感，使人跟自然建立更多情感联系（Groulx et al.，2016），增强对自然的热爱；通过接触自然来减轻人的负面情绪，增加人的主观幸福感（Bratman et al.，2021）。在人际感情方面，一些个体期望在国家公园能遇到特定志趣的访客，同相关群体成员进行情感交流、举行集体活动，这种社会情感交流和人际联系可提升人的生活质量（Ramkissoon et al.，2018）。

1.1.3　依托国家公园促进地方发展的意愿

社会公众期望通过设立国家公园使相应区域的生态环境实现可持续，同时使地方实现可持续发展（Pérez-Calderón et al.，2020）。出于自身切身利益，地方居民有着强烈的发展诉求，期望国家公园能为其提供就业岗位（Awung et al.，2020），能使其从国家公园生态旅游发展中获得收益（Cetin et al.，2016）。由于期望能有利于地方发展，当地居民对国家公园发展旅游常表现出很大的支持（Olya et al.，2017）。但有时国家公园生态旅游却并不能对地方发展产生预期效果（Ferraro，2002），会引起居民强烈的负面情绪。许多居民也期望从生态保护中受益。例如，一些国家公园所在地农户期望保护能促进更多种类牧草的生长，从而使牛产出更多牛奶（Ndayizeye et al.，2020）；通过生态保护使伐木业能够可持续，使地方优质的原生态环境能传承至后代（Pedraza et al.，2020）；等等。一些居民期望能参与国家公园的保护项目并从中受益，在一些国家公园实施融生态保护与地方发展于一体的项目时，地方居民往往会报以很高期望，但很多项目却并不能满足居民在经济收益方面的预期（Fletcher et al.，2016），结果也会影响国家公园保护目标的实现。因此，对居民的一些受益意愿进行一定引导调适也是必要的（Awung et al.，2020）。但保护目标同居民发展意愿之间有时相悖，在一些国家公园，由于受保护要求所限，居民使用当地自然资源维持生计的愿望不能得到满足，会造成其同公园管理者之间的冲突（De Pourcq et al.，2019），在此情形下，实施相应生计替代方案就十分关键。居民也普遍期望在国家公园建设过程中，当地的水、电、路等基础设施条件能获得一定提升（Awung et al.，2020）。

1.1.4 保护国家公园生态环境的意愿

虽然使公众休闲游憩是国家公园的重要功能，但调查表明，社会公众期望国家公园建设的主要目标是环境保护（Pavlikakis et al.，2006）。除少数心存疑虑的个体外，大部分人愿意以实际行动支持国家公园生态保护（Le et al.，2016），例如，为保护支付一定费用（Lal et al.，2017）、作为志愿者切身参与国家公园的环境保护（Halpenny et al.，2003）。社会上涌现出许多由部分人群构成的草根组织，其不为图利，在表达、实践公众保护诉求方面更加积极（More，2005）。除了部分居民由于野生动物毁坏庄稼等现象的存在而对生态保护态度消极之外（Costa et al.，2017），大部分社区居民一般也支持对国家公园进行生态保护（Karki et al.，2015），认为保护对子孙后代有利（Pedraza et al.，2020）。大量研究表明，公众针对国家公园的保护意愿会通过宣传教育等途径被增强，例如，在园内设置有效的生态旅游解说系统就是增强公众保护意愿的一种实用方式（Powell et al.，2008）。

1.1.5 对国家公园服务价值付费意愿

总体上，社会公众愿意为国家公园的存在及服务付费。例如，为了让当代人、子孙后代从国家公园中获得公共生态服务，每年美国人分别愿意缴费300亿美元、310亿美元以上（Jones et al.，2012）。随着公众收入及受教育水平的提高，其对国家公园的保护付费意愿也会提升。针对马来西亚砂拉越州加丁山国家公园访客的一项调查显示，若个体的月收入及受教育年限分别增长 1%，则其对国家公园的保护付费意愿将分别增长 0.742%、0.953%（Kamri，2013）。对于国家公园所设置的门票费，访客一般也较愿意支付，例如，卢旺达纽恩威国家公园曾调查了访客对其设置门票的支持情况，结果 70% 以上的国内外访客均表示其愿意付费进入（Lal et al.，2017）。公众对国家公园门票费用的支付意愿同样会随其收入及受教育水平的提升而增强，针对马来西亚另一个国家公园——彭亨州塔曼尼加拉国家公园访客的调查显示，若个体的月收入及受教育年限分别增长 1%，则其对相应国家公园门票费的支付意愿将分别增长 0.1063%、0.3313%（Samdin et al.，2010）。当国家公园门票费用较低时，大部分访客较支持对其他额外服务单独收费（Ostergren et al.，2005）。需要特别阐明的一点是：除门票和相关服务费之外，许多访客也愿意向国家公园支付一定的生态保护费（Suresh et al.，2022）。

1.1.6 对国家公园建设及管理的参与意愿

现代发达的信息渠道使社会公众对国家公园的了解更多、更深入，同时也为其参与国家公园建设运营事宜创造了更多便利条件（Gibson et al.，2018）。在此背景下，公众参与国家公园建设运营的意愿也在日益增强。对于大部分社会公众而言，其参与国家公园建设运营的主要方式为"知情、建言献策、提供赞助与支持"（Brescancin et al.，2017）。请社会公众充分建言献策、表达意愿，可将国家公园的多元化价值展现出来，但由于价值观念等的不同，各类社会个体之间的意愿很难达成一致和平衡（Linenthal，2008）。因此，在公众参与国家公园建设运营方面，设置恰当的组织领导方式，使各类主体之间建立信任，使其针对国家公园建设运营的意愿表达趋于一致就十分必要（Webler et al.，2004）。

在各类社会主体中，访客是已进入国家公园的人群，更容易现场参与相关行动，例如，访客可以将其游憩活动的时空分布及景观偏好标注在国家公园的在线地图上，以为国家公园的管理决策提供依据（Buendía et al.，2021）。研究表明，国家公园的许多访客有不同程度的"利他"意愿（Weaver，2015），可参与一些付出程度较低、利于公园建设运营的行动。在国家公园建设运营中，社区居民是直接利益相关者，但许多居民并不愿意参与国家公园运营管理（Cetin et al.，2016）；还有一些社区居民虽有参与意愿，但缺乏必要的参与渠道和所需的能力（Fortin et al.，1999）。针对前一种情况，可针对居民实施一些有经济支持的项目（如种树以减缓森林退化项目）来激励其参与国家公园事宜的意愿（Harada et al.，2015）；针对后一种情况，建立一个凝聚性、有代表性、可发挥实质作用的本土居民团体，是将居民参与运营管理意愿转化为现实的关键（Bauman et al.，2007）。

1.1.7　国外公众对于国家公园公共服务的意愿特征

1.1.7.1　以在国家公园内部受益为主的公共利益分享意愿

国外相关研究显示，公众的受益意愿主要集中在进入国家公园分享公共利益方面，具体体现在进入国家公园进行游憩、调节身心状态、进行情感体验这几个方面（见图 1 - 1）；地方居民的意愿则主要为期望国家公园能通过生态旅游、社区发展项目、设施建设等促进当地发展。国家公园的公益价值主要体现在其所产生的外部效应方面，例如，祁连山国家公园在青海省境内片区的生物多样性保护和水源涵养价值占其公共生态服务价值的 2/3 以上，而这两项价值的受益者主要为公园外部公众（景谦平等，2020）。国家公园

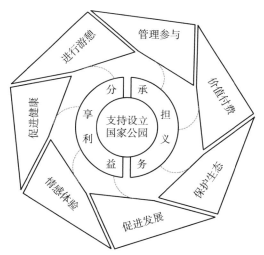

图 1 - 1　国外研究所揭示的公众对于国家公园公共服务的主要意愿

向其外部所输出公共服务具有更为明显的非排他性，而由于接待容量限制，个体进入国家公园受益存在事实上的排他性。从国外相关研究所呈现内容来看，公众对"从国家公园外部"进行受益提及得偏少，其意愿主要体现为"直接进入国家公园进行受益"，而进入意味着一定程度的生态干扰。这有可能使一些国家公园生态保护面临来自社会需求侧的压力。因此，有必要通过价值揭示与宣传深化公众对国家公园外部效应的认识，转变公众的受益观念和方式，以形成更利于国家公园建设的社会思想文化氛围。可见，除制度、组织、设施等建设内容外，国家公园建设还应包括社会思想观念建设。

1.1.7.2 公众普遍有为国家公园公共服务承担义务的意愿

除少数利益受损的当地居民外，社会公众普遍支持国家公园建设，且愿意为国家公园建设缴纳一定费用、建言献策。这说明国家公园建设可充分动员和利用社会力量，实行社会"共建共享"模式。但同时，公众意愿也表现出社会参与国家公园建设的方式和渠道尚比较单一，以募捐一定费用为主，愿意从事志愿者工作的个体仍偏少（Zawilińska，2020）。社会公众可以通过多种方式参与国家公园建设，例如，环境保护监管、社区发展帮扶、公园知识挖掘及传播、生态环境问题诊断、绿色产品助销、生态修复义工参与等。在这些参与方式中，大部分需要参与者花费一定的时间和精力，而部分个体缺乏相应时间和精力，部分个体可能也并不愿意在此方面花费时间和精力，而捐助一定费用对许多人来说只是举手之劳、较容易实现。另外，有些个体可能愿意以其所擅长的方式开展参与国家公园建设的公益行动，但相应组织渠道的缺乏会影响其相应意愿的实现。在此背景下，若能设立各种类型的社会公益化组织，不同组织以其所擅长的特定方式参与国家公园建设，发挥其组织和联络特定人群的作用，可扩大参与国家公园建设的社会力量。另外，特定组织可对接公众愿意为国家公园建设进行募捐的普遍愿望，将社会募捐用于特定用途，由专业化组织做专业化工作，实现社会公众参与国家公园建设的专业化分工。

1.1.8　国外公众意愿对国家公园公益化建设运营的启示

1.1.8.1　充分了解社会公众相关意愿

第一，由于国家公园的服务对象是社会公众，了解公众意愿，可为国家公园的公共服务决策及运营水平提升提供重要信息资源，以使公众对国家公园建设运营形成更加积极的响应。第二，公众意愿体现公众的期望、偏好、要求等，管理运营者充分了解社会公众对国家公园公共服务的需求意愿，有助于提升相应公共服务的惠民成效。例如，针对公众进入国家公园进行森林浴以促进健康的意愿，在条件允许情况下将相对较宽且人流量较大的游憩步道改设成 2~3 条林中小径；针对公众了解自然生态知识的强烈意愿，在公园内设置更多有科普教育功能的标识；针对公众想进入其附近国家公园开展户外健身活动的意愿，在城市周边国家公园内设置相应户外活动空间；等等。第三，充分了解公众意愿，也利于根据相应意愿有针对性地采取一些生态保护举措。例如，针对住宿过夜访客较突出的亲生态意愿，可加强对住宿过夜者环境行为的监测、监管和引导，以减少生态干扰。第四，了解公众在参与保护国家公园生态方面的意愿，可充分利用社会公众的资金投入、志愿行动力量促进国家公园建设。第五，充分了解地方居民等社会群体的受益意愿，可有效防范一些矛盾冲突的发生。有少数国家公园由于未充分考虑社区利益诉求，甚至引起了居民同公园之间的武装对抗（Fortin et al.，1999），这显然同全民受益的国家公园建设理念相悖。

1.1.8.2　对公众意愿进行引导与调适

第一，一些个体对国家公园到访得较少，对国家公园公益价值感知得不够充分（Moyle et al.，2016），致其在国家公园公共服务中分享利益及承担义务的意愿均偏弱。对于这部分个体，可通过为其提供更多接触国家公园的机会，加大对国家公园公益价值的宣传展示力度，在增强其对国家公园了解的基础上提升其积极意愿。第二，一些个体（如访客）或由于未充分认识到其一些行为（如在公园内自驾游）对国家公园生态环境的不良影响，或由于追求自身的最优受益状态（如在客流饱和时进入国家公园的代表性景观区），而不愿调整其不利于生态保护的受益偏好和意向。此情形下，可加强对相应个体的规劝力度，对其受益意愿进行调适。第三，还有一些个体在参与国家公园管理决策过程中，在意愿表达方面固执己见，难以与其他个体的意愿达成一致。此时，应通过宣传教育强化相应个体对国家公园的科学认知，使其以更科学的方式来认识、对待国家公园，并使其相应意愿更为合理。第四，管理者有必要充分调查使一些个体形成消极意愿的原因，例如，生存方面的挑战使社区居民的保护倾向变得很弱、收益分配的不公使居民出现负面情绪（Ahebwa et al.，2012）、少数民族人群没有同其他公众一样均等地使用国家公园内资源而致其态度消极（Taylor et al.，2019）等，然后采取针对性措施进行应对，将个体的消极意愿转变为积极意愿。第五，针对当前公众在支持国家公园生态保护方面缴纳一定费用的意愿较普遍，而从事志愿者工作意愿较弱的现象，也有必要通过营造社会氛围等方式来深化公众的保护参与意愿。

1.1.8.3 为公众意愿的实现创造条件

第一，如上文所述，公众普遍具有为国家公园建设建言献策、提供赞助与支持的意愿。但公众意愿并不等于其实际行动，还需进一步提升其意愿强度，创造意愿的实现条件，使相应积极意愿向实际行动转化。社会公众高度分散，国家公园管理方很难为所有公众提供其参与国家公园建设、管理的便捷渠道；另外，许多公众对既有渠道的关注和知晓程度也可能不够。这影响了公众相应积极意愿的表达和实现，而这些意愿的实现会形成促进国家公园建设的重要社会力量。因此，有必要通过设置更多社团组织、开展相关志愿活动、举行公开募捐、举办公众开放日等，为更多公众提供相应途径和渠道，使其实现参与国家公园生态保护及社区发展促进项目的意愿。其中，各种与国家公园相关的非政府组织在汇聚有共同意愿者参与国家公园建设方面可发挥重要作用。第二，为社会创造福祉、让公众受益是建设国家公园的重要目标。公众的大部分受益意愿与国家公园造福社会的目标相一致。例如，公众期望在国家公园内体验当地的原生态自然人文环境，获得系统详细的生态环境及地方人文知识讲解；在国家公园的纯洁与优美环境中舒缓身心、预防疾病、调整健康状态；进入国家公园进行休闲健身运动；在国家公园内寻找志趣相投者进行情感交流；等等。这些受益意愿对促进其身心健康、提升其自然生态认知、增进人与自然及人与人之间和谐程度、实现公园所在地传统特色文化传承等有积极作用。对于公众的这些积极、合理受益诉求，国家公园应在保护生态前提下尽可能创造条件予以满足。第三，当前互联网可为公众参与国家公园建设、管理事宜创造便利条件。国外一些国家让公众参与生成国家公园地理信息数据库的做法是响应公众参与国家公园建设意愿、扩大社会参与程度的一种有效方式，对我国国家公园建设中促进社会公众参与有很好的借鉴意义。第四，虽然社会公众普遍具有支持国家公园建设的意愿，但各类个体在所处时空条件、所扮演角色类型、所形成的思想观念等方面存在差异，其乐意为国家公园建设做贡献的方式也会有所不同。因此在国家公园建设的社会参与方面，可设计适合不同类型个体的参与方式。例如，对于已进入国家公园的访客，可充分发挥其在场优势，使其在国家公园生态保护方面做一些力所能及的事（可面向访客设置其可参与项目的目录并广泛宣传），如向管理机构反馈其发现的问题、以在游道沿线扫码支付的便捷方式捐助一定保护费用、顺手清除垃圾等；动员有保护意愿的社区居民参与生态资源巡护；面向乐于从事志愿工作的个体设置相应公益实践活动；在受教育程度较高人士集中分布的行政及商务办公区设募捐窗口；等等。第五，社区居民的意愿是否积极，以及其合理意愿实现程度如何，对国家公园的公益化建设运营水平会产生直接影响。国外相关研究表明，建构代表地方的社会团体对社区居民意愿的表达及实现具有重要意义，设置地方居民可参与并兼顾其受益诉求的保护项目是使社区保护与发展意愿均能得以实现的恰当方式。

1.2　公众对于国家公园公共服务意愿的国内调查

上文基于相关文献，梳理了在国外国家公园建设运营中，社会公众分享利益及承担义务的意愿。这些意愿可反映出人类的一些共同诉求与使命感，如进入国家公园亲近自然生态、调适身心状态、了解自然知识等受益诉求，以及保护好自然生态环境的内心期望等。但由于国内情况与国外并不完全等同，一些不同之处也会体现在国内社会公众的相应意愿之中。从我国国家层面正式提出建立国家公园体制至今尚只有 10 年时间（2013 年 11 月，党的十八届三中全会首次提出"建立国家公园体制"），公众对国家公园尚缺乏较深入、完整的认知，而个体认识会影响其相关意愿。我国分别于 1956 年、

1982 年、2001 年、2004 年、2005 年起开始设立国家自然保护区、国家风景名胜区、国家地质公园、国家城市湿地公园、国家湿地公园等（师卫华，2008），目前部分个体并不清楚国家公园同这些保护地之间究竟有何区别，有以对待上述传统保护地的方式来对待国家公园的倾向。其中许多传统保护地的门票价格偏高，使一些公众仅将其视为以赚取门票收入为主的经营场所，而未对其形成公益印象，因而也就不会产生太多为相应公益事业做贡献的意愿。

国家公园是向社会提供公共服务，最大化实现生态福利的保护地（Březina et al.，2016；Park et al.，2016）。公共服务是为满足公共需求进行公共供给的活动（张序，2010），包括许多类型，普遍受益性公益服务是其中之一，国家公园向社会公众所提供的公共服务便属于该类。国家公园公共服务是为了满足公众在生态、游憩、教育和科研等方面公共利益诉求，以非营利性为基本要求，以非营利组织为主要主体，遵循公平原则，以免费或适当收费形式提供的、可让社会普遍受益的服务（李庆雷，2010；李延均，2016）。国家公园公共服务非常契合新公共服务理论实现社会公平与公共利益的要求（Guo et al.，2019；Denhardt et al.，2000），该理论秉持以公民为中心的公共服务理念，重视公众意愿的表达及对其响应（Baek et al.，2018；Luoma-Aho et al.，2020），强调社会公益性（李庆雷，2010），以及公众对公共服务的参与（Guo et al.，2019）。公众的公益精神会随着社会发展进步而彰显（孙春晨，2019）。伴随国家公园公益形象在社会中的确立，公众在国家公园公共服务方面的公益意识也将会日益增强。

社会公众是国家公园公共服务的实际使用者（Baek et al.，2018），为了实现公众的共同利益，一方面，要使其表达相关意愿（Luoma-Aho et al.，2020），以使各类个体的意愿被认真考虑（Guo et al.，2019），以保障公平；并对社会个体的各种意愿进行平衡和协调（Denhardt et al.，2015），总结公共诉求（Baek et al.，2018）。另一方面，以公民为中心也要求公民提供公共服务（Gazley et al.，2018），承担相应义务（杨锐，2019）。但并不是每个社会个体都有承担相应义务的意愿（许凌飞等，2017），愿意承担义务者的意愿内容和强度也会不同（Hattke et al.，2019），个体的相应意愿越强烈，其付诸行动的可能性就越大（郝龙，2020）。因此，充分了解社会公众意愿是以公民为中心的前提（Luoma-Aho et al.，2020），相应意愿体现其权利诉求及义务观念。生态文明建设需要正确的义利观，即社会个体需在主观意愿中平衡承担义务与享有权利之间的关系，在承担义务的基础上享有权利（魏华等，2019）。国家公园管理机构应在了解公众意愿的基础上来实施相应管理和协调策略（Riccucci et al.，2016）。

许多相关研究调查分析了公众针对国家公园的游憩（Weiler et al.，2019）、保护（Le et al.，2016）、付费（Witt，2019）、科研（张玉钧等，2017）等特定意愿，但系统探究和比较分析公众义务与权利方面意愿的研究尚较少。而受不同社会个体认识水平、价值观念等影响，其针对国家公园的义务与利益观念也不尽相同。公众的获益诉求是否合理、适当，是否愿意承担相应义务，事关国家公园建设目标的顺利实现，应当在了解公众意愿的基础上采取必要引导策略。了解人们愿意以怎样的方式参与国家公园建设，有助于因势利导利用公众力量。本研究即通过实际调查来了解国内公众对于国家公园公共服务的义利意愿状况，以从"更好地服务社会公众、更有针对性地引导社会公众、在国家公园建设中更加有效地依靠社会公众"等方面响应、引导和调适公众意愿，为国家公园的公益化建设运营提供借鉴。

1.2.1　调查设计

本调查旨在通过了解公众对于国家公园公共服务的真实想法，归纳其在相应方面的意愿特征。访谈法则有助于充分了解调查对象的想法（Dowling et al.，2016），而不仅仅是验证研究者的既定观点，也不会在预先设定好的理论框架内自上而下地进行调查研究，因此其较适用于此次调查。扎根理论所遵循的研究者先不主张任何思想观念，而是从第一手调查资料中自下而上地识别被调查者真实观点，归纳总结理论框架的思路（Järvinen et al.，2020；张冉，2019）也与本研究目的相吻合。同时，在访谈调查过程中，既需要使被调查者的叙述围绕特定主题进行，同时又能使其在特定主题下畅所欲言，以为研究者提供充分且有效的信息。半结构性访谈法与此要求较为契合（Dejonckheere et al.，2019）。因此，本研究采用一对一半结构性访谈形式（Balconi et al.，2019）来开展此次调查。

人所产生的意愿以其社会认知为基础，根据相关研究（宋锋林，2018），个体会首先对特定事物形成"本元认知"，然后会逐渐形成如下几个维度的意向：即"该事物应该同其他事物有何区别""其应该产生怎样的作用及意义""自己本人对其有哪些诉求""自己本人会对其形成怎样的反向影响作用""在何背景下自己会对其做出相应择处行为"。该研究为系统了解和剖析个体意愿提供了理论依据。本研究以此为参照制定访谈提纲，即询问被访谈者：第一，其所期望的国家公园应该和其他旅游区有哪些不同；第二，在其期望中，国家公园应发挥哪些作用及产生哪些意义；第三，是否希望其所在区域（以地级市为尺度）也拥有国家公园及相应原因，以及期望国家公园为其带来哪些益处；第四，其愿意为国家公园的建设、运营及管理做出怎样的贡献；第五，其会基于怎样的目的到访国家公园。另外，还通过调查获取访谈对象的性别、年龄、职业，以及是否到访过国内外的国家公园（包括国内的国家公园体制试点区）等信息。

1.2.2　资料获取

在访谈调查中确定访谈对象时，以目的性、异质性和"滚雪球"相结合的方式进行抽样（Sharma，2017），有助于让样本类型更多元、数量更充足，同时也有助于从有限样本中充分获取想要得到的信息。首先，以研究组成员网络社交平台及电话通讯录中的信息为基础，以"有可能更了解国家公园、更配合此次调查、处于不同年龄段、从事不同职业、分布于不同地点"为遴选标准来选择访谈对象，主要通过语音沟通及与部分被调查者面对面交流的方式访谈了 69 位个体。然后再请这 69 位受访者按相应标准推荐其他访谈对象，以进一步扩大被调查者样本，在此基础上又以上述同样方式完成了 36 份访谈。研究组成员准备了世界上其他国家的国家公园简况、中国的国家公园体制试点区简况、国家公园的基本特征等较为简洁明了的背景资料请被调查者在访谈前阅读，以使被访谈者对国家公园形成更多了解。被访谈个体基本情况如图 1 - 2 所示。曾经到访过国家公园（包括国内的国家公园体制试点区）的访谈对象占 47.62%，其中，有 38.00% 的访谈对象曾到访过国外的一些国家公园。另外，本研究也尽可能从更加广泛的区域来选择被调查对象，60% 的访谈对象来自江苏、浙江、山东及安徽，其余访谈对象则来自上海、广东、福建、河南、北京等 13 个省份。每次访谈平均用时约 35 分钟，包括访谈对象在访谈前阅读背景资料的时间，以及访谈进行中信息互动、被访谈者进行考虑和反复提问的时间。最终形成 105 份访谈材料，排除访谈材料中的无效信息后形成有实质性内容的访谈材料，共约 7.5 万字。

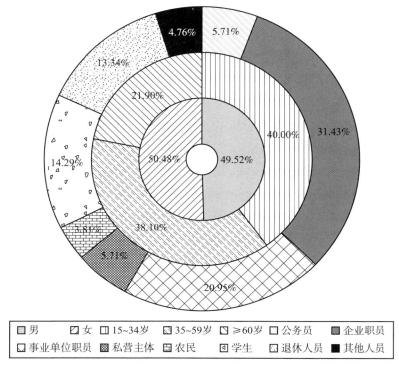

图 1 - 2   公众意愿调查中被访谈对象的结构特征

1.2.3   对资料进行编码及分析

本研究以"意愿内容"为线索对访谈资料进行编码与分析，以剖析访谈对象对于国家公园公共服务的意愿有哪些。同时，又以"意愿关联主体"为线索，对已编码内容进行二重编码，以剖析各类主体的意愿差异。

1.2.3.1   以"意愿内容"为线索进行编码与分析

本研究按照程序化编码步骤（Bryant et al.，2019），先根据意愿内容这一线索，用质性分析工具 Nvivo 12，按照逐级编码的方式对访谈材料进行编码。即通过开放式编码识别现象、提炼概念、发现范畴（Pandit，1996），通过主轴编码从范畴中提炼主范畴（杨洋等，2019），通过选择性编码进而从主范畴中提炼核心范畴。然后对访谈材料进行理论饱和度检验，以验证其是否充分。

第一，开放编码。首先抽取 90 份访谈材料进行分析，另留 15 份访谈材料用于理论饱和度检验。研究者逐字阅读访谈资料，进行信息比对，识别材料中的概念，使用软件进行开放式编码，总共生成了 227 个初始编码节点，1779 个编码参考点。在反复比对初始编码节点基础上，经整合、归并，形成83 个概念。然后再对这些概念进行比较分析，从中提取出 9 个范畴，分别是"资源环境意愿、管理运营意愿、发展实现意愿、到访游憩意愿、精神建设意愿、影响规避意愿、形象展示意愿、保护实现意愿、建设介入意愿"（见表 1 - 1）。

表 1 - 1　　　以被调查者意愿内容为线索逐级编码所形成的主范畴

主范畴	范畴	概念
趋利意愿	发展实现意愿	国家发展、地方发展、自身发展
	到访游憩意愿	公众到访游憩、自身到访游憩
	精神建设意愿	提升公民国家自豪感、提升公民国家认同感、强化公民主人翁意识、提升公民地方自豪感、增强公民对生活地的认同感、提升公民精神生活水平、宣扬和培育爱国精神
	影响规避意愿	不想让访客破坏当地环境、不想访客造成拥挤和吵闹、不想地方发展空间被挤占、不想为当地交通造成压力、不想施工为当地带来不便
	形象展示意愿	展示及提升国家形象、展示及提升地方形象、展示及提升政府形象
趋义意愿	保护实现意愿	保护生态、提升公民保护意识、让公民为保护做贡献、让自己为保护做贡献、积累和展示保护经验、保护文化遗产、保护资源、通过旅游为保护筹资、提升自身保护意识、提升当地人保护意识
	建设介入意愿	志愿参与其他项目、旅游事业参与、保护参与、管理参与、宣传员、教育参与、科研参与、配合管理部门、消费支持、提供专业支持、组织人参与公益活动、承担公益岗位、做其他力所能及的事、言语文明树形象、捐赠支持

主范畴	范畴	概念
标准达成意愿	资源环境意愿	景观质量高、自然资源丰富、有珍稀动植物、有突出特色、有国家代表性、体现原生态、生态系统完整、规模范围大、旅游资源多、生态优势明显、有历史文化底蕴、生态系统典型
	管理运营意愿	国家所有及管理、开展科研活动、全民参与、突出教育功能、管理运营机制更好、有志愿者服务体系、公益运营、实行优质生态旅游、财政投入力度大、使用高科技、更科学的规划、世代传承、高标准保护、管理成本低、优待弱势人群、不排斥本土居民、融入中华民族文化、突出环境价值、物价合理、公众监督、树生态绿地管理标杆、工作人员更专业、以宣扬民族文化为主、国家投入、实行特许经营、注重本土商品开发

第二，主轴编码。本研究进一步深入分析上述开放式编码所形成的 9 个范畴间关系，发现"发展实现意愿、到访游憩意愿、精神建设意愿、影响规避意愿、形象展示意愿"属于"趋利意愿"主范畴；"保护实现意愿、建设介入意愿"属于"趋义意愿"主范畴；"资源环境意愿、管理运营意愿"则属于"标准达成意愿"主范畴。共提炼出 3 个主范畴。

第三，选择编码。为了从主范畴中提炼具有统领作用的"要义"作为核心范畴，还需要进行选择编码。上述主轴编码所形成的"趋利意愿、趋义意愿、标准达成意愿"这 3 个主范畴显示出：被调查者对于国家公园公共服务的意愿既表现出"趋利"的一面，也表现出"趋义"的一面；同时被调查者对国家公园建设有其所期望的标准，达成相应标准是为了满足其"趋利"诉求；而其"趋义"意向也是为了让国家公园达到其所期望的标准。因此，上述 3 个主范畴体现了"公众对于国家公园公共服务意愿的义利特征"，本研究以之作为选择编码所形成的核心范畴。

第四，饱和度检验。在编码分析的后期阶段，访谈材料中涌现出的新概念变得越来越少，直至材料中需要继续进行编码的各种表述不再构成新概念。在继续对所预留 15 份用于饱和度检验的访谈记录进行编码时，其中表述的相应含义可被已提取出的概念所涵盖，即其中的材料内容可被汇入已有概念节点，而无须再形成新的概念，访谈材料通过饱和度检验。相应 15 份用于进行饱和度检验的材料所形成编码被汇入整个分析之中。

1.2.3.2 以意愿关联主体为线索进行编码与分析

在人们对于国家公园公共服务的意愿中，会涉及一些关联主体，且会期望这些关联主体扮演相应角色。为探究被调查者意愿中涉及的关联主体，以及其对各类主体的角色期望，本研究在上述分析基础上，又以意愿关联主体为线索，从另一个角度对上述已编码内容再次进行交叉编码。由于各主体对于国家公园公共服务的特定意愿既有潜在的"意愿实现主体"，也有潜在的"意愿受益主体"，本研究便从这两个角度，以"意愿实现主体"和"意愿受益主体"为 2 个主范畴编码节点，以"意愿关联主体"作为核心范畴来统领这 2 个主范畴，进一步对上述以意愿内容为线索的各编码内容进行分析，在"意愿实现主体"和"意愿受益主体"这 2 个主范畴下分别提炼其所属的子范畴，并对相应意愿内容同时在这 2 个主范畴所对应子范畴节点处进行编码。经编码及汇总，意愿实现主体主范畴对应的子范畴包括：管理者、管理者及社会公众、管理者及本地居民、管理者及被调查者自身、管理者及其他特定主体，各类意愿的实现均离不开管理者参与。意愿受益主体对应的子范畴包括：社会公众、本地居民、被调查者自身、其他特定主体。由于以意愿关联主体为线索进行的编码是对以意愿内容为线索进行编码所形成各节点所对应内容的进一步分析，是为了从更多角度对既有内容进行揭示，因此不再进行饱和度检验。

经多维交叉编码后，访谈材料中被调查者所表达的特定意愿内容将同时对应 3 个编码节点，即以意愿内容为线索的编码节点，意愿实现主体编码节点、意愿受益主体编码节点。

1.2.4 调查结果所揭示的国家公园公共服务在公众意愿中的义利特征

1.2.4.1 公众标准达成意愿影响下的义利体系

对公众意愿的调查分析表明，针对国家公园公共服务，公众相关意愿体现了一个主观义利体系。该体系的主体构成部分为公众的"趋利意愿、趋义意愿、标准达成意愿"（见图 1 - 3）。该体系体现出如下逻辑：公众趋利意愿的实现需要国家公园达成相应标准来更好地提供支撑，其趋义意愿则是为了国家公园相应标准的达成，而相应标准的达成又会诱发人的趋利意愿。相应标准是公众在国家公园公共服务中承担义务的目标和指向、获取利益的保障和诱因。

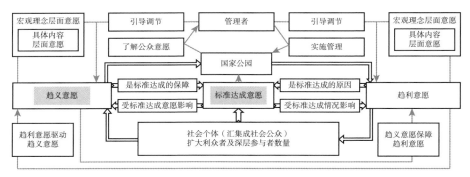

图 1-3 公众意愿所反映的主观义利体系

（1）义利体系中的标准达成意愿。

在访谈材料的全部编码参考点中，属标准达成意愿的占 25.74%；属趋利、趋义意愿的分别占 49.92%、24.34%。人具有先天趋利性（de Dreu et al.，2009），趋利意愿被提及最多。但被调查者也深知达成相应标准可使国家公园更好满足其趋利诉求，表达了其期望国家公园在建设运营中能达到一定标准，例如，"让人真真切切感受原始生态氛围""不要大搞开发以避免让人失望""不希望有太多商铺"等。国家公园在国内尚属新生事物，其建设目标与公众所期望的标准达成意愿吻合程度如何，会影响公众对国家公园建设的支持与响应。若公众对其所达成的标准失望，则会使其情绪消极，甚至出现对抗情绪。尽管公众此方面意愿呈多元化，但其中少数几个意愿的被提及率很高，而有些意愿仅被少量甚至个别样本提及，例如，"工作人员更专业化、注重本土商品开发"等。被大部分样本多次提及的标准达成意愿代表了公众的普遍关切，在国家公园建设运营中首先集中力量对这些意愿进行达成，可响应大多数个体对国家公园的主要期望，会引起公众积极响应。根据分析，被提及最多的标准达成意愿依次为"公益运营、实行优质生态旅游、高标准保护、体现原生态、有突出特色、突出教育功能、管理运营机制好、国家所有及管理"（见图 1－4），且这些概念的平均提及率为 8.87% ，而其他标准达成意愿的平均提及率仅为 0.97% 。

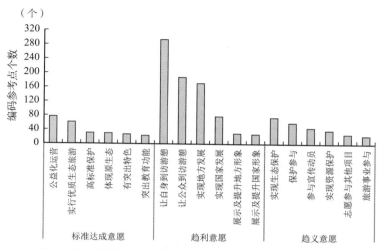

图 1－4 被调查者主要提及的标准达成及趋利、趋义意愿

由中共中央办公厅、国务院办公厅在 2017 年 9 月印发的《建立国家公园体制总体方案》是目前我国建设国家公园的纲领性文件，其对国家公园建设标准做了较明确的规定。本研究将对访谈材料编码所形成的节点框架同该《方案》内容进行对比分析，发现被调查者对国家公园的标准达成意愿有以下特征。一是公众的相应意愿表现出较明显的趋利性，例如，访谈对象提及较多的"实行优质生态旅游、物价合理、旅游资源多"等许多个带有其明显趋利意图的标准达成意愿方面的概念在《建立国家公园体制总体方案》中未涉及，而在访谈材料中也未发现《建立国家公园体制总体方案》中提到的"生态修复以自然恢复为主、边界清晰、有完善的监测体系"等 23 个体现专业化管理的概念。二是公众的有些标准达成意愿与国家公园的主要建设方向和要求也并不完全符合，例如，其期望国家公园"以宣扬民族文化为主、有历史文化底蕴"等。三是部分个体对国家公园存在期望值过高的现象，例如，其期望"实行优质生态旅游"的子概念"设施更齐全、有特色游憩项目"等。因此，正如《建立国家公园体制总体方案》中所提到的，也应对公众的期望进行相应引导，使其对于国家公园建设的标准达成意愿更为合理、

恰当，以避免其意愿不合理、不恰当所引起的失望情绪。

（2）趋利对标准达成意愿的影响。

分析结果表明，趋利意愿是相应标准达成意愿的心理动因，前者直接影响后者。趋利意愿中被提及最多的依次是"让自身到访游憩、让公众到访游憩、实现地方发展、实现国家发展、展示及提升地方形象、展示及提及国家形象"（见图1-4），这几项被提及次数占各种趋利意愿被提及总次数的92.02%。因此，人们在国家公园管理运营标准方面也主要期望其"公益化运营（免门票或实行低门票价格收费制度）、实行优质生态旅游"，以方便到访游憩；为实现发展，同时也为了让自己及公众获得更好游憩体验，人们期望国家公园实行优质生态旅游；为对外展示及提升形象，人们期望国家公园在资源环境标准方面能体现原生态、有突出特色。在趋利意愿中被提及最多的"让自己到访游憩"的子概念中，除休闲游憩外，"感受和亲近自然、享受纯净环境及促进健康、学习和提升"的被提及率较高（平均为11.48%），是"让自己到访游憩"中其他子概念（除休闲游憩外）被提及率的10.04倍。为此，人们期望国家公园在资源环境标准方面能体现原生态，在管理运营标准方面能实行高标准保护、突出教育功能。

公众趋利意愿中实现国家及地方发展的意愿也较为突出，这容易对国家公园生态环境保护产生压力，影响其生态目标的实现。这反映出有必要对公众意愿进行相应引导调适。受被调查者明显趋利倾向影响［见图1-5（a）］，在提及率最高的3个标准达成意愿中，"公益化运营、实行优质生态旅游"提及率分别是"高标准保护"的2.28倍和1.83倍。但"高标准保护"也是国家公园须达成的最重要标准，增强公民达成此标准的意愿，会引导其调适对该标准达成有消极影响的趋利意愿。

（3）标准达成意愿对趋义的影响。

被调查者对国家公园的标准达成意愿会影响其趋义意愿，个体的许多趋义意愿是在标准达成意愿的激发下产生的。例如，管理运营标准达成意愿中的"公益化运营、高标准保护"及资源环境标准达成意愿中的"体现原生态、生态系统完整"的提及率较高（平均为9.22%，是其他标准达成意愿平均提及率的4.97倍）。与此相对应，被调查者趋义性建设参与意愿中"保护参与、宣传动员"意愿也被提及最多［见图1-5（b）］，平均提及率为23.29%，是建设参与意愿其他子概念平均提及率的5.67倍。在被调查者其他建设参与

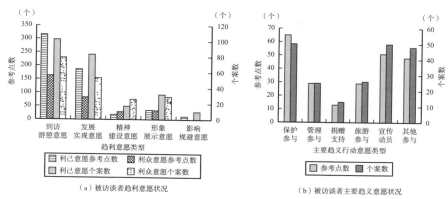

（a）被访谈者趋利意愿状况　　　　　　（b）被访谈者主要趋义意愿状况

图 1 - 5　被访谈者趋利及趋义意愿概况

意愿中，"志愿参与其他项目"的意愿也相对突出，提及率为 13.25%。为了实现国家公园的"公益化运营、高标准保护、体现原生态、生态系统完整"等建设标准，被调查较愿意进行"保护参与、宣传动员"，也较愿意"志愿参与其他项目"。如宣传动员可使更多人支持国家公园"高标准保护"。在被调查者期望国家公园达成相应管理运营及资源环境标准的愿景下，其趋义意愿中的"保护实现意愿"较强烈。

国家公园的许多标准本身具有趋义属性，如"公益化运营、突出教育功能、开展科研活动"等，这些以公益为目标的趋义特性会引发公众相应趋义意愿，如被调查者所说："自愿加入国家公园公益建设，贡献一份力量"。许多被调查者希望国家公园保持趋义特性，"商业氛围不要太浓、不以营利为目的"，若国家公园背离此标准，则其"愿意为国家公园免费做宣传、为国家公园募集捐款"的趋义意愿将会受很大影响。

综上，公众对国家公园的标准达成意愿对其趋利意愿有调节引导作用，对其趋义意愿有激发作用，因此，可将标准的设置及其达成作为调控公众意愿的一个抓手，引导其合理趋利，激发其更多趋义动机，使公众意愿更利于国家公园建设。

1.2.4.2　义利体系中的义利意愿关系特征

（1）趋利目标引发趋义意愿的作用。

工具性利他主义认为（王兴周，2016）：义和利是和谐统一的，利是义的结果，义是获得利的工具，没有只利人的义，利人会反过来利己。按照此观点，趋义是得到利的一种手段。此次访谈结果显示，被访谈者针对国家公园的趋义意愿有三种情况。一是趋义意愿带有明显趋利目标。例如，"提建议和想法，使国家公园更有吸引力，促旅游发展""做好监督，不让别人破坏我们的生活环境""通过它提供的工作岗位来建设它，让个人有自己的职业，用双手来打造生态城堡"等。二是趋利意图虽未被明确表示，但明显会产生有利于意愿主体之客观效果的趋义意愿。不能排除这些趋义意愿有趋利目标，且相应趋义行为会增强国家公园利于相应主体的功能和可能性，例如，保护参与的子概念"进行保护号召、志愿保护生态、阻止破坏生态的行为"，宣传动员的子概念"动员更多人参与国家公园建设、动员其他人配合政府行动"等。三是未明确显示出趋利目标的趋义意愿，例如，"志愿进行科普或健身教育、志愿提供旅游服务、推荐别人到国家公园旅游"等，虽然从更广时空尺度而言，这些趋义意愿也适用于工具性利他主义，但不能明确推断出相应意愿主体直接从国家公园资源环境及运营中获利的目标，其针对国家公园的单纯趋义倾向明显，不应直接属于人们针对国家公园趋利目标实现中的趋义意愿。本次访谈所收集意愿大部分属前两种情况，可被看作是人们针对国家公园趋利链条上的一个环节，属于工具性趋义。

因此，公众针对国家公园的大部分趋义意愿是为了实现其趋利目标而产生、由其相应趋利意愿所引发的。因此，增强国家公园的惠民作用，强化公众对国家公园之"利"的认识，有助于引发公众更多工具性趋义意愿，这有利于国家公园建设。

（2）趋义意愿保障趋利实现的作用。

上述三类趋义意愿所引发行为均会对国家公园的公益化建设运营产生促进作用，会维持和提升国家公园为公众创造利益的"资源环境条件"及"管理运营水平"，从而更好地保障公众针对国家公园合理化趋利诉求的实现。然而，意愿调查结果显示这种保障作用尚偏弱。首先，趋义意愿中直接与个体行动相关的"建设参与意愿"编码参考点为 249 个，而趋利意愿中与直接"利己"密切相关的"让自身到访游憩、实现地方发展、实现自身发展"等概念的编码参考点为 577 个，公众通过建设参与为其受益提供保障的意愿明显偏弱。其次，按参与程度不同，趋义性建设参与可被分为深层及浅层参与（见图 1-6）。"志愿保护生态、志愿清洁卫生、承担公益岗位、捐赠支持、志愿监督引导访客"等 16 个概念属深层参与意愿，其编码参考点为 107 个；而"减少自身环境干扰、提出建设建议、对游客友好、言语文明树良好形象"等 12 个概念属浅层参与类，其编码参考点为 142 个。更能产生建设成效的深层参与意愿的被提及次数明显偏少。再次，分别以各样本访谈材料中深层、浅层参与意愿编码参考点数量的平均值为临界，按相应意愿被各样本提及次数的多少，将被访谈样本划分在 4 个象限内：对深层参与意愿提及较多而对浅层参与意愿提及较少的样本为"深层参与倾向型"，对深层、浅层参与意愿均提及较少的为"深层和浅层参与双低型"；同理，可划分出"浅层参与倾向型"及"深层和浅层参与双高型"。这 4 类样本占比分别为 17.14%、48.57%、26.67%、7.62%。可发现"深层和浅层参与双低型""浅层参与倾向型"样本占绝对比例，大部分样本缺乏更具建设力度的深层参与意愿。

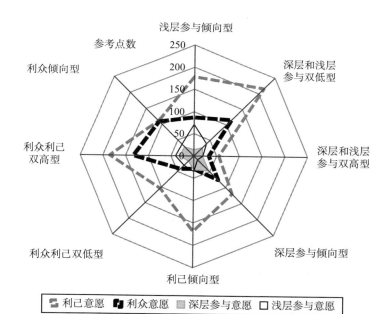

图 1-6 各类主体具体内容层面的趋义及趋利意愿

　　义务和权利应当是对等的，且二者有因果关系，前者是后者的来源和依据（喻中，2016）。国家公园公共服务具有突出公益性，公众可从中受益，也需进行趋义性参与来保障其公益功能。然而，被调查者的趋义与趋利意愿间存在较大不平衡，其趋义意愿明显偏弱，与后者差距较大，对其趋利实现的保障作用不强。因此，引导、培育公众对国家公园的趋义意识也应成为国家公园建设的重要任务，可通过对国家公园所需达成标准及其价值意义的宣传来强化公民趋义意愿。另外，本次调查研究也显示公众针对国家公园的趋义意愿呈多元化，可发挥多元化公益组织在动员、衔接各类个体意愿方面的作用，既激发出人们更多趋义意愿，又使其得以实现。

1.2.4.3　义利体系中的义利意愿内容特征

（1）义利意愿内容分层特征。

不同层面的义利意愿。分析结果显示，被调查者的趋利及趋义意愿均可被分为宏观理念和具体内容两个层面。在被调查者的趋利意愿中：有889个编码参考点的意愿内容尚停留在宏观理念层面，其均为利众意愿，期望公众从国家公园受益，但未提及具体受益内容或方面；有890个参考点表达了被调查者具体内容层面的趋利意愿，其受益诉求具体而清晰，更容易转化为趋利行为，其中，表达利众、利己意愿的参考点分别为313个、577个。在被调查者的趋义意愿中：182个参考点所表达的意愿内容尚停留在宏观理念层面，主要表达实现对资源环境的保护，使公众受益的期望；从具体内容层面表达被调查者趋义意愿的参考点仅249个，体现了其具体趋义行动倾向，但其中表达其浅层趋义行动意愿的参考点占57.03%。

各层面意愿之间关系。在宏观理念与具体内容两个层面的意愿之间，前者体现公众对国家公园的基本认知与期望，对后者的形成提供依据、产生影响；而后者是在前者影响下形成的行动倾向，是对前者的进一步具体化和明确化。分别以各被调查者宏观理念层面、具体内容层面意愿参考点的平均数为衡量依据，则经比较可发现，在获取权利、承担义务意愿方面，分别有82.86%和85.71%的样本有如下特征：宏观理念与具体内容层面的意愿表达均较多或均较少，或前者多于后者，而后者单独偏高的样本占比较低，分别为17.14%、14.29%。这反映出大部分被调查者的宏观理念对其具体内容层面意愿有同向影响，或其前者尚未充分向后者转化。在趋义意愿方面，前者单独偏高的样本最多，占比达36.19%，说明前者向后者转化的余地很大。在宏观理念层面，被调查者趋利意愿参考点数是趋义意愿的4.88倍；与此相应，在具体内容层面，前者是后者 3.57 倍。受被调查者宏观理念层面意愿之偏颇的影响，其具体内容层面趋利、趋义意愿间存在较大失衡。实际中，宣传教育会对个体宏观理念层面的意愿产生影响，进而可影响其具体内容层面的意愿。因此，有必要通过宣传教育，首先从宏观理念层面促进公众合理趋利、积极趋义意愿的形成，然后通过组织活动、构建渠道、创造条件、引领示范等方式，促其宏观理念层面意愿向具体内容层面转化，以引导公众合理趋利、积极趋义。

（2）义利意愿集中指向特征。

趋利意愿集中指向特征。在期望社会大众受益的具体内容层面意愿中，"让公众到访游憩、实现国家发展"的提及率分别为 53.35%、26.52%，而其他两方面（精神和形象建设）意愿的平均提及率仅 10.07%；而在"让公众到访游憩"意愿的 9 个子概念中，被提及最多的是"为公众提供休闲到访空间""让公众学习提升"，在相应 9 个子概念被提及总次数中，其提及率分别为 54.49%、23.35%，而其他子概念的平均提及率只有 3.69%。在"实现国家发展"意愿的 15 个子概念中被提及最多的是"实现科学与绿色发展""促进国家旅游发展"，其提及率分别占相应意愿内容的 28.92%、21.69%，而其他 13 个子概念的平均提及率仅 3.80%。在让地方居民受益的具体意愿内容中，"实现地方发展"这一概念的提及率占 69.02%，表现出人们强烈的发展期望；而在其子概念中，"促进地方旅游发展""提供更好自然环境""提供就业岗位"的提及率分别占"实现地方发展"意愿内容的 44.89%、23.86%、12.50%，而其余 11 个子概念的平均被提及率仅为 1.70%。在个体自身受益具体意愿中，"到访游憩"的提及率高达 92.86%（见表 1-2），而"实现自身发展"的提及率仅 3.42%。虽然被调查者到访游憩意愿的具体内容很丰富，可被概括为 36 个初始概念，但其中"让自己休闲游憩""让自己学习提升""让自己感受和亲近自然""同亲朋一起休闲游憩"被提及得最多，提及率分别占让自己到访游憩相应意愿内容的 21.07%、17.73%、11.04%、9.03%；其次被提及相对较多的是"享受纯净环境及促进健康、让自己有新的体验、让自己运动健身、让青少儿学习提升"，但平均被提及率只有 4.68%；其余 28 个概念的平均被提及率仅为 0.80%；这反映出被调查者到访国家公园的意图主要集中在"休闲游憩""学习提升""感受和亲近自然"等方面。

表 1 - 2　　各类意愿的不同关联主体状况（按相应意愿参考点个数衡量）　　单位：个

主体类型		管理运营意愿	资源环境意愿	到访游憩意愿	发展实现意愿	精神建设意愿	形象展示意愿	影响规避意愿	保护实现意愿	建设参与意愿
意愿的实现主体	管理者	264	134	7	186	7	65	12	146	1
	管理者及公民大众	30	3	105	27	18	2	0	23	1
	管理者及本地居民	4	0	32	38	17	2	0	8	0
	管理者及被调查者自身	2	0	301	14	7	1	0	3	244
	管理者及其他特定主体	18	0	65	8	0	0	0	1	1
意愿所指受益主体	公民大众	307	137	151	101	28	34	3	179	245
	本地居民	4	0	23	164	19	34	8	2	0
	被调查者自身	1	0	289	11	1	0	1	0	2
	其他特定主体	15	0	22	5	0	1	0	0	1
不同利众及利己倾向的个体	利己倾向型	78	35	114	62	4	14	4	37	65
	利众利己双低型	70	35	82	38	10	9	4	50	46
	利众倾向型	74	33	122	64	11	18	3	53	66
	利众利己双高型	93	34	159	106	22	27	1	41	70
不同趋义参与程度的个体	浅层参与倾向型	115	44	127	96	16	22	3	52	84
	深层与浅层参与双低型	116	53	193	81	17	29	9	85	66
	深层参与倾向型	59	27	110	62	9	12	0	35	58
	深层与浅层参与双高型	25	13	47	31	5	5	0	9	39

　　人们的趋利意愿指向过于集中，一方面由于公众对国家公园有着共同偏好，另一方面也由于在宏观理念层面，国家公园在"促进健康、户外运动、科学研究、艺术创作、绿色物产输出、精神和情趣培养"等方面的多元价值尚未被更多人充分认识，人们宏观理念层面的局限影响到其具体内容层面的意愿表达。因此，有必要对国家公园价值进行全面挖掘、展示，引起人们对国家公园价值的全面关注，激发其相应诉求，实现国家公园更大的公益价值，疏解人们趋利意愿过于集中在时空方面对资源环境造成的压力。

　　趋义意愿集中指向特征。在趋义行动意愿中，主要被提及的依次是"保护参与""宣传动员""志愿参与其他项目""旅游事业参与""管理参与""捐赠支持"，被提及次数分别占各种趋义行动意愿被提及总次数的 26.10%、20.48%、13.25%、11.65%、11.65%、5.22%。而其余 9 个概念的平均提及率仅为 1.29%。捐赠支持被认为是公众为国家公园做贡献的一种主要有效方式，但被调查者此方面意愿还相对滞后。上述每种意愿子概念的提及率也不平衡，如被调查者保护参与意愿主要依次集中在"减少自身环境干扰""进行保护号召""志愿保护生态""志愿清洁卫生"这几方面，且在这 4 种意愿中，不需太多付出的浅层参与意愿（其中前 2 种意愿）占 68.85%。被调查者旅游事业参与意愿主要集中在"志愿提供旅游服务""志愿监督引导访客""推荐别人到国家公园旅游"这 3 个方面；在管理参与方面，"提出建设建议""管理运营监督"这 2 种浅层参与意愿是被调查者主要提及的内容。

　　被调查者趋义行动意愿同样集中在少数方面，且其中不需太多付出的浅层参与意愿偏多（占 57.03%，见图 1 - 6）。还有许多被调查者有"志愿参与国家公园其他项目"的深层参与意愿，但尚不能明确具体参与内容。有必要对公众进行观念引导，设置相关公益项目以创造公众参与公益行动的条件，发挥部分榜样型个体的示范带动作用，以将目前只被少数人提及的"承担公益岗位、组织人参与公益活动、提供专业支持"等变成更多人的意愿。通过引导、为募捐提供便利条件等方式，增强更多人的捐赠支持意愿。进一步培育公众针对国家公园的公民意识，提升访客地方依恋感（Ramkissoon et al., 2012），以激发其更多深层参与意愿。也有必要通过宣传使公众悉知其可参与国家公园建设的各种具体途径和方式，以使其趋义行动意愿更为多元。

1.2.4.4 义利体系中主体的义利角色特征

（1）相关主体义利角色复合特征。

如表1-2显示，在被调查者趋利、趋义意愿实现中，管理者的角色至关重要，对人们在国家公园管理运营及资源环境标准达成、保护国家公园生态环境、依托国家公园实现地方发展等方面意愿的实现具有决定性影响。鉴于其重要性，管理者须自下而上广泛了解公众意愿，以使其合理意愿得以体现和满足，扮演义利实现促进角色，进而使公众更加支持、更多参与国家公园建设，形成良性循环。在此基础上，管理者又需自上而下强力实行管理举措，扮演引导调适公民义利意愿的角色，纠正其不合理趋利倾向，以使国家公园达成相应管理运营和资源环境标准。因此，须实现自下而上与自上而下管理的平衡，但现实中存在相应不平衡，如对公民意愿了解不充分。在国家公园管理中，须强化管理者以公民为中心的新公共服务理念，使公众意愿得到应有表达。

被调查者自身主观上普遍能义利兼顾（见图1-6），对自身有双重角色定位。其在表达到访游憩等强烈受益意愿的同时，也在国家公园建设方面均表现出一定趋义参与意愿。这反映出针对国家公园公共服务，人们对自身义利角色有着双重定位，但其趋义意愿明显偏少、偏弱，仅64.76%的样本有深层参与意愿（见图1-6），趋义参与程度还不够；而其到访游憩等强烈的趋利意愿可能会对国家公园"资源环境标准"的达成造成威胁。因此，有必要激发个体更多、更深层次趋义意愿，对其趋利意愿进行合理化调节，以进一步实现个体在其意愿中的义利角色平衡。

在被调查者意愿中，其他社会公众被作为受益主体的频次远高于其被作为义务主体的频次，是后者6.08倍。其中27.62%的被调查者还专门提到要让"老人、青少儿、弱势人群"等可能趋义参与能力不强的特定主体受益。反映出被调查者意愿充分体现了国家公园公益性：公民须在国家公园公共服务中同等受益，但在参与趋义行动方面可根据个体能力因人而异，即其具有受益的绝对性和承担义务相对性的复合角色特征。因此，培育社会个体的主动趋义意识，对其承担义务的意愿进行强化，对其趋利意愿进行调节，实现其受益与利他意愿之间的平衡就很重要。另外，在国家公园公共服务中，部分关键主体的义利复合性尚未被充分认知和重视，其被期望的义利角色尚不平衡，例如，社区居民可能在国家公园建设中作出巨大牺牲，但仅 2.86% 的被调查者提及"让社区居民受益"。因此，社会公众对相关主体的角色平衡认识也需进一步深化。

（2）意愿主体义利角色类型特征。

上文按意愿中趋义角色划分出了"深层参与倾向型""浅层参与倾向型""深层和浅层参与双高型""深层和浅层参与双低型"这 4 类意愿主体（见图 1-6）。其深层与浅层趋义参与意愿参考点数比值分别为 3.83、0.20、0.95 和 0.69，利己与利众意愿参考点数比值分别为 1.63、2.05、1.67 和 1.93，说明主体之间角色的不平衡性很明显。在上述 4 类意愿主体中，深层和浅层参与双低型主体占比最高（48.57%），其趋利意愿在 4 类主体中也同样最为突出（见表 1-2），说明该类主体并未因其承担义务的意愿不强而相应降低其趋利意愿；因此，有必要在国家公园宣传、服务中，进一步强调社会个体义利的对等性。深层参与倾向型、深浅参与双高型个体的深层参与意愿、利众意愿均较为突出，但其个体数量占比很低，分别为 17.14% 和 7.62%；实践中，有必要通过集体活动的带动，扩大这两类个体占比，使相应深层趋义参与意愿、利众意愿得以扩大。

按照上文根据个体深层和浅层参与意愿程度对人群进行分类的办法，基于样本在具体内容层面的"利众、利己"意愿状况，也可将样本划分为"利众倾向型""利己倾向型""利众利己双高型""利众利己双低型" 4 类（见图 1-6），分别占 27.62%、20.00%、22.86%、29.52%。虽然利众利己双低型个体占比较多，但其趋利及趋义意愿参考点数均最少；利众利己双高型个体则恰恰相反（见表 1-2）。上述 4 类个体的人均利众意愿参考点数分别为 3.76 个、1.38 个、5.54 个和 1.32 个，人均深层参与意愿参考点数分别为 1.00 个、1.48 个、1.29 个和 0.52 个，不平衡性同样很突出。利众倾向者不但利众意愿强烈，其也对国家公园建设有着相对突出的趋义参与意愿；受工具性趋义的影响，利己倾向者承担建设参与义务的意愿较强；利众利己双低型个体占比最多，但趋义参与意愿较弱。在国家公园建设实践中，可充分发挥利众倾向型个体的行为示范及观念引领效应、工具性趋义的驱动作用，并通过宣传、激励手段进一步增加个体的利众及趋义倾向，以使社会个体的义利角色向更加平衡、更有利于国家公园建设的方向转化。

1.2.5 调查结果对国家公园公益化建设运营的启示

1.2.5.1 发挥国家公园建设标准对公众义利意愿的引导调节作用

个体意愿可决定其行为（吴天岳，2005），有必要基于国家公园建设目标来强化和引导公众相关意愿（Riccucci et al.，2016）。已有研究在此方面提出了许多有益见解。首先，可发挥思想观念对公众意愿的引导作用。理念有先导意义，应利用传统智慧，形成具有中国特色的生态伦理思想，引导社会个体对国家公园的正确理念（冯艳滨等，2017；唐芳林等，2019）。义利观念是中国传统文化的重要精神内涵之一，在调节人的义利意愿方面有重要意义（魏华等，2019）。个体利己行为可能会威胁国家公园公益价值，但却无法杜绝利己，理想的选择就是确立义利兼顾思想（Batson et al.，1999）。实际中，人类一直都面临义利选择问题（鲁鹏一，2014），而国家公园的公益属性意味着社会公众要有义务分担意识，其为公共利益做贡献的主观意愿十分重要（康晓光，2018）。公众的互惠观念有助于其此方面意愿的形成（Jaffe，2002），采取措施强化此观念可使公众参与保护的意愿更为坚定（Hattke et al.，2019），产生为他人创造福利的真正愿望（Park et al.，2011），例如，可向人们揭示"愿为他人付出者更容易收获幸福"（Corral-Verdugo et al.，2011）的现象，宣扬"我为人人、人人为我"的思想。其次，通过塑造相应精神文化氛围来影响公众意愿。布朗芬布伦纳的人类发展生态学理论认为，社会文化氛围间接影响人的趋义倾向（谷禹等，2012）。国家公园文化氛围会影响访客行为意愿，而其中精神文化氛围的影响最持久（黄涛等，2018），因此，需通过弘扬义利精神来营造相应氛围。也应通过国家公园的解说与教育系统，使访客在内心深处形成一种环境责任精神（王辉等，2016）。最后，从一些具体环节着手。例如，从国家公园规划设计、建设运营、保护管理等各个环节来激发公众为国家公园贡献力量的动机（钟林生等，2016）；让人们充分了解国家公园在促进人类健康与幸福方面的作用，以增强公众的趋义意愿（吴承照，2015）；向到访者展示国家公园生态优美、环境纯洁的图片，让其了解不恰当行为会对优美景观及纯洁环境带来的不良干扰，以进一步增强访客实施负责任环境行为的意识（Abdullah et al.，2019）；

通过地方依恋感促进国家公园访客承担环保义务的行为意图 （Ramkissoon et al.，2012）；等等。

而本研究发现，社会公众在国家公园标准达成方面的意愿，对其对国家公园的相应趋利、趋义意愿有中控调节作用。公众的标准达成意愿有助于其趋利意愿的更好实现，可诱发其趋义动机、影响其趋利意向。因此，可将相应标准的设置及达成作为调控公众义利意愿的重要抓手。首先，研究显示，公众对于国家公园的标准达成意愿中，部分与国家公园的公益化目标相吻合，且其期望国家公园能在生态环境保护、管理制度设计、社会公益功能等方面达到很高标准，应对公众这些标准达成意愿予以积极响应，以诱发其更多趋义意愿，同时，使公众以达成这些意愿为目标来调适其会对国家公园公益功能造成负影响的不恰当趋利行为。但与此同时，很多社会个体尚不完全了解国家公园需达到的标准，例如，许多被调查者仅将国家公园等同于景区，使其相关标准达成意愿尚不完全符合国家公园的建设目标。因此，也应通过宣传普及，让公众充分了解国家公园应该达到的标准和要求，以及达到相应标准需其承担的义务和需要其践行的恰当行为方式，以引导、调适公众的义利意愿，使其积极趋义、合理趋利。另外，也需切实通过公益服务使公民充分感受国家公园达成相应公益化运营标准后为社会公众所带来的好处，以对社会个体的相应义利意愿产生积极影响。

1.2.5.2 协调和平衡国家公园公共服务中公众义利意愿间的关系

社会公众在国家公园公共服务中获取相应权利的意愿多元、强烈（张朝枝，2019）。豪克兰德（Haukeland，2011）调查发现，人们希望在国家公园中获得纯真自然体验，领略奇特风光；奥戴尔（O'Dell，2016）则介绍了一些病人到国家公园进行身心康复的诉求；伯恩等（Byrne et al.，2009）发现，国家公园周边居民有入园进行运动健身的强烈需求；瑞姆克逊等（Ramkissoon et al.，2018）揭示了人们在国家公园内实现和发展自我、社会交往的更高层次愿望。但与此同时，许多学者也揭示了公众过分追求自身利益的现象。国内学者张玉钧等（2017）强调，每个人都是独立经济人，都在追求自身利益最大化。叶海涛和方正（2019）推断，在个体"理性"选择下，会尽可能让别人负担成本，让自己免费使用国家公园公共资源，最终会引发"公地悲剧"。因此，相关研究也强调要平衡个体的义利关系，认为在国家公园公共服务中，个体在享有权利的同时，须爱护资源、制止破坏生态的行为（杜金娥等，2007）。杨锐（2019）指出，为真正实现全民公益性，每个人都应承担对国家公园的相应义务。唐芳林（2016）阐述了国家公园内自然资源属公有财产，若使用者使环境受干扰，则应为此付费，这既有助于社会公平、也有助于培养社会个体的环境责任感。张朝枝等（2019）发现，国外国家公园旅游具有复合含义，即访客观察和体验自然时，也应参与生态保护。布鲁克和卡朋特（Brock & Carpenter，2007）强调，国家公园应制定相应规则来规范人的行为，入园者有义务遵守相应规则。瑞姆克逊和玛沃多（Ramkissoon & Mavondo，2017）认为，访客有在国家公园实施环保行为的义务。本研究基于对公众意愿的调查分析，认为应从"强化公众义利观念、以趋利目标诱发工具性趋义意愿、拓展及转变公众宏观理念"等方面来平衡公众针对国家公园公共服务的义利意愿。

第一，强化公众义利观念来平衡其义利意愿关系。调查结果显示，公众宏观理念对其具体行动意愿会产生重要影响。义利对等观念不强使公众的趋义意愿较为滞后，且公众宏观理念层面承担义务意愿强度不足也使其具体趋义意愿集中于浅层参与的偏多，捐赠支持意愿偏弱。因此，需在国家公园公益化运营中进一步宣扬义利观念，通过表彰奖励树立榜样、社会宣传营造氛围，以及通过公共服务价值感知加深社会个体对国家公园的公益性认同等方式，强化公众立足于公益的宏观理念来影响其具体内容层面意愿，发挥义利观念在激励公众形成更多、更深层次趋义意愿方面的作用，以实现义利关系平衡。另外，公众的大部分利众性意愿尚处于宏观理念层面，其具体内容层面意愿利己倾向明显，也需通过构建参与渠道促公众宏观理念层面趋义意愿向具体内容层面转化，扩大其利众、实际趋义参与意愿比例。

第二，发挥个体趋利意愿诱发其趋义意愿的作用。本次调查研究发现，公众对于国家公园公共服务的义利意愿之间不平衡，存在重利轻义现象，其趋义意愿明显偏弱，且大部分仅为浅层次趋义参与意愿。同时，公众的大部分趋义意愿是在其趋利意向中产生的。因此，可强调国家公园可为社会公众带来的利益，以激发公众以获益为目标的工具性趋义意愿。例如，公众在亲近自然生态方面的趋利意愿强烈，可强调国家公园可为公众所带来的生态福祉，诸如为公众提供亲近原生态自然的空间、使公众体验和享受纯洁的生态环境、使公众在与自然的接触中获得精神灵感等，以使公众为获得这些生态福利而产生保护相应生态资产的意愿，使其输出公众所期望获得的生态福利。

第三，拓宽公众对国家公园的价值认知来平衡其趋利及趋义意愿内容。调查结果显示，公众对国家公园多元价值认识不充分导致其宏观理念的局限，使其具体趋利意愿主要集中在到访游憩方面。因此，应使社会个体认识国家公园多元价值，拓宽其宏观理念，激发其更宽泛趋利意愿，疏解趋利意愿过于集中在时空方面造成的生态压力。另外，也需增强公众对国家公园更多、更深入了解，引起其对国家公园更多、更深层次兴趣，拓展其参与国家公园建设的广度和深度。例如，通过对钱江源国家公园的实地调查发现，当地原生态美食资源十分丰富，也颇具体验和健康价值。但在本次调查中，只有极少数个体表达了享受原生态饮食的意愿。另外，社区帮扶也是公众为国家公园建设做贡献的一种重要途径，但此次调查中很少有人表达此方面意愿。这反映出社会公众对国家公园的认知还不够深入和全面，相关理念还有一些滞后。因此，进一步深化和拓展公众对国家公园的认知就很有必要。

第四，以体现社会公益为原则来平衡与公众意愿相关主体的义利角色。如上文所述，管理者在公众意愿实现中具有不可或缺的重要作用，其须扮演公众义利意愿实现促进及引导调适双重角色，但现实中，其自下而上对公民意愿的了解尚不充分，存在角色失衡。而了解公众意愿，并在国家公园公共服务中体现公众意愿，是国家公园面向全民实现其公益性的基本要求之一。研究结果也反映出在被调查者意愿中，其他社会个体被寄予不完全对等的义利角色，即每个人都应公平、普遍受益，但可根据个体能力因人而异进行趋义参与，这虽符合国家公园公益目标，但也极易造成"搭便车"现象。另外，还有为国家公园公益目标而做出利益让渡的社区居民等少数关键付出者的受益尚未充分受到平衡性考虑。意愿主体之间的义利角色也存在不平衡，例如，深层参与倾向者占比明显偏少，利众倾向者占比尚不高。因此，在国家公园公益化运营实践中，管理者需扮演好自下而上广泛征集公民意愿，自上而下实行意愿引导及纠偏的角色；须契合国家公园公共服务目标来深化公众的义利角色认知，促其角色转化；增强人们趋义参与主动性，减少"搭便车"者及其他义利失衡者；引导社会公众形成一个基本认识：即每个人都合理趋利、积极趋义，方能更好实现国家公园公共服务的公益性；一些相关鼓励措施需被出台和实施，以扩大社会个体中深层参与型、利众型等更愿意承担义务者的比例。

第 2 章

研究区的公益价值条件及公共服务实践

2.1 公益价值载体[*]

　　本研究主要以钱江源国家公园为研究区。研究区位于浙江省开化县内，2016 年经国家发改委批复，正式成为国家公园体制试点区。根据《钱江源国家公园体制试点区总体规划（2016—2025）》，研究区包含古田山国家级自然保护区、钱江源国家森林公园及二者的中间过渡地带，涉及开化县的苏庄镇、长虹乡、何田乡、齐溪镇 4 个乡镇，代表性游憩区点包括莲花塘、神龙飞瀑、中国清水鱼博物馆、隐龙谷、九溪龙门景区、高田坑原生态村落、台回山、古田山瀑布等。下文为研究区公益价值载体的详细说明及分析。

---

　　* 本部分内容根据浙江在线网（http://www.zjol.com.cn）提供的数据资料进行整理，笔者对其中少部分源于其他文献的数据资料单独做了引用标注。

2.1.1 环境价值载体

2.1.1.1 植被条件

在钱江源国家公园 252.16 平方千米的范围内，分布着开化县境内 54% 的千米以上山峰（公园内有 25 座山峰海拔在千米以上），森林覆盖率在 90.4% 以上，保留着大片原始林及原始次生林。国家公园内夏湿冬暖、雨量丰沛的环境为亚热带常绿阔叶林的生长提供了理想条件，是全球北纬 30°地带上罕见的中亚热带常绿阔叶林集中连片分布区。常绿阔叶林主要分布在海拔 350～800 米之间的山地上，主要树种为甜槠、木荷、青冈等，马尾松散生于其中；海拔 800 米以上则为黄山松林等针叶林。其中，钱江源国家森林公园（面积 45.834 平方千米）占整个国家公园面积的 18.18%，其森林覆盖率达 97.55% 以上，有"中国的亚马逊雨林"之称，拥有在全国分布面积最大、最集中的长柄双花木珍稀植物群落；古田山国家级自然保护区的面积（81.07 平方千米）占 32.15%，森林覆盖率几乎接近 100%，有"浙西兴安岭""中国最美森林"之美誉。

2.1.1.2 生物物种

钱江源国家公园是一座庞大的生态基因库，是中国生物多样性保护 17 个重点区域之一，在生物多样性保护方面具有关键意义。其中尤以古田山国家级自然保护区内的生物多样性最为突出。古田山有高等植物 2062 种，保留着许多古老的植物种类。古田山植物中稀有品种占比达 1/3，在我国 48 个特有的植物属中，古田山有 14 个。该保护区中已发现需要保护的珍稀植物为 61 种，其中分别有 1 种、14 种属国家一级、二级保护植物；保护区内集中分布着大片具有全国代表性的野含笑、香果树、紫茎植物群落。在动物物种方面，古田山国家级自然保护区内已发现的高等动物有 372 种，昆虫有 1156 种（其中有 24 种昆虫以古田山命名，喜网等鳞蛉为钱江源国家公园特有昆虫种类），在公园内发现的蚁墙蜂在 2015 年被《时代》（美国）期刊评为当年全世界十大新发现物种之一。公园内的国家一级、二级保护动物分别有 4 种、40 种，其中国家一级保护动物黑麂的数量占全世界 10%。园内真菌种类也非常丰富，已发现的大型真菌有 315 种（余顺海等，2020）。表 2 - 1 显示了钱江源国家公园内各片区的主要受保护物种。

表 2 - 1　　　　　　　钱江源国家公园的主要受保护动植物资源

片区	森林覆盖率（%）	主要国家一级保护植物	主要国家二级保护植物	主要国家一级保护动物	主要国家二级保护动物
齐溪片区	97	南方红豆杉、银杏	长柄双花木、连香树、凹叶厚朴	黑麂、白颈长尾雉、豹、云豹、桃花水母、穿山甲	相思鸟、红嘴蓝鹊、松雀鹰、亚洲黑熊
长虹片区	85	南方红豆杉	榉树、椶树	黑麂	白鹇、黄麂子
何田片区	83	南方红豆杉	浙江楠	海南鳽	赤腹鹰、北鹰鸮
苏庄片区	90	南方红豆杉、银杏	香果树、金钱松、椶树、长序榆、野含笑	黑麂、白颈长尾雉、豹、云豹	白鹇、仙八色鸫、中华鬣羚、亚洲黑熊、小灵猫、凤头鹰、蛇雕、赤腹鹰、镇海林蛙、赤链蛇

资料来源：根据钱江源国家公园官方网站（http：//www.qjynp.gov.cn）中的资料进行整理。

2.1.1.3　空气质量

钱江源国家公园所在地是中国气象局所认定的"中国天然氧吧"之一，也是浙江省的清新空气示范区，年空气优良率达 99.4%，PM2.5 平均浓度小于 15 微克/立方米。在森林光合作用、溪瀑水分碰撞、植物放电等的影响下，公园内空气中的负氧离子含量达 4500 个/立方厘米以上，核心区的负氧离子日平均水平超过 6200 个/立方厘米，最多处为 14.5 万个/立方厘米。公园内空气中细菌含量非常低，小于 320 个/立方米，是城市空气中细菌含量的 1/9以下。公园内的古田山有华东绿肺之美誉，被认为是全世界负氧离子最多的地方之一。古田山国家级自然保护区、钱江源国家森林公园、九溪龙门景区等地点的空气质量达国家一级标准，其他地点的空气质量在国家二级标准以上。

2.1.1.4　水文环境

钱江源国家公园内有数十条山溪，形成泉、溪、潭、瀑等形态丰富的水体景观。首先,溪流普遍具有水质清、流速快、水温低的特征。其次,园内也零星分布着一些相对宽阔的河流、湖泊(水库)、水田。在钱江源国家森林公园内浙江、安徽、江西三省的交界处,海拔 1151.7 米的莲花尖为浙江省母亲河钱塘江的源头。位于源头地点的莲花塘周围树木茂盛,年出水 400 多万立方米。由源头流出的莲花溪,流至齐溪镇时与其他溪流汇聚成河。另外,位于枫楼坑、仁宗坑等地点的湿地也在孕育水源方面发挥着重要作用。国家公园中古田山国家级自然保护区内的苏庄溪、下庄溪则属长江水系,其先后流入乐安江(属饶河水系)、鄱阳湖、最后与长江相接。

古田山国家级自然保护区、钱江源国家森林公园内的溪水水质可达国家一级饮用水标准,水质非常好。在国家公园所涉及的 4 个片区中,齐溪片区、长虹片区的水体质量总体可达 I 类水标准,何田片区、苏庄片区(不包括古田山国家级自然保护区)的水体质量总体可达 II 类水标准。国家公园所在的开化县年出境水中 II 类水所占比例可达 100%,I 类水占比可达 80%。

2.1.1.5 气候条件

钱江源国家公园内的年平均降雨量达 1900 毫米以上,其湿度比开化县城高出约 11 个百分点。国家公园内的年最高气温比开化县城低 3℃以上,最低气温比开化县城高 5℃以上,气温相对稳定,对区域气候具有一定调节作用,例如,减少极端天气、降低二氧化碳浓度、降低夏季炎热程度、增加区域降水量等。森林的蒸腾作用调节着公园内的气温和湿度,其光合作用释放出充足的氧气,进而形成舒适宜人的小气候环境;园内每年有超过 3 个月的时间气候都非常宜人(舒适度为 3 级)。公园内易形成云雾,其可以起到降温、减少挥发、促进喜阴植物生长的作用,有助于公园小气候环境的形成;森林中旺盛的光合作用可减少大气中二氧化碳含量,进而可减缓气温升高。公园内的小气候环境使其成为华东地区夏季的避暑地之一,如苏庄片区唐头村、长虹片区西坑村的夏季气温仅约 25℃。

2.1.2 游憩价值载体

钱江源国家公园具有周边人口分布较多,到访最为方便的特征,是华东地区重要的生态旅游目的地。首先,园内有许多壮观的瀑布景观,其数量多、流量大、落差大、层叠多，水声优美，且常会折射出光晕和彩虹，一些流瀑中间还有翡翠般的植被点缀，很有观赏价值。例如，钱江源国家森林公园、隐龙谷景区内各有 9 个大瀑布，其中森林公园内的飞天瀑布落差达 120 米。其次，钱江源国家公园内的树木色彩各异，且充满季相变幻，使园内森林有很好的观赏性。例如，紫果槭的颜色每年会由紫色变为黄褐色，再变为褐绿，然后会变成红色。许多有观赏价值的花卉点缀在山林之中，例如，古田山上就有琼花、杜鹃、野含笑、野百合（卷丹）、石仙桃、芫花、凌霄花、秋海棠、蕙兰等众多适于观赏的花卉植物。林下则苔藓遍布，例如，古田山国家级自然保护区内就有325 种苔藓，形成在其他许多地方都难得一见的生态景观。再其次，园内也有许多观赏性动物。有野生鸟类264 种以上，其中许多鸟类形态优美，如白颈长尾雉（数量在 300～500 只）形态酷似凤凰，可观赏性很强。最后，公园内也有舞香火草龙、保苗节、满山唱等一些有游憩体验价值的民俗文化，有中共闽浙赣省委旧址、徽开古道、古田庙等有一定游览观光价值的历史遗迹，以及有多处保存完好，对访客有一定吸引力的生态古村落等。

2.1.3 康养价值载体

（1）负氧离子具有抗菌、防衰老、醒脑、增食欲、降血压等作用。钱江源国家公园内的负氧离子含量高，可发挥一定康体功能。例如，古田山空气中负氧离子水平就远超养生保健所要求的标准（根据世界卫生组织，空气负氧离子含量大于 2 万个/立方厘米时，会对人体产生治疗效果），最高为 14.5万个/立方厘米。钱江源国家森林公园内的负氧离子含量最高可达 10 万个/立方厘米，中国林科院在钱江源国家森林公园内也验证了园内环境在治疗高血压方面有实际效果。

（2）国家公园内树木所释放的植物精气具有养生功效，且不同类型植物精气的康体功能不同。园内空气中浓度较高的植物精气（芳香类物质）在止咳、平喘、祛痰、通络、开窍、祛秽、平衡腺体分泌、促进人免疫功能、调节心律不齐等很多方面有一定治病和保健作用（吴楚材等，2005）。

（3）钱江源国家公园中有丰富的药用植物资源。例如，园内的孑遗植物杜仲树皮有很高的药用价值，可降血压、防血管硬化、医治风湿病；金钱松的树皮可治疗皮肤癣；青钱柳提取物可防治胆固醇升高；三叶木通可治关节病；香花鸡血藤的根和茎可通经活络；草本植物华重楼的茎可清热解毒、治胃痛；滴水珠（草本）能解毒止痛；南方红豆杉中的紫杉醇对肿瘤有抑制作用；芫花的花蕾可祛痰；漆树的气味有镇咳作用等。

（4）园内有许多对人身体健康有益的食材。仅古田山上就有 77 种可食用的药用菌，具有多种养生保健功效，例如，尖顶羊肚菌可健胃、马勃菌能利咽止血、蝉花菌能减缓人的衰老。公园内出产的虾虎鱼作为食材可对人起到镇静、补钙作用，石斑鱼可益气、美容；红花山油茶具有润肠清胃、促进消化、防止肥胖、养颜等保健功能；土蜂蜜则可补中益气、祛痰润肺。另外，国家公园内的山泉水中也含有偏硅酸，锌、硒、镁等丰富、对人体健康有益的微量元素。例如，镁可对神经系统起到保护作用，锌可维护视力、护脑，硒则可帮助身体排除所积累的重金属、抗氧化、保护细胞膜等。

2.1.4 科研价值载体

钱江源国家公园具有突出科研价值，承载重要科研功能，可为生物多样性研究提供很好的空间载体，园内共有 800 个以上各种类型科研样地。有 30 多个国内外科研机构在钱江源国家公园内设有科研基地，例如，园内的古田山国家级自然保护区中就有中国科学院植物所、浙江大学，以及美国、英国、德国等国外科研机构所设的科研基地，包括占地 0.24 平方千米（400 米 ×600 米）的生物多样性监测样地、BEF 森林研究基地（中欧合作项目）、区域性气候研究中心（目前由 13 个样地构成，每个样地占地 1 万平方米）、森林生物多样性与气候变化研究站（由中国科学院建立，为国家级科学观测研究站）、白颈长尾雉等珍稀动物的网格化监测研究基地（由 559 台以上红外相机构成，共有 174 个野生动物监测网格）、林冠层研究塔吊基地、傅伯杰院士工作站、魏辅文院士工作站等。公园内可开展种子雨、植物生长、植物种群变化、气候变化对生物的影响、森林碳汇等多种研究，目前以钱江源国家公园为研究区，发表在顶级刊物上的高水平论文已超过 186 篇。近年来开展的大型研究科考项目包括钱江源国家公园综合科学考察（2018 年 4 月开始，历时两年半）、黑麂研究与保护（2019 年 8 月～2021 年 12 月）、"守望地球"志愿者科考（2021 年 7 月）等。

2.1.5 教育价值载体

钱江源国家公园是一本活生生的自然生态环境教科书。在国家林草局主办的"绿色中国行"公益活动中，钱江源国家公园被列为全国青少年进森林研学基地。其也是全国关注森林活动组织委员会（由全国政协、国家林草局、教育部等单位联合成立）所认定的"国家青少年自然教育绿色营地"。园内设有清华大学研究生实践基地，浙大教学实习基地、博士实践基地，以及浙江林业系统员工培训基地等多个教育及专业实践载体。目前，公园已编制了环境教育专项规划，建成了科普馆（为建筑面积5640平方米的自然博物馆），制作了"钱江源国家公园探秘"环境教育视频，设立了钱江源国家公园电视频道（2019年4月18日首播，为国内首创）开展生态文明宣传教育。另外，钱江源国家公园也在其周边乡镇小学内设立了展示厅，开设了生态文明宣传教育课程，向学生提供《生物多样性专刊》等阅读资料。目前，公园正在规划建设以科普教育为主要功能的珍稀植物园，开发公园内植物物种识别智能App，开展"常绿阔叶林的世界之窗"生态环境教育项目，计划出版"钱江源国家公园相关研究论文集"等书籍。近来，钱江源国家公园开展的主要研学教育活动有"小小公民科学家"（2021年）、"小候鸟夏令营"（2021年）、钱江源国家公园教育大讲堂（2021年）、开化万名学生进国家公园（2021年）等。另外，国家公园长虹片区的高田坑海拔高度接近700米，波特尔暗夜分类达2级标准，视宁度非常好，几乎无光污染，非常适于夜间进行天文观测。该地点目前正在建设暗夜公园和天文科普馆，将成为一处重要的观星及天文教育基地。

2.2 研究区的显性价值评价

2.2.1 对国家公园价值进行显性量化揭示的意义

2.2.1.1 国家公园的显性与隐性价值界定

建立生态价值实现机制是构建生态文明的重要诉求，为此，国家自然资源部在 2020 年印发了第 1、第 2 批《生态产品价值实现典型案例》，推广生态价值实现成功经验。国家公园是生态价值最为重要的保护地（郭楠，2020），其生态资产价值包括显性和隐性两类：旅游、科研等使用价值为显性价值；传承、存在等非使用价值为隐性价值（梁学成，2006）。也有学者从价值的内在、外在角度，认为自然遗产的使用价值为其外在价值，而其存在、选择、遗赠价值属内在价值；其外在价值为显性价值，内在价值为隐性价值（刘庆余，2007）。后来，学者又对自然资源的显性价值（使用价值）进一步具体化，认为其显性价值主要包括观赏、娱乐、健康、科研、教育、环境价值（李向明，2011）。

国家公园生态价值大部分处于隐性状态，尚未被人们充分认识（石敏俊，2021）。例如，国家公园生态资产的选择价值就在相关研究中被视为一种潜在的隐性价值，未来人们可能会从中发现某种植物的独特药用价值等（吴健等，2018），从而可以选择对其进行利用。有研究认为国家公园生态资产的存在价值也属于隐性价值（刘庆余，2007），相应存在价值主要为生态资产的持续存在而对社会主体带来的满足感（曹建军等，2017），而无论其现在是否使用，或将来是否会选择使用相应生态资产（Krufilla，1967）。但也有一些学者尝试对资源的选择、存在等内在价值进行量化揭示，打破了之前学者提出的显性价值范畴（张颖，2013）。因此，需进一步界定显性价值的概念。于是，又有相关研究认为自然生态资产价值中可被明确量化揭示的部分为显性价值（Lin et al.，2015；Simangunsong et al.，2020）；对显性价值概念的这种表述，在近期的相关研究及许多价值介绍资料中被使用得较多。也有学者将可直接用货币形式来衡量的价值定义为显性价值（Knight et al.，2017）。本研究主要参考学者西曼格桑等（Simangunsong et al.，2020）及林等（Lin et al.，2015）关于显性价值的表述，将国家公园生态资产显性价值的概念表述为：其价值中可明确被量化揭示的部分即为其显性价值。相对应，其价值中处于潜在状态、尚无法被量化描述的部分为隐性价值。这一概念有助于公众快速识别和判断国家公园的显性价值。

国家公园显性价值有以下特征。第一，更具现实意义。现实条件下可被实现（Knight et al.，2017）、与人的现实需求更密切（李向明，2011）、是国家公园生态价值实现中利益相关者关注的直接内容。第二，显性价值常以货币量化法估算，包括成本估价、替代物估价、市场定价、旅行费用（赵煜等，2009；孙孝平等，2019），以及影子价格（张颖，2013）等方法，以致相关研究直接将可用货币衡量的价值定义为显性价值（Knight et al.，2017）。货币量化法有助于对不同客体各类显性价值进行统一度量。第三，显性价值内容和体量可扩大；探寻隐性价值量化观测点，对其量化揭示，可将部分隐性价值变为显性价值。第四，显性价值只是对各类有一定显性特征的生态价值的不完全揭示。据相关研究，国家公园有"环境、游憩、康养、科研、教育，以及选择、存在"等价值。前 5 项显性特征明显，但也很难被完全估量（李向明，2011；孙刚等，2000），其可估量部分为显性价值，后 2 项虽较难计量，但也有相关研究尝试对其进行量化揭示（张颖，2013），同时，还存在其他未被认知的隐性价值（许纪泉等，2006）。大量研究用货币量化法对其生态、游憩价值进行了显性评价（赵煜等，2009；许仕等，2013；李兰英等，2012；胡海胜，2007），但对其康养、科研、教育等价值进行显性揭示的非常少。而对国家公园多元价值进行综合评价，则更有助于达成其向社会公平提供生态价值及可持续的目标（Zafra-Calvo et al.，2020）。

2.2.1.2 显性揭示国家公园价值的必要性

当前，生态价值实现已被贯彻到政府治理之中，生态价值认知是生态文明建设实践的重要切入点（陶健等，2019），但现实中存在对生态资产显性价值的揭示尚不充分的问题。因此，对相应价值的显性揭示是一项重要研究课题（王立，2017）。国家公园生态价值的显性评价具有十分重要的意义（Zafra-Calvo et al.，2020），是其价值实现中重要的管理辅助手段（刘焱序等，2018）。第一，可使公众对相应生态价值形成直观认知（李晖，2006），认识到生态保护的重要性（Maes et al.，2012），引导其做出积极、正确的价值响应。第二，可使开发建设者在相应价值实现中明确认识并承担相应责任（孙刚等，2000），以及明确生态干扰者应承担的责任等；可为生态资产的使用收费提供依据，进而有助于形成让做出保护贡献者受益、让生态资产使用者付费的管理机制，以减少或消除相关主体使用生态资产所形成的负外部性（张丽佳等，2021）。第三，价值是价值实现的客观基础，在通过价值显性评价使公众充分认识国家公园价值实现的客观基础后，公众会产生对价值更明确的认可、需求、维护等利害关系，即价值关系（杨曾宪，2000），这种公众价值响应关系为价值实现提供主观条件，即只有形成公众对价值响应的关系后，相应价值才能得以实现。在国家公园生态资产价值全面实现中，客观基础及主观条件均十分关键，但大量研究中二者是割裂的，同时揭示价值实现客观基础与主观条件的研究尚较少。而如上文所述，对国家公园价值进行显性揭示，可使社会主体对国家公园形成更加积极、明确的价值响应关系。在此背景下，笔者以钱江源国家公园为例，以其生态价值实现的客观基础和主观条件为切入点，致力于较全面回答"案例地可实现的各类显性价值如何?"这一个关键问题，以为相关主体认识、实现国家公园生态价值提供参考。

2.2.2　价值评价中需应对的问题

如上文，对国家公园隐性价值进行显性量化揭示具有重要意义，可为其价值实现提供衡量依据，也可增强公众对国家公园的认知和支持，应视之为一种管理辅助工具。但实际中，相应价值评价需解决好以下几个方面的关键问题。

（1）价值评价所考虑因素需尽可能全面。其生态、游憩价值量化评价方法已较多（赵煜等，2009；孙孝平等，2019；胡海胜，2007），但显性化揭示其康养、科研、教育等价值的方法尚较少，因此需进行此方面探索。

（2）评价方法和标准不统一导致对案例地所在区森林生态与游憩价值评价结果差别较大，在 2.48 万～51.26 万元/万平方米之间不等（孙孝平等，2019；许纪泉等，2006；李兰英等，2012；胡海胜，2007；李晖，2006），这影响了相应评价结果的应用价值，因此需探寻为多数人所认可和遵循的评价范式和标准。

（3）寻找价值量化观测点是显性化揭示隐性价值的关键，其康养等价值尚未被充分显性揭示，应鼓励对相应价值观测点的选用尝试。本研究选用了如图 2 - 1 所示的价值观测点，但这些观测点是否充分和恰当，还有哪些价值未被观测，须在后续研究中接受检验、修正和补充。

（4）为使价值评价发挥管理辅助工具功能，需使评价方法简便实用，例如，建立不同交通方式与距离区间所对应客流份额量表来计算游客交通花费，以人均需支付的资源使用费及服务费为合理门票花费计算标准等，以便于管理主体等快速实施评价工作。

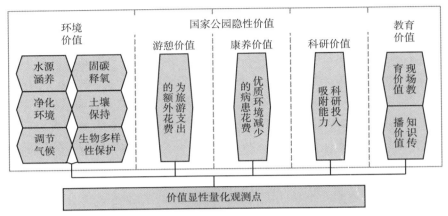

图 2 - 1   本研究在价值评价中所选用的量化观测点

2.2.3   价值评价对象及空间范围

低海拔亚热带常绿阔叶林是钱江源国家公园的重要生态资产及其生态价值主要载体，总覆盖面积 182.18 平方千米（其中国有林占比 19.27%、集体林占比 80.73%），在海拔 350~800 米集中连片分布，是地球同纬度（北纬 30 度）地带上罕见的一片中亚热带常绿阔叶林大面积集中分布区域（在副热带高气压影响下，地球上同纬度地带的大部分地方为草地和荒漠，例如，面积约 270 万平方千米的伊朗高原荒漠草原、属热带沙漠气候且占地约 700 万平方千米的美索不达米亚地区、面积达 932 万平方千米的撒哈拉沙漠等）。我国的亚热带常绿阔叶林属于特色植被，其面积占全球的 98%。而钱江源国家公园内完整性、原真性突出的低海拔亚热带常绿阔叶林在国内具有典型性，因而也具有全球保护价值。公园内茂密的森林孕育了钱塘江的源头，林中丰富的溪流、暖湿的气候、充裕的食物也为许多珍稀动物提供了理想的栖息环境。为了使相应生态保护更为切实可行，钱江源国家公园被因地制宜地划分为核心保护区、生态保育区、游憩展示区、传统利用区（其面积分别占整个国家公园的 28.66%、53.81%、3.22%、14.31%），以更好地保护公园内具有代表性和原真性的生态系统，以及保护许多相关珍稀动植物的生境。

2.2.4 价值评价方法

2.2.4.1 环境价值评价

（1）水源涵养价值。

水量平衡法（赵煜等，2009）可被用来计算试点区水源涵养量；水的资源性价值可用"水资源费"来体现（李维星，2018）。因此本研究用公式（2-1）计算研究区常绿阔叶林的水源涵养价值。

$$W = P_w \times (R - E) \times S \qquad (2-1)$$

公式（2-1）中：W 为水源涵养价值；P_w 为研究区所在区域的水资源费标准；R 为年均降水量；E 为相应气候带森林平均蒸散量；S 为研究区常绿阔叶林面积（平方米）。相应计算标准如表 2-2 所示。

表 2-2　　　　　　　　　　研究区环境价值相关计算标准

价值细分	评估公式	相关指标	计算标准
水源涵养	公式（2-1）	P_w	0.65 元/立方米：根据仍有效的《浙江省水资源费分类和征收标准》（2014 年）
		R	1.963 米/天；研究区林地增加的降水占林区总降水的 6% 左右（鲁绍伟，2006）
		E	1.05965 米/天（吴桂平等，2013）
		S	18218×10⁴ 平方米
固碳释氧	公式（2-2）	P_c	22.25 元/吨 CO_2：根据 2016～2018 年全国碳交易平均价格（张颖等，2019）
		Q_c	1.63 吨 CO_2（许仕等，2013）
		P_o	1820 元/吨 O_2：依据"LY/T 2735—2016"以医用氧为标准向多个供应商询价所得
		Q_o	1.2：根据光合作用公式
		P_f	16.81 吨/万平方米·天（李高飞等，2004）

价值细分	评估公式	相关指标	计算标准
净化环境	公式（2-3）	P_s	5346.44 元/吨·天：根据浙江省排污权交易网
		Q_s	88.65 千克/万平方米·天（李晖，2006）
		P_d	300 元/吨粉尘（浙江省物价局，2014）
		Q_d	10.11 吨/万平方米·天（许纪泉等，2006）
		P_m	2500 元/吨杀菌剂：通过百度爱购网查询得到的最基本市场价格
		Q_m	10.95 吨/万平方米·天（杜丽君，2000）
土壤保持	公式（2-4）	A_p	3.2981 吨/万平方米×18.14（秦伟等，2015）：研究区每年平均每 100 毫米降雨中土壤平均侵蚀量为 3.2981 吨/万平方米，所在区域年平均降雨量为 1814 毫米
		A_r	0.0222 吨/万平方米·天（唐小燕，2012）
		P	1.25 吨/立方米：测量得到
		T	1.125 米（俞元春等，1998），以及根据《开化县生态环境功能区规划说明（2005 年）》
		Q_t	60 立方米：根据《2019 年开化县国民经济和社会发展统计公报》
		P_t	1600 元：根据市场询价
	公式（2-5）	P_n	2700 元：根据市场调查；相应磷酸二铵化肥中分别含氮、磷元素 18%、21%（每吨土壤所含氮对应的特定肥料中含磷量大于每吨土壤中含磷量）
		P_k	2100 元：根据市场调查；钾元素含量为 50%
		P_g	320 元：根据市场调查；有机质含量为 45%
	公式（2-6）	P_l	1.35 吨/立方米（魏霞等，2006）
		W	36 元/立方米（王婕等，2016），以及根据市场调查
调节气候	公式（2-7）	Q_h	8138880 焦耳/平方米（张彪等，2012；杨士弘，1994）
		P_e	0.51 元/千瓦时：根据市场询价
		P_a	5.8185×10^{-18} 元/个：根据《林业生态工程生态效益评价技术规程》（DB11/T 1099—2014）

价值细分	评估公式	相关指标	计算标准
调节气候	公式（2-7）	Q_a	16000 个/立方厘米：实测数据
		B	1.8218×10^{15}立方厘米：根据林地面积和林分高度计算得到
		T	10 分钟（李兰英等，2012）
生物多样 性保护	公式（2-8）	P_v	1220 万元/万平方米：根据相关研究推算（张颖，2013），以及根据《中国生物多样性国情研究报告（1998 年）》

（2）固碳释氧价值。

采用市场交易价格法，以公式（2-2）计算研究区常绿阔叶林的固碳释氧价值。其中依据《自然资源（森林）资产评价技术规范（LY/T 2735—2016）》《森林资源资产价值评估技术规范（DB11/T 659—2018）》，采用医用氧价格作为价值替代标准来估算研究区林地的释氧价值。

$$V = \frac{(P_c \times Q_c + P_o \times Q_o) \times P_f \times S}{10000} \qquad (2-2)$$

公式（2-2）中：V 为研究区的固碳释氧价值；P_c 为全国碳交易平均价格；Q_c 为生成 1 吨植物干物质的 CO_2 需求量；P_o 为医用氧平均出厂价；Q_o 为林地每生产 1 吨干物质的氧释放量；P_f 为试点区净第一性生产力；S 的含义同上文。

（3）净化环境价值。

主要考虑钱江源国家公园内常绿阔叶林在吸收二氧化硫、滞尘、杀菌方面的作用，采用公式（2-3）计算其净化环境价值。在森林杀菌价值方面，林中植物可分泌出杀菌物质，其有效杀菌成分占比约在 17%~42% 之间（张薇等，2007），属天然杀菌剂。可用市场上常见杀菌剂价格作为价值替代标准来评估研究区林地年分泌杀菌物的价值。

$$A = \frac{(P_s \times Q_s + P_d \times Q_d + P_m \times Q_m) \times S}{10000} \qquad (2-3)$$

公式（2-3）中：A 为研究区常绿阔叶林每年在净化环境方面产生的价值；P_s、P_d、P_m 分别为浙江省最新二氧化硫排污权交易平均价格、粉尘排污收费标准、杀菌剂市场价值；Q_s、Q_d、Q_m 分别为研究区每公顷常绿阔叶林每年的二氧化硫吸收量、滞尘量、杀菌物质排放量；S 的含义同上文。

（4）土壤保持价值。

所保护土地生产价值。研究区内核心保护区、生态保育区将保持原生状态，游憩展示区为景点及居民点；而传统利用区内约 26.07 平方千米公益林可以被更新采伐或间伐，从而实现一定生产功能。因此本研究只考虑研究区内传统利用区林地（占研究区林地面积的 14.31%）所保持土壤的生产价值。根据浙江省林业厅 2018 年制定的《公益林采伐管理办法（征求意见稿）》，公益林一个龄级（约 10 年）可通过更新择伐、抚育间伐方式采伐林分蓄积量的 15%。基于此，用公式（2 - 4）计算试点区林地所保护土地的生产价值（许仕等，2013；胡海胜，2007）。

$$L = \frac{S(A_p - A_r) \times 14.31\%}{10000 \times P \times T} \times \frac{Q_t \times 15\% \times P_t}{10} \qquad (2-4)$$

公式（2 - 4）中：L 为研究区内占比 14.31% 的传统利用区中常绿阔叶林地所保护土地生产价值；S 的含义同上文；A_p、A_r 分别为研究区每公顷土地潜在土壤侵蚀量、现实土壤侵蚀量（吨/万立方米·天）；P 为研究区林地中土壤容重（吨/立方米）；T 为林地中土壤的厚度（米）；Q_t 为研究区每公顷公益林林木蓄积量（单位为立方米，每 10 年采伐其 15%）；P_t 为每方原木的均价。

土壤保肥价值。研究区常绿阔叶林每吨土壤中氮、磷、钾、有机质含量分别为 1.3 千克、0.17 千克、11.57 千克、23 千克（唐小燕，2012）。本研究通过公式（2 - 5），用相对应常见化肥价格作为替代标准来评价研究区林地土壤保肥价值。其中，市场上常见的磷酸二铵化肥主要有效成分为氮、磷，可用其作替代来评估相应林地的保氮、保磷价值；试点区 1 吨土壤中含氮 1.3 千克、含磷 0.17 千克；所对应 7.22 千克特定磷酸二铵（氮、磷元素含量分别为 18%、21%）中含氮 1.3 千克，含磷 1.52 千克，含磷量远大于 0.17 千克；因此本研究在计算时只考虑相应氮元素所对应特定磷酸二铵的货币价值。

$$F = \frac{S(A_p - A_r) \times 1.3 \times P_n}{10000 \times 1000 \times 18\%} + \frac{S(A_p - A_r) \times 11.57 \times P_k}{10000 \times 1000 \times 50\%} + \frac{S(A_p - A_r) \times 23 \times P_g}{10000 \times 1000 \times 45\%}$$

$$(2-5)$$

公式（2 - 5）中：S、A_p、A_r 的含义同上文；P_n 为 1 吨特定类型磷酸二铵价格（分别含氮、磷元素 18%、21%）；P_k 为 1 吨特定氯化钾肥（含钾元素 50%）价格、P_g 为 1 吨特定有机肥（有机质含量 45%）价格。

减少泥沙淤积价值。全国一般受侵蚀流失的土壤有 37% 滞留，33% 入海，24% 淤积于江河、水库、湖泊（王岳森，2007），影响河湖水库功能，甚至使水库废弃，从而造成损失。林地减少泥沙淤积的价值也主要表现为其可减少此方面损失。基于此，本研究用公式（2-6）来估算研究区此方面价值。

$$D = \frac{24\% \times S(A_p - A_r) \times W}{10000 \times P_l} \tag{2-6}$$

公式（2-6）中：S、A_p、A_r 的含义同上，24% 为受侵蚀流失土壤中淤积于江河、水库、湖泊的比例，P_l 为淤积泥沙的容重（吨/立方米），W 为河湖库塘的清淤成本。

（5）调节气候价值。

研究区林地调节气候的价值主要包括"调节气温价值、增加降水价值、产生负氧离子价值"等三个方面。由于其增加降水的价值已在前文被计入涵养水源价值中，所以此处不再进行重复计算。其中，在气温调节价值方面：夏季，研究区常绿阔叶林降温效应明显，林地内气温比外部平均低 3℃，本研究也只估算其夏季（90 天）降温价值；以体积为 1000 立方米的空气柱体为计算单元，每平方米空间中的温度下降 1℃，空气热损失（蒸腾吸热）可以 1256 焦耳/小时为计算标准（张彪等，2012；杨士弘，1994），研究区林分高度平均约 10 米，据此估算出研究区常绿阔叶林每年夏天的吸热量约为 8138880 焦耳/平方米，然后根据相关研究（Tengberg et al.，2012）将其换算为达到同等降温效果的空调运行电价成本。本研究用公式（2-7）估算研究区常绿阔叶林调节气候的价值。

$$C = \frac{0.278 \times 10^{-6} \times S \times Q_h \times P_e}{3.4} + \frac{P_a \times Q_a \times B \times 525600}{T} \tag{2-7}$$

公式（2-7）中：C 为调节气候价值；0.278×10^{-6} 为焦耳与千瓦时的转换系数；S 的含义同上；Q_h 为研究区林地每年夏季的吸热量（焦耳/平方米）；P_e 为现行电价；3.4 为空调的一般能效比；P_a 为负离子生产费用（元/个）；Q_a 为研究区平均负氧离子浓度高出附近城区的数量（个/立方厘米）；B 为研究区林地空间（立方米）；525600 为每年时长（分钟）；T 为负氧离子寿命（分钟）。

（6）生物多样性保护价值。

根据《中国生物多样性国情研究报告（1998年）》，生物多样性保护价值主要包括直接实物价值、旅游及科学文化价值、选择价值、存在价值，这几项价值的占比分别为50.50%、38.61%、4.45%、6.44%。本研究对生物多样性实物价值（森林实物生产价值）、旅游及科学文化价值另行分析，此处只考虑其选择与存在价值。研究显示，到2020年，全国森林生物多样性直接实物价值加旅游及科学文化价值的最优年影子价格为0.997万元/万平方米（张颖，2013）。基于此，可推算出森林生物多样性的选择与存在价值约为每年0.122万元/万平方米。本研究用公式（2-8）计算研究区生物多样性保护价值。

$$M = \frac{S \times P_v}{10000} \qquad (2-8)$$

公式（2-8）中，M为研究区生物多样性保护价值，S含义如上，P_v为研究区每公顷林地的选择与存在价值。

2.2.4.2 游憩价值评价

按研究区建设国家公园试点区的"试点方案"，其年游客承载量为400万人次。经调查，每位游客在研究区平均到访游憩区点2.4处，则其每年可面向167万人产生游憩价值。游憩价值评价方法主要有条件价值法和旅行花费法（赵煜等，2009），前者有一定假想性，而后者更能体现评价对象现实价值，本研究选用后者评价研究区生态资产在生态游憩方面的显性价值。交通、门票、住宿费是游客为旅游而支出的必需性额外花费，而餐饮、购物、娱乐等支出可被看作其日常或附加的非必需花费，本研究只考虑必需性额外花费。

（1）交通费估算。

①参照中国旅游车船协会《中国自驾车、旅居车与露营旅游发展报告（2019—2020）》确定非自驾游客占比约36%；非自驾游客会通过公路、铁路、航空等交通方式进入研究区，据全国《2019年交通运输行业发展统计公报》确定非自驾游客使用公路、铁路、航空交通的比例分别为75.07%、21.12%、3.81%。同时，本研究也根据相关研究（童晓进，2014；陈卓等，2018；王成金，2009）设计了不同交通方式在各距离区间的客流份额量表（见表2-3），以量化描述处于各距离区间的非自驾游客选择使用特定交通方

式的比例。

②本研究经调查确定公路、铁路（综合高铁与普列）平均客运费分别约 0.39 元/千米·人、0.30 元/千米·人；访客的航空交通成本则按民航基准票价核算法"LOG（150，航线距离×0.6）×航线距离×1.1"进行估算，并按一般性折扣（70%）打折；以各省会及直辖市到研究区航空与陆路距离的平均比值（0.76）为陆、空交通距离换算系数。

③根据《2018 驴妈妈自驾游发展报告》，离研究区 0~400 千米、400~800 千米、800~4500 千米范围的自驾游客占比分别为 82%、15%、3%；并调查得到自驾者交通费为车均 0.89 元/千米，车均搭载 3 人，人均约 0.30 元/千米。

④在具体评价中，按每个距离区间的平均距离来计算来自各距离区间的游客交通成本。

表 2-3   不同交通方式在各距离区间的非自驾游客运送份额量表

项目	各距离区间对应指标（航空距离=陆路距离×0.76）						
陆路距离（千米）	0~250	250~500	500~750	750~1000	1000~1500	1500~2500	2500~4500
公路客流份额（%）	92	5	2	1	0	0	0
铁路客流份额（%）	29	28	25	7	6	4	1
航空客流份额（%）	0	3	5	24	27	32	9

（2）合理门票费。目前研究区门票总计 150 元，将按公益化要求逐步降低；其目前在部分时段实行免费入园制度。根据我国自然资源使用收费制度，向"使用"国家公园内林地资源的游客适当收费也是合理的；同时国家公园工作人员向游客提供服务，也需游客支付一定费用。虽然游客认为当前的门票价格偏高，但其很愿意支付合理的门票费（何思源等，2019）。但国家公园门票费究竟收多少合适，目前尚无标准。本研究尝试将"人均需支付的资源使用费及旅游服务费"作为国家公园最低门票标准。

①根据"土流网"上相关信息（2020 年），研究区所在区域林地流转均价约 0.17 万元/万平方米·年，是市场认可的林地资源使用费平均标准；其林地使用费按年分摊到每个游客，则客均应支付 18.55 元。

②据国家林业局数据，在森林生态旅游中，约 5456 人的年游客量对应 1

名管理和服务人员；以此标准，若以饱和游客量为依据进行估算，则研究区约需 306 名以上工作者。按浙江全社会就业人员年平均工资 71523 元计算（2019 年），则客均至少需支付 13.11 元服务费。

③综上所述，研究区门票价最低约应为 31.66 元。

（3）住宿费估算。实地调查发现，游客在研究区的单人每天住宿费用一般在 50 ~ 240 元不等，游客在研究区的人均停留时长为 2.50 天（基于对 445 名游客的调查）。目前，研究区的许多民宿正在进行提档升级，游客的人均住宿花费也将有所提升。若按游客单人住宿花费区间的中位数 145 元为标准，结合当前游客在研究区的人均停留时长，则游客在研究区的人均住宿花费约为 362.50 元。根据浙江省文旅厅抽样调查结果（2019 年），游客的人均住宿花费为 354.54 元，与上述估计值较为接近。本研究在估算游客住宿花费时，使用了更具权威性的官方调查统计结果，即 354.54 元/人。

2.2.4.3　康养价值评价

由于目前尚缺乏评价保护地康养价值的切实方法，使相应价值不能被显性化揭示。本研究基于优质环境在维护公民健康中的实效，对其康养价值予以一定揭示。据世界卫生组织《通过健康环境预防疾病——对疾病的环境负担的评估》，优质原生态环境可减少 24% 的疾病，或使疾病患者数量减少 24%（施秀芬，2006）；德国在推行"森林康养"项目后，其国家医疗费支出减少了 30%（刘拓等，2017），也量化揭示了环境康养价值，同时也印证了上述报告中数据具有现实参考意义。本研究以世界卫生组织公布的 24% 为参数（研究区环境可使相关人群减少约 24% 的病患，由此而减少相应医疗保健支出）来估算研究区的康养价值。

按研究区所在地市常住人口人均环境空间，研究区环境空间负荷的常住人口约 45682 人；另外，研究区瞬时访客容量为 3050 人。因此其优质环境所对应康养直接受益人数约 48732 人。根据国家统计局发布的《2019 年居民收入和消费支出情况》中人均医疗支出（1902 元）可估算研究区在减少医疗支出方面的价值。

2.2.4.4　科研价值评价

绝大部分研究未显性化揭示保护地科研价值，极少数研究用保护地科研投入吸附能力来评价其此方面价值（赵煜等，2009），且只考虑了有关机构在保护地进行科研所交纳的费用（李晖，2006）等。本研究从政府、科研单位，其他社会投入三个方面，尽可能全面考虑研究区所吸附科研投入，以更充分揭示其科研价值。第一，政府投入。据研究区 2017～2019 年每年投资决算，其年均科研投入约 540 万元。① 第二，科研单位投入。根据实地调查获取的信息，中欧合作项目"BEF-China"、中国科学院植物所等科研组织平均每年研究投入约 220 万元。第三，其他社会投入。通过查询知网，2017～2019 年平均每年社会个体针对研究区在国内期刊上发表 60 篇科研成果；据钱江源国家公园官网上科研成果统计，近年来平均每年针对研究区的外文科研成果为 20 篇。根据相关研究，每篇科研成果的投入约 0.68 万～59.4 万元不等（杨军等，2013；陶欣欣等，2015；胡升华，2018）；综合衡量，平均每篇科研成果需投入约 3.24 万元（科学家在线，2017），本研究以此为衡量社会科研投入的依据。

2.2.4.5 教育价值评价

根据我国的《建立国家公园体制总体方案》，国家公园具有教育功能，开展自然、生态、环境等教育。但目前尚未发现评价国家公园教育价值的相关研究。本研究尝试"从现场教育价值、知识传播价值"两个方面，对其进行一定程度的显性化揭示。

（1）现场教育价值。根据《钱江源国家公园体制试点区总体规划（2016—2025）》，研究区瞬时游客容量为 3050 人，其可使到访的游客接受一定程度的自然环境教育，或了解相关自然环境知识，或形成保护生态的意识，或养成爱护环境的习惯等。本研究认为这相当于向公众提供了一个可容纳 3050 人的自然博物馆。博物馆容量一般约 2.6 平方米/人（金华彪，2013），本研究用替代工程法，以相应自然博物馆建设运营成本来估算研究区每年产生的现场教育价值。

①建设成本：通过网络查询上海、重庆、深圳、成都、合肥、郑州、西宁、浙江、江西、西藏等 10 个近年来已建或规划在建的自然博物馆，得到其平均造价约 1.72 万元/平方米（包括建安、装潢、展品设置等费用）；按大中型博物馆设计使用年限 100 年（徐晓虹等，2012）将其分摊至每年。

---

① 根据开化县人民政府网站（http：//www.kaihua.gov.cn）的部门决算信息计算。

②运营成本：自然博物馆每年需投入一定运营费用，而处于自然状态的研究区在发挥教育功能方面所需的运营成本非常少，相当于7930平方米几乎无须运营投入的自然博物馆，据相关研究（王革等，2018），其年节约运营费约1020万元以上（另据智研咨询集团的《2016～2022年中国博物馆行业运营分析与发展前景研究报告》，全国每个博物馆的平均年运营费用约1040万元，与本研究所采用的1020万元的自然博物馆年运营费用标准也高度接近）。

（2）知识传播价值，是指研究区有教育意义知识资源传播所产生价值。

①调查发现，网络上与研究区相关的信息资源很多，而知识资源所占比例很小，相关知识内容多与自然生态有关。在非音像知识资源的网络传播中，知网占90%以上市场份额（赵占领，2019）。研究者随机查阅不同年份与研究区相关的50篇文献，得到平均每篇文献约5.94页，下载量约179.5次；知网流量费标准为0.5元/页。由于英文文献下载量等数据较难获取，其在国内流通量也较小，本研究只基于中文文献对相应价值进行不完全评估。

②网上可搜到有教育价值相关视频共约19个；根据其时长、播放次数、被观看状况（随机调查发现，受众浏览网络视频时平均每个视频仅被观看40%左右）、发布时间等，得到这些视频平均每年累计播放时长共约18630.66小时；据工业和信息化部最新发布的《中国互联网络发展状况统计报告》与《中国宽带资费水平报告》，全国人均上网资费约0.34元/小时。

③有教育价值的纸质出版物主要为期刊，其平均期印数1.34万册（国家新闻出版署，2018），市场调查显示其每页均价约0.35元。

2.2.5　价值评价结果及相关启示

研究区主要生态资产每年可产生24.25亿元以上显性价值（＞13.31万元/万平方米），远高于其所在县域6.56万元/万平方米的生产总值（2019年），设置国家公园来实现其突出的公共生态价值非常必要。研究区公共生态服务方面的显性价值构成如表2-4和表2-5所示。对钱江源国家公园显性价值的评价结论在国家公园建设、管理、运营方面具有如下启示意义。

表 2 - 4 　　　　　　　　　　　　显性价值评估结果

项目	公共环境价值						游憩价值	康养价值	科研价值	教育价值	综合价值
	水源涵养	固碳释氧	净化环境	土壤保持	调节气候	生物多样性保护					
显性价值（万元）	10705.49	67994.49	56260.76	12108.08	7074.46	2222.60	81569.39	2224.52	1019.20	1327.74	242506.73
	156365.88										
占比（%）	64.48						33.63	0.92	0.42	0.55	100

表 2 - 5 　　　　　　　　　　钱江源国家公园公共环境价值构成

价值类型	显性价值（万元）	价值类型细分	细分显性价值（万元）
水源涵养	10705.49	—	—
固碳释氧	67994.49	固碳	1110.67
		释氧	66883.82
净化环境	56260.76	吸收二氧化硫	863.46
		滞尘	5525.52
		杀菌	49871.78
土壤保持	12108.08	土地保护	1.60
		土壤保肥	9201.06
		减少泥沙淤积	2905.42
调节气候	7074.46（水源涵养价值中已含增加降水价值，此处未重复计算）	调节气温	6183.03
		增加降水	1202.03
		产生负氧离子	891.43
生物多样性	2222.60	—	—

（1）如表 2-4 所示，环境价值是国家公园的主要显性价值。生态保护是国家公园的主要任务，环境服务功能是其最为突出的功能。因此，国家公园以实现公共环境价值为首要目标，若为追求游憩等更小的价值而牺牲其更大的环境价值，则会因小失大；倘若其游憩价值大于环境价值，则可能存在显性价值结构不合理，有必要通过访客量约束等对其进行调适。

（2）国家公园以全民公益为目标，虽然其科研、康养、教育等显性价值占比很小，但相应价值对部分公民（如科研人员、有森林养生需求的患者、需要实地学习了解自然生态知识的学生等）可能至关重要，其仍是国家公园价值体系中不可缺少的部分。研究区在科研、康养、教育方面产生的显性价值较小，这一方面由于目前这些价值直接受益者数量较有限，相应价值实现程度较低，因此，有必要通过专项服务功能提升来进一步扩大相应价值的受益人群，以更好实现国家公园面向社会公众的多元化公共服务价值。另一方面也由于已有价值评价方法对环境、游憩价值揭示得较充分，而对保护地康养、科研、教育价值的显性化揭示尚不够，因此，有必要鼓励、加强此方面研究探索，以为国家公园价值的全面实现提供决策参考。

（3）国家公园显性价值具有动态特征，会随着社会需求变化而变化。国家公园的价值维护既需立足于当前公众的价值需要，也需立足于未来社会的价值诉求。国家公园所体现出的显性价值与社会需要密切相关，即其各类显性价值额度也体现了当前社会公众对相应价值的需求（或相应价值在社会需求方面的重要程度）。例如，随着当前社会生态环境问题的增多，公众的环境诉求也越来越突出（易承志，2019），使国家公园在环境服务方面具有突出显性价值（见表2-4）；另外，公众较强烈的亲近自然及休闲放松需要也使国家公园在游憩服务方面的显性价值额度较高。当前国家公园在康养、科研、教育服务等方面的显性价值相对较小，但随着社会公众在这些方面需求的日益增强，其这些方面的显性价值也会相应增多。国家公园作为受保护的自然遗产，相关建设、管理及运营者需形成其价值实现的动态化观念，并为未来其隐性价值向显性转化积极夯实基础、奠定条件。

（4）纯公共性价值是国家公园的首要价值，其次是其准公共性价值，应以此作为国家公园价值实现与调配的依据。真正的国家公园需面向社会产生公共价值（徐宁蔚等，2018）。研究区显性价值的公共性特征突出，其中公共环境价值占比达64.48%，具有纯公共属性，其向社会产生的释放氧气、调节气温、滞纳灰尘等方面环境服务无明显排他性，相关公众均可从中公平受益，应通过国家公园在空间上的合理分布及生态保护来保障公众的公平受益权利；其游憩、康养、教育等价值的占比较低（见表2-4），具有准公共属性，其面向社会的相应服务在一定条件下具有非排他性，应将其纳入社会福利性服务进行管理及向公众配置，以更好地体现其公共价值特性。

2.3 研究区重点聚落空间主要服务价值比较

调研组（共5人）主要根据各重点村落的生态环境优越程度来评价其康养服务价值，根据村落的自然及人文游憩资源条件来评价其游憩价值；根据特定村落周边及内部所拥有的研学教育元素，以及其可吸引到的访客规模（取决于其游憩价值）来评价其教育服务价值。特定村落的各主要服务价值被根据评价结果分为四级。然后，研究者先后咨询12名熟悉情况的村落居民，以及先后咨询2名钱江源国家公园管理局工作人员，对初次形成的评价结果进行修订，形成研究区重点聚落空间主要服务价值分布评价结果，如表2-6所示。

表 2-6 　　　　　研究区重点聚落空间的主要服务价值分布情况

村落	游憩价值	康养价值	教育价值
古田	★★★	▲	■
宋坑	★★	▲▲	■
洪源	★	▲	■
龙上	★★★★	▲▲▲▲	■■■
东山	★★★★	▲▲▲▲	■■■
龙潭口	★	▲	■■
河滩	★★	▲	■■
库坑	★★	▲	■
西坑	★★★	▲	■■■
台回山	★★★★	▲	■■■
塘流降	★★★	▲▲	■■
大阴坑	★★	▲▲	■■
高田坑	★★★	▲	■■■
陆联	★★★	▲	■■■
后山湾	★★★★	▲▲▲▲	■■■

村落	游憩价值	康养价值	教育价值
里秧田	★★★	▲▲	■■■
溪沿	★	▲	■
仁宗坑	★	▲	■
齐溪村	★★★	▲▲	■■■
上江源	★★	▲▲▲	■■
下江源	★	▲▲	■

注：符号数量更多表示相应价值更高。

出于保护生态，以及兼顾社区发展的需要，一些乡村聚落将成为钱江源国家公园内的重要服务空间，承载相应公共服务功能。但由于各村落在服务运营方面的自主性，各村落之间的服务要素配置极有可能呈现无序状态，进而会导致要素的低水平重复配置和村落之间的恶性竞争。因此，管理机构应根据对各村落的主要服务功能评价结果来引导、调适不同村落的服务运营内容，实现其服务功能的优化。

2.4 基于公共价值的研究区公益服务实践

2.4.1 公共价值载体的保护实践①

2.4.1.1 生态保护中的土地利用方式转变

钱江源国家公园内的集体林占比达 80.73%，共涉及 64 个自然村的10404 处集体林，户均林地面积约 30.54 亩。而《建立国家公园体制总体方案》要求国家公园内大部分资源为全民所有。为了解决集体林地占比过高对生态保护所带来的不利影响，真正做到对大部分林地的非利用封禁保护，从而更好地实现其对全社会的公共生态价值，钱江源国家公园内实行了地役权

① 本部分内容中的数据来自实地走访调研。

改革。根据我国《物权法》，所谓地役权是指地役权人按照合同利用别人不动产来提高自己不动产效益的权利（张鹏，2007）。地役权制度在钱江源国家公园内的具体实施办法为：通过集体林地流转，使国家公园管理部门拥有园内土地的使用权，然后根据需要使相应土地发挥生态保护功能，并向原先拥有土地使用权的村民支付补偿金（杨梦鸽等，2022）。

出于保护需要，钱江源国家公园核心保护区内的部分林地已被征收为国有，针对核心区未被征收的林地及生态保育区内的林地，国家公园管理局采用租赁的办法进行统一管理和严格保护。游憩展示区、传统利用区内的林地由于与当地村民的生产生活密切相关，其生态保护方面的难度相对较大，钱江源国家公园引入了地役权模式（见图 2 - 2），在村民集体表决同意后，钱江源国家公园管理局同村民签订合同（有效期至 2054 年年底），将相应林地全部划为生态公益林，并提高了原先的生态公益林补偿标准（目前的补偿标准约为 48.2 元/亩，高于非国家公园区域的公益林补偿标准）；其中一些村的村民同意村集体用部分公益林补偿金设立公共资金，用于发展生态旅游，村民参与旅游收益分红、从事旅游接待运营及就业，部分收益则会被用于生态修复和其他公共建设。同时，国家公园管理局面向地役权改革参与者列明了被禁止行为清单及林地利用强度规定，村民须经国家公园管理机构许可后方能对林地进行流转。如前文所述，低海拔常绿阔叶林是钱江源国家公园的主要生态资产，上述这一措施使园内的生态资源得到了有效保护。

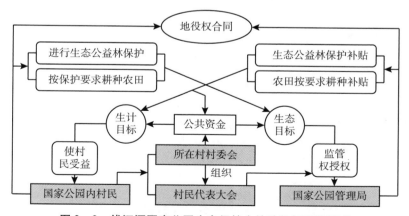

图 2 - 2 钱江源国家公园生态保护中的地役权实践模式

另外，钱江源国家公园范围内有农田20281.5亩，涉及64个自然村3199家农户的生计。其中，位于核心保护区范围内的农田就有2281.5亩。针对这些农田，管理机构也进行了地役权改革实践，目前纳入地役权改革试验的农田已有663亩（截至2021年10月）。参与农田地役权改革的农户每年会得到"200元/亩"的补贴，但须履行在耕种过程中不使用除草剂、化肥、农药、不驱除野生动物等承诺；而相应农产品经检测后可使用国家公园品牌商标。根据对研究区的初步调查，跟研究区的一般农产品相比，使用国家公园品牌商标的农产品销售价格可增加20%左右。为了切实保障参与地役权改革的农户利益，开化新农村建设投资集团还同农户约定了干稻谷收购底价（5.5元/斤）；为了让使用国家公园品牌的大米能形成市场知名度，钱江源国家公园管理局还对每斤大米补贴2元营销费用。由于研究区内农田较多，补偿金需求量巨大，在其地役权改革的进一步推进过程中，相应资金保障具有关键意义。

钱江源国家公园实行的地役权改革不但有利于生态保护，也在当地村民增收方面产生了切实效果。在地役权改革的参与及非参与者之间，前者的年人均总收入比后者多出了35.1%；地役权改革参与者从事林业生产的时间减少，为其增加非农收入提供了更多可能，使每个参与者的年非农收入平均增加126.07%（杨梦鸽等，2022）。

2.4.1.2 生态保护中的环境友好行为促进

为了更好地维护钱江源国家公园的公共生态服务价值，国家公园管理局实行相应举措来规避公园内非生态友好行为的发生。例如，从村民中分别招收专、兼职生态巡护员59人、45人对山林进行巡护，对每天巡山1次的巡护员，钱江源国家公园管理局每月发放1000元以上补贴；钱江源国家公园管理局与太平洋保险等机构联合设立了"野生动物肇事保险"，年投保25.2万元，对其庄稼遭受野生动物侵害的农户进行赔偿，禁止村民驱逐、伤害野生动物，每年的累计赔偿额度可达1000万元；为了实现钱江源国家公园的保护目标，2018～2021年先后共27个总投资约24亿元的不符合保护要求的项目被否决。

另外，国家公园也实行一些举措来促进村民的生态友好行为。例如，国家公园管理局制定了奖励制度，对救助野生动物者、举报他人危害野生动物者分别给予 50～800 元、300～3000 元不等的奖励，这调动了村民保护野生动物的积极性，平均每年救助的野生动物达 250 只以上；钱江源国家公园管理局还实行了"柴改气"项目，对项目参与者一次性给予 200 元/户的改灶补贴，每年向每户发放 4 瓶煤气的购置补贴，使村民践行绿色低碳生活方式；钱江源国家公园管理局还通过各种宣传活动来提升村民环保意识，如与浙江师范大学合作开展的"绿丝带"环保宣传提升了村民对生物多样性价值的认知；在钱江源国家公园管理局同各乡镇联合开展的"十万妇女清洁国家公园行动"中，通过举办相关文体比赛活动来提升环保宣传效果，使环境清洁观念深入人心。

2.4.2 生态展示及环境教育实践

钱江源国家公园从解说系统设计、场馆设置、相关活动开展等方面积极实践，实现其面向公众的环境教育公共服务价值。其在此方面有成功做法，但同时也存在一些有待进一步优化的不足之处。

2.4.2.1 环境教育实践中的成功做法

（1）将环境教育作为重要服务功能。根据实地访谈，2018 年钱江源国家公园明确提出环境教育立园构想。至 2021 年底，具有环境教育功能的标识标牌已遍布于钱江源国家森林公园、古田山国家级自然保护区之中。钱江源国家公园管理局开设了国家公园的环境解说微信公众号，至 2021 年底，其环境解说推文累计被 50 万人阅读；组织编写了环境教育读物《江源古田》《打开亚热带常绿阔叶林之窗》《钱江源国家公园》等。在环境教育立园理念指引下，研究区的环境教育实践已产生显著社会效益，被中国科协列为"全国科普教育基地"，被国家林草局、全国绿化委员会、中国绿化基金会等单位联合评定为"绿色中国自然大课堂"，《江源古田》被中国林学会推荐为全国自然教育用书。

（2）将环境教育与愉悦体验相结合。钱江源国家公园在环境教育实践方面的另一成功经验是寓教于乐（见图 2-3）。其在进行解说系统设计时，尽可能使解说标牌美观，使解说内容生动、形象（见表 2-7）。国家公园将环境教育与休闲体验进行了很好的融合。例如，钱江源国家公园科普馆的"科学探索、丛林之旅"展示具有很强的趣味性和休闲性；高田坑暗夜公园则在访客的星空观赏过程中植入大气环境及天文知识教育。

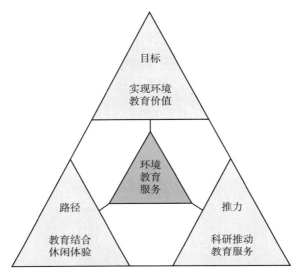

图 2 – 3   钱江源国家公园实现环境教育价值的三大支撑

表 2 –7   钱江源国家公园对野生动植物的形象解说

动物		植物	
名称	形象比喻	名称	形象比喻
黑麂	中国南方的大熊猫	长柄双花木	孤独旅人
白颈长尾雉	林中隐士	青钱柳	摇钱树
猫头鹰	无声的暗夜杀手	木荷	森林消防员
蛇雕	天空王者	地衣	无声拓荒者
白冠燕尾	飞羽精灵	杜仲	丝绵树
黑熊	黑瞎子	石蒜	彼岸花
白鹇	白衣吉祥鸟	野生铁皮石斛	人间仙草
虾虎鱼	守株待兔者	婺源安息香	花中的低调者
紫啸鸫	鸟中钢琴师	野大豆	马料豆

（3）将科学研究与环境教育相结合。中国科学院植物所、北京林业大学、浙江大学等机构分别自行在钱江源国家公园开展的生物多样性与区域气

候研究、国家公园生态原真性研究、鸟类生态学研究，以及钱江源国家公园分别委托浙江大学、浙江中医药研究院、中国科学院植物所、中国科学院动物所开展的大型真菌研究、黑麂食性研究、黑麂保护研究、综合科学考察等科学研究项目，为环境教育提供了丰富的素材内容。因此，公园内丰富的科研活动对环境教育的开展有强大支撑作用，科研与教育有机结合使研究区的环境教育呈现出活力。

总之，钱江源国家公园在实现其环境教育价值的实践中，以环境教育立园这一目标为引领，以与休闲体验相结合为重要实现路径，以充分的生态环境科研为推力（见图 2 - 3），使其环境教育服务产生了很好的社会效益。这对其他自然保护地环境教育公益价值的实现有如下启示。第一，需确立实现环境教育价值的明确目标。目标是行动的指引，钱江源国家公园在实现环境教育价值这一明确目标的指引下进行了诸多环境教育方面的建设，开展了一系列相关行动；但园内也有部分地点由于未充分立足于全民公益，其实现环境教育价值的目标不够清晰，致其在建设运营中未很好体现环境教育服务功能。第二，将环境教育与生态游憩相结合，可寓教于乐、扩大环境教育受众、提升环境教育效果。根据笔者调查，在"亲近自然""游览观光""康体健身""考察探索""接受教育"这几个到访国家公园的目标中，以"接受教育"为主要到访目标的个体占比最少，仅为 3.64%，不足以游览观光为主要到访目标者占比的 1/10。将环境教育与生态游憩充分结合，既能扩大环境教育的受益面，又能丰富生态游憩的体验内涵。第三，需重视科研探索对开展环境教育的推动作用。环境教育需要有深度、有科学内涵的素材，新的教育素材也将发挥新的教育功能、引起受众的更多关注，而科研探索则有助于相应素材的产生。

2.4.2.2 环境教育方面尚需优化之处

（1）环境教育功能的全面体现。实地调研也发现，在隐龙谷等由村集体主导运营的生态游憩区中，现有标识仍以旅游区点介绍、休闲娱乐提示为主，以环境教育为主要功能的标识标牌还非常稀少。究其原因，环境教育具有突出的公益性，而村集体、旅游企业在向全社会提供公益服务方面的动力尚不足。因此，为了更好实现国家公园的公共服务价值，提高公园内生态资源管理主体的级别十分必要。目前公园内一些生态资源管理还存在以村镇为主导的现象，有必要进一步加强更具社会公共属性的钱江源国家公园管理局的管理职能。

（2）展示解说系统人性化提升。研究区的解说标牌尚存在"文字太小导致阅读不便""信息太多导致访客放弃阅读""位置不合理导致访客的关注度不够"等不足之处，需在这些方面进一步优化提升。另外，解说渠道的丰富程度还不够，例如，部分访客可能不会主动阅读解说牌内容，而语音解说更有助于将信息传递给更多受众，可在休憩区设置音量适中（以不干扰野生动物为要求）的感应式语音解说装置。

（3）青少儿教育内容补充设置。青少儿是环境教育的主要目标人群，但研究区的部分环境教育内容较学术化，语言还不够通俗，不便于青少儿阅读理解。另外，研究区介绍动植物物种的解说内容较多，"植物蒸腾、光合作用、大气环境"等与青少儿书本内容联系更紧密的内容还相对偏少。这些也是有待于研究区进一步优化提升的方面。

2.4.3 公众生态游憩的服务实践

通过梳理与研究区相关的 115 篇游记（来自马蜂窝、携程、搜狐等网站），发现研究区可以使游客主要获得 12 种旅游体验，分别为：感受自然生态、感受当地文化、享受惬意环境、旅游设施体验、感受当地美食、愉悦放松心情、感受艺术意境、体验休闲项目、增长知识见闻、旅游住宿体验、旅游费用支出、促进身心健康。每种体验的被提及次数如图 2-4 所示。

2.4.3.1 研究区向游客所提供的主要旅游服务

钱江源国家公园目前主要向游客提供"生态游憩、山乡度假"旅游服务。其生态游憩旅游服务主要以自然景观、生态环境为支撑，会使游客形成"感受自然生态""享受惬意环境""愉悦放松心情"等体验感受（见图 2-4）；山乡度假旅游服务主要以生态美食、乡土文化、生态环境为支撑，可使游客形成"体验地方文化、美食、住宿"等体验感受。研究区内生态游憩、山乡度假这两大类旅游服务形成了很好的组合搭配关系。研究区内钱江源国家森林公园等地点的山林、溪流、泉瀑、生物景观，以及其优良的原生态环境，形成游客生态游憩的理想空间；而公园内乡土文化浓郁、生态环境优良、原生态食材丰富的乡村恰好可以承担对游客的食宿接待功能，对于游客而言，山乡中的食宿具有很好的体验性。

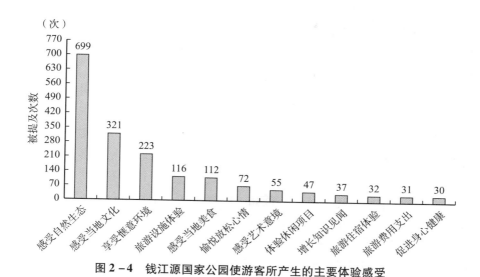

图 2-4 钱江源国家公园使游客所产生的主要体验感受

毫无疑问，基于优越的生态条件，生态游憩是国家公园的主要公共服务功能之一。而对于周边人口较多、可达性相对较好的钱江源国家公园而言，游客的度假需求也相对旺盛。例如，每年夏季就有许多来自上海的老年游客会在研究区度假 1 个月以上，享受公园内凉爽的气候、纯洁的环境；园内乡村居民点既可为旅游度假提供接待条件，其山乡环境又为许多度假游客所认可和偏爱。对于周边人口分布较多的国家公园而言，生态游憩与生态度假将是其旅游服务的主要形态。乡村居民经过长期与当地自然生态的互动，其聚落已与环境之间形成了较为协调的关系。因此，利用当地村落开展度假接待是一种更利于实现生态和谐的旅游运营模式。

2.4.3.2 研究区可进一步重点拓展的旅游服务

钱江源国家公园在研学科普游、特产购物游、户外徒步游等方面也具有很好的资源条件，但从图 2-4 可以看出，研究区在这些方面所发挥的功能尚不够突出。实地调研也发现，公园内专门以研学为目的的游客占比很少，大部分同其家人一起到访的儿童青少年也以家庭休闲度假为主要出游目的；在随机所调查的 50 名游客中，仅 22 名游客购买了当地土特产，且其人均购买土特产的花费仅约 160 元；森林公园内的徒步线路走完全程需花费 3 小时以上，且偏陡路段较多，一半以上游客都不能走完全程而会选择中途折返。国家公园的公共服务价值是多元的，使研究区在研学科普、特产购物、健身徒步等方面的服务功能也得到充分体现，是更好实现国家公园社会服务价值、增强其造福社会之功能的需要。

　　由于进入国家公园的散客大部分都不以研学为主要目的，而一些被组织起来的研学及专业实践旅行团队具有更为突出的研学及实践诉求。首先，为进一步实现研究区在研学科普游方面的服务功能，国家公园可实行基地化运营模式，即与相关学校、研学机构紧密合作，使公园成为相关机构的研学教育基地，使相关机构来国家公园开展有组织的研学活动。其次，国家公园内有许多质优价廉的特色土特产，例如，野生黄精、土蜂蜜、野生茶叶、葛根粉等（见图2-5），甚至有企业进行了包装创新，将清水鱼也开发为旅游商品。但研究区存在大部分旅游商品包装不够精美，对部分特产营养及养生价值的宣传力度不够，缺少专门的土特产购物点等问题。应对好这些问题有助于增强研究区的旅游购物服务功能。最后，国家公园普遍面积较大，徒步穿越线路较长，使许多游客知难而退，放弃进行户外徒步。因此，有必要在国家公园内设置若干条长短不一的户外徒步线路，以满足各类游客的户外徒步需求，从而更好地实现国家公园在户外徒步健身方面对社会公众的服务价值。

（a）野生黄精
2021年10月摄于龙门村

（b）土酒、土蜂蜜、葛根粉等
2021年10月摄于龙门村

（c）土鸡蛋、石笋干、清水鱼等
2021年10月摄于田畈村

图 2-5　钱江源国家公园的土特产示例

2.4.4　实现其他公益价值的实践

在研究区康养服务价值实现方面，虽然其森林生态系统康养价值已为社会所公认，进入公园的访客从客观上也会得到一定程度的身心放松与恢复，但目前专门以康养为目的到访钱江源国家公园的个体尚非常少。究其原因，一是公园内未正式推出森林康养服务，二是虽然公众认同国家公园内森林的康养价值，但对其具体的康养效果尚缺乏清晰认知。在此方面，一些国家的相关经验有很好借鉴意义。例如，德国、美国、日本都有非常正式的国家公园森林康养服务：德国将其国民到森林康养基地疗养纳入国家医疗保障范畴（可报销费用）（张胜军，2018），并有专门的疗养讲解员提供森林康养引导服务；美国有让患者到访国家公园以调节身心的"国家公园处方"项目（O'Dell，2016）；日本则设有经过考试认证的森林疗法向导（南海龙等，2013）。在国家公园实现其康养服务价值过程中，设专业的森林康养讲解员、向导及其他服务人员，提供专业、正式的森林康养服务，向受众阐释森林康养会产生的实际效果，可吸引来正式以康养为目的的游客，有助于国家公园公共康养服务价值的更充分实现。

在研究区科研服务价值实现方面，研究区为相关科研机构开展自然生态研究提供了非常好的案例地和科研条件，根据钱江源国家公园官网统计，自2016年研究区开始进行国家公园体制试点至2021年底，相关科研所形成的论文成果已超过400篇，其中高水平论文达186篇，这些科研成果绝大部分与生态环境、生物多样性、动植物生态等相关。国家公园是建设和体现生态文明的重要载体。生态文明体现为人与自然之间、人与人之间、人与社会之间的和谐共生。针对自然生态的研究有助于更好地实现生态保护，实现人与自然的和谐。然而，国家公园生态文明建设实践还涉及人与人、人与社会之间的和谐关系，后二者也是生态文明中不可或缺的部分，有必要以国家公园为案例地，加强这两个方面的相关研究，从而使国家公园形成更多有助于生态文明建设的科研成果，体现其更大、更丰富的科研服务价值。

第3章

公众对研究区公益价值的响应意愿及行动

3.1 公众对研究区公益价值的响应意愿分析

3.1.1 分析模型构建及数据获取

在上一部分内容中，笔者分析得到了研究区各项公共服务显性价值量化评价结果。但公众对相应显性价值是否认可、是否需要、是否愿意为之投入，即公众对其响应程度如何？这也是有必要进一步探讨的问题。对该问题进行探索有助于判断国家公园生态资产价值的现实意义，可为国家公园价值实现中促进"全民参与"提供参考，有助于相应价值的更好实现。本研究基于上一部分对钱江源国家公园各项显性价值评价结果，采用结构方程模型来分析人们对国家公园生态资产显性价值的响应状况。

3.1.1.1 构建价值响应分析模型

人们对公共生态资产显性价值的响应可分为"认知、诉求、行动"三个层面（Kaiser et al.，1999；王东旭，2018；杨莉等，2001；Mayerl et al.，2019；Zelenika et al.，2018；何思源等，2019）。这三个层面可分别反映人们对相应价值的"认可、需求、投入（相应行动需要投入一定人力、财力、物力）"状况；当前阶段大部分人在费用、时间方面对国家公园公共服务价值的投入响应更多停留在意愿层面。因此，本研究以公众分别对各项价值的"认可程度、需求程度、投入意愿"为结构方程模型的观测变量（分别用 $Xn1$、$Xn2$、$Xn3$ 表示，n 分别为 a、b、c、d、e），来测度其对研究区"环境、游憩、康养、科研、教育"服务价值的响应程度（分别用潜变量 Ya、Yb、Yc、Yd、Ye 表示）；用 Y 表示公众对其价值的综合响应程度，并以公众对各项服务价值的"认可程度、需求程度、投入意愿"为 Y 的观测变量，如表 3 - 1 所示。用 Smartpls 3.2.8 构建"初始结构方程模型"，以分析公众对相应价值的响应特征。

表 3 - 1 潜变量与观测变量的对应关系

潜变量	观测变量
Y	$Xa1$、$Xa2$、$Xa3$、$Xb1$、$Xb2$、$Xb3$、$Xc1$、$Xc2$、$Xc3$、$Xd1$、$Xd2$、$Xd3$、$Xe1$、$Xe2$、$Xe3$
Ya	$Xa1$、$Xa2$、$Xa3$
Yb	$Xb1$、$Xb2$、$Xb3$
Yc	$Xc1$、$Xc2$、$Xc3$
Yd	$Xd1$、$Xd2$、$Xd3$
Ye	$Xe1$、$Xe2$、$Xe3$

3.1.1.2 数据的获取及模型修正

上述各观测变量的值采用"1~9 标度法"通过问卷调查获得，"9"表示认可程度（或需求程度、投入意愿）非常高，"1"则表示相应指标值非常低。设计问卷时，首先分别列举前文价值评价结果，并简要介绍相对应评价方法；然后设置问项了解被调查者对各项价值的响应状况。在设计好问卷后，本研究从"通过此问卷开展该项研究是否合适、问卷条目设计是否合适、问卷选项设计是否合适"这三个方面，请 12 名专业人士对所设计问卷内容进行评判，并请其提出相应改进建议。其中包括 7 名高校教师、2 名钱江源国家公园管理人员、3 名旅游规划师。针对上述三个问题，选"非常合适、较合适、基本合适"者占比的平均值分别为 58%、28%、14%，未有人认为问卷内容"不合适"或"非常不合适"。笔者根据所收集到的建议，对各项价值构成、意义进行了补充说明。

笔者于 2019 年 4~7 月，在研究区及其周边住宿服务点针对游客共发放调查问卷 550 份，收回有效问卷 515 份。在 515 个调查对象中，男、女性分别占 55.73%、44.27%；年龄在 18 岁以下、18~35 岁、36~59 岁、60 岁及以上者分别占 14.17%、30.87%、38.45%、16.50%；受教育程度为初中及以下、高中/中专、本科/专科、硕士及以上者分别占 9.71%、30.13%、52.59%、7.57%。调查对象类型较为多元。

在此基础上，本研究基于所构建的"初始结构方程模型"，用"PLS Algorithm"计算各潜变量之间的路径系数，用"Bootstrapping（重复抽样 1000 次）"计算路径系数 T 检验值。但发现"$Ye \rightarrow Yb$"的路径系数小于 0.1，路径系数的 T 检验值小于 1.96，反映出公众对研究区游憩服务价值、教育服务价值响应度之间的相关性很小。为揭示这一现象，笔者就"您将出于什么目的前往国家公园游憩"这一问题，在 2019 年 5 月对身边 20 名受众调查求证，发现"亲近自然、游览观光、康体健身、考察探索、接受教育"这几个备选项（不限项选择）的被选中率分别为 30.91%、34.55%、20.00%、10.91%、3.64%，这说明目前想到国家公园接受教育的人非常少。因此，本研究删除了"$Ye \rightarrow Yb$"的路径，形成"最终结构方程模型"（见图 3-1）。

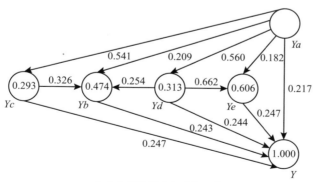

（a）各潜变量之间路径系数

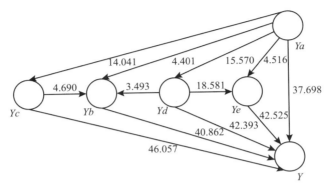

（b）各潜变量之间路径系数的T值

图 3 - 1　潜变量间路径系数及其 T 检验值

3.1.2　分析模型检验

3.1.2.1　测量模型检验

表 3 - 2 显示模型的组合信度（composite reliability）均大于 0.9，内部一致性系数（Cronbach's Alpha）均大于 0.8，说明测量模型具有很好的内部一致性。所有潜在变量的 AVE 值均大于 0.5，均值为 0.758（见表 3 - 2），说明测量模型的聚敛效度较好。表 3 - 3 显示每个潜在变量对其观测变量的载荷值高于其他潜变量对这些观测变量的载荷值，说明测量模型有较好的区分效度。再如表 3 - 4 所示，每个潜在自变量的 AVE 平方根都远大于该变量与其他潜变量的相关系数，进一步说明潜在自变量的测量模型区分效度较好。由于潜在因变量 Y 与其潜在自变量共用相同观测变量，表达各潜在自变量信息，因此应与其潜在自变量有较强相关性，表 3 - 4 显示相应的相关系数在 0.752 ~ 0.891 之间，说明 Y 可较好反映其潜在自变量。

表 3 - 2　　　　　　　　　　　　　模型检验指标

潜变量	组合信度 （composite reliability）	Cronbach's Alpha	AVE	R^2
Y	0.9484	0.9413	0.5528	1.0000
Ya	0.9230	0.8750	0.8000	—

续表

潜变量	组合信度 （composite reliability）	Cronbach's Alpha	AVE	R²
Yb	0.9424	0.9081	0.8451	0.4738
Yc	0.9167	0.8634	0.7860	0.2930
Yd	0.9044	0.8424	0.7595	0.3135
Ye	0.9253	0.8788	0.8052	0.6062

表 3-3 　　　　　　　　　　　　测量模型的交叉载荷

变量	Ya	Yb	Yc	Yd	Ye	Y
Xa1	**0.9061**	0.4893	0.5344	0.5459	0.5477	0.7154
Xa2	**0.9326**	0.5177	0.5151	0.5266	0.4946	0.7061
Xa3	**0.8422**	0.3998	0.3871	0.4170	0.4315	0.5845
Xb1	0.5135	**0.9295**	0.6204	0.6183	0.5604	0.7797
Xb2	0.4927	**0.9488**	0.5820	0.5772	0.4928	0.7440
Xb3	0.4465	**0.8782**	0.5354	0.5019	0.4236	0.6704
Xc1	0.5146	0.5842	**0.9078**	0.7430	0.6674	0.8239
Xc2	0.4492	0.5745	**0.9057**	0.6527	0.5651	0.7596
Xc3	0.4738	0.5195	**0.8447**	0.6085	0.5650	0.7260
Xd1	0.5769	0.6012	0.7204	**0.8759**	0.7478	0.8468
Xd2	0.4675	0.5577	0.6640	**0.9074**	0.6545	0.7846
Xd3	0.3985	0.4381	0.5766	**0.8294**	0.5755	0.6810
Xe1	0.5683	0.5220	0.6733	0.7304	**0.9164**	0.8208
Xe2	0.4837	0.5141	0.6155	0.6744	**0.9167**	0.7733
Xe3	0.4263	0.4067	0.5264	0.6476	**0.8576**	0.6915

注：潜变量 Y、Ya、Yb、Yc、Yd、Ye 对其各自观测变量载荷系数的 T 检验值在 18.127 ~ 180.963 之间，大于 2.58（T = 2.58 时，显著水平为 0.01），均处于 0.000 的显著水平。

表 3-4 　　　　　　　　　潜在变量相关系数与 AVE 平方根

变量	Y	Ya	Yb	Yc	Yd	Ye
Y	**0.7435**					
Ya	0.7521	**0.8944**				

变量	Y	Ya	Yb	Yc	Yd	Ye
Yb	0.7978	0.5281	**0.9193**			
Yc	0.8699	0.5413	0.6318	**0.8866**		
Yd	0.8913	0.5599	0.6181	0.7560	**0.8715**	
Ye	0.8518	0.5526	0.5387	0.6778	0.7638	**0.8973**

注：对角线上的值是 AVE 的平方根；Y 与 Ya、Yb、Yc、Yd、Ye 之间的相关系数较高，可较好地概括、反映这些潜变量的信息，故 Y 的 AVE 平方根小于 Y 同其他潜变量的相关系数。

3.1.2.2 结构模型检验

路径系数及其 T 值：通过 Bootstrapping 重复抽样 1000 次，得到各相关潜变量之间路径系数及其 T 值，如图 3-1 所示；各路径系数均大于 0.2，其 T 值均大于 2.58，可通过显著性水平为 0.01 的 T 检验（陈晓艳等，2016）。R^2 检验：公众的价值响应综合水平（Y）对其他潜变量的 R^2 值接近 1，说明 Y 对其他潜变量信息概括、体现得非常好，且完全受其他潜变量所影响。

3.1.3 公众的价值响应分析结果

3.1.3.1 公众对国家公园公共服务价值响应的总体特征

第一，本研究将"Y 对各观测变量的平均载荷系数 0.74"看作被调查者对研究区显性价值的综合响应指数，为中等偏上，存在一定提升空间。自 2016 年国家实行国家公园体制试点以来，在相对短的时期内，公众尚未对国家公园形成充分认知，因而国家公园在公众中所引起的响应还不够广泛。另外，公众尚未形成从国家公园一些服务价值中获益的习惯，同时实际中公众获取相应价值的现实条件也不够充分。如被调查者对研究区康养服务价值的认可程度略大于需求程度，这与现实中"真正想要到生态环境优越地进行康养的个体仍相对较少"的情况较吻合，公众此方面思想观念还较为滞后，相应现实条件还不够成熟。在此方面可借鉴德国、美国、日本等国从国家层面推行森林养生项目的经验，为公众从国家公园康养价值中获益创造更好的条件，也引导公众此方面受益观念的进一步形成。

第二，被调查者价值响应深度与广度不足。如表 3 - 3 所示，研究区 5 类主要公共服务价值对"公众需求程度"这一观测变量的载荷系数平均值最高，为 0.922，相应各载荷系数均大于 0.9；其次由大到小依次为其对"公众认可程度、投入意愿"这 2 个观测变量的载荷系数，分别为 0.907、0.850。各潜在自变量对公众对相应价值需求程度这一观测变量较高的载荷说明：被调查者对每种价值需求差异较明显，更多地影响了其对各种价值响应水平；偏好不同使主体需求往往侧重于部分价值类型，对国家公园价值的需求响应不够广泛，例如，国家公园应向游客发挥教育功能，但变量"$Ye \rightarrow Yb$"间相关性很低，大部分人不以接受教育为到访游憩目的，价值追求存在一定局限。另外，被调查者对各种价值认可程度、需求程度、投入意愿的平均赋值分别为 6.60、5.58、3.85，结合因子载荷（见表 3 - 3），发现其对各种价值的投入意愿均较低。这说明国家公园各类服务价值已得到人们较广泛、较高程度的认可；人们认为国家公园各类服务价值重要、有用，但通过自身投入来维系或获取这些服务价值的意愿相对较弱。

第三，价值大小对被调查者的价值响应影响很小。每个潜在自变量至因变量路径系数差异较小（见表 3 - 5），表明当前人们对研究区生态资产价值响应的总体水平与人们对其教育、康养、科研、游憩、环境服务价值的响应状况均密切相关；研究区科研、教育、康养显性价值量相对很小，但被调查者对这些价值响应水平并不同样很低。这一方面说明被调查者对各种价值的响应有一定趋衡性，特定价值的体量并未显著影响被调查者对相应价值的响应程度；另一方面说明这些价值同样重要，是国家公园所产生"全民福祉"的重要内容，无论价值量大小，国家公园每种价值都对应着公众较强的价值实现诉求。

表 3 - 5　　　　　特定潜变量对其他变量的路径系数及综合影响

路径	路径系数			综合影响		
	系数值	T 统计量	p 值	系数值	T 统计量	p 值
$Ya \rightarrow Y$	0.2167	37.6982	0.0000	0.7521	29.9231	0.0000
$Yb \rightarrow Y$	0.2434	40.8621	0.0000	0.2434	40.8621	0.0000
$Yc \rightarrow Y$	0.2467	46.0571	0.0000	0.3261	17.4821	0.0000

路径	路径系数			综合影响		
	系数值	T 统计量	p 值	系数值	T 统计量	p 值
$Yd \rightarrow Y$	0.2443	42.3928	0.0000	0.4698	21.1243	0.0000
$Ye \rightarrow Y$	0.2471	42.5251	0.0000	0.2471	42.5251	0.0000
$Ya \rightarrow Yb$	0.2090	4.4005	0.0000	0.5281	12.3384	0.0000
$Ya \rightarrow Yc$	0.5413	14.0409	0.0000	0.5413	14.0409	0.0000
$Ya \rightarrow Yd$	0.5599	15.5696	0.0000	0.5599	15.5696	0.0000
$Ya \rightarrow Ye$	0.1820	4.5165	0.0000	0.5526	14.2977	0.0000
$Yc \rightarrow Yb$	0.3264	4.6896	0.0000	0.3264	4.6896	0.0000
$Yd \rightarrow Yb$	0.2543	3.4926	0.0005	0.2543	3.4926	0.0005
$Yd \rightarrow Ye$	0.6619	18.5813	0.0000	0.6619	18.5813	0.0000

3.1.3.2 公众对国家公园各项公共服务价值的响应状况

（1）公众对其即时获益型直接使用价值及非即时获益型间接使用价值的投入意愿存在明显差异。对相应社会个体而言，国家公园的游憩、康养、教育服务价值属于即时获益型直接使用价值。对于这些价值，公众的投入意愿最强（见表 3-6）。被调查者对国家公园康养服务价值投入意愿的较高赋分显示了当下公众对健康养生的强烈诉求，以及其在此方面对国家公园所寄予的厚望。为了充分体现国家公园对社会带来的福祉，有必要突出国家公园在康体养生方面的服务功能，例如，可借鉴日本的做法，设森林康养向导以融森林观光与康养服务于一体、鼓励住宿服务点提供康养服务内容（如森林瑜伽）、设置康复中人员可坐轮椅通行的森林康养步道等。环境、科研服务价值属于社会公众的非即时获益型间接使用价值，相应主体对这些价值的投入意愿最低。这也说明，在国家公园所能产生的公众非即时获益型间接使用价值的维护和实现方面，社会个体的动力相对不足；而如前文所述，在国家公园公共服务价值中，公众非即时获益型间接使用价值占绝对比重，这就需要国家层面的公共力量充分发挥维护和实现相应价值的作用。在国家公园所能产生的公众即时获益型直接使用价值的维护和实现方面，可充分发挥社会个体在此方面的投入积极性。从国外国家公园运营情况来看，国家公园常常面临建设运营经费不足的问题（Kwiatkowski et al., 2020），可响应公众对国家公园即时获益型直接使用价值进行投入的积极性，在生态保护前提下有限度地实行"公众即时获益型直接使用价值变现"策略，以为国家公园非即时获益型间接使用价值的维护和实现筹集和积累所需费用。

表 3-6　　　被调查者从不同方面对国家公园公共服务价值的响应程度

项目	国家公园公共服务价值				
	环境服务价值	游憩服务价值	康养服务价值	科研服务价值	教育服务价值
认可程度	7.4	6.73	6.93	5.84	6.08
需求程度	6.63	6.13	5.93	4.00	5.23
投入意愿	3.56	4.30	4.60	2.77	4.01

（2）研究区在以公众价值响应促价值实现方面存在一定短板。如表 3-5 显示，相关潜变量对 Y 的路径系数由大到小依次分别为 Ye、Yc、Yd、Yb、Ya，被调查者对不同价值的响应水平存在较小差异，说明人们对环境、游憩价值的响应普遍更强、更稳定；而对教育、康养、科研价值的响应属于相对易变或短板因素，相应自变量至因变量路径系数略偏高，人们对这些价值响应状况的改变会对其价值响应总体水平产生更为明显的直接影响，而现状也正是人们对研究区这几项价值的响应程度偏弱，其需要且值得被提升，对这几项价值响应程度的提升在增强公众对国家公园价值综合响应度方面有一定补短板效应。

（3）被调查者价值响应特征体现了国家公园价值的根本和重点。第一，根据各潜在自变量综合影响（见表 3-5），被调查者对研究区环境价值响应状况对其价值响应综合水平有决定性作用，会显著正向影响其对相应科研、康养、游憩、教育价值的响应程度，体现出环境价值是国家公园的根本价值。第二，被调查者对科研、康养价值响应状况的综合影响也较突出，会显著同向影响其对游憩等其他价值的响应程度，说明科研、康养也是国家公园的价值重点。

3.1.4 公众价值响应分析结果的启示

3.1.4.1 对公共生态资产管理的启示

（1）资产核算，体现公益。对国家公园生态资产进行价值核算，将其"环境、游憩、康养、教育、科研"等各类公共服务价值均纳入核算体系，以其公共价值最大化为目标，为其生态资产保护及利用提供依据。通过价值核算，对国家公园潜在公共服务价值进行显性表达，并加大价值宣传力度，加深公众对国家公园公共价值的认识，增强其支持、参与国家公园建设的意愿，扩大社会公众对国家公园建设的响应。

（2）政府主导，共建共享。人们期望获得国家公园公共服务的意愿强烈。但目前国内尚只有 10 个国家公园体制试点区，正式被授牌的国家公园只有 5 个，许多人获取国家公园相关公共服务尚有难度。因此，有必要增加国家公园的分布，使更多公众切实获得相应公共服务。人们对国家公园公共价值需求强烈、认可度高，但由于其公共性及其中游憩、康养等价值可被替代性强的特征，人们的投入意愿偏低。这就要求政府在提供相应公共服务方面发挥重要作用。为提高人的获得感，政府有必要将国家公园公共服务作为重要公共福利，以政府投资建设运营、政府特许企业经营、面向全民免费（或适当收费）运营等方式向社会提供。另外也需通过宣传、动员等增强公众对国家公园的共建共享意识，使其通过捐赠、志愿工作、服务购买等更多投入行为支持国家公园建设。

（3）科学定位，全面建设。在国家公园各项公共价值中，人们对教育、科研、康养等价值的响应程度偏弱。这是目前通过公众价值响应促国家公园公共服务价值实现方面的短板性因素，需通过价值揭示、呈现等补短板。另外，公众价值响应的深度、广度尚不足，投入等深度响应意愿偏弱，诉求不够广泛，需通过激励、引领等拓展其深度响应意愿和价值追求。针对性访谈发现许多人仅将国家公园等同于景区，未真正理解其内涵，对其教育、科研等价值的认识和重视度不够。因此在发展定位、功能设置及社会宣传方面，应将国家公园同景区相区别，对其各种价值均给予充分体现，创造各项价值实现的支撑条件，例如，设户外趣味科普基地、配置科考向导、森林养生向导（日本有此方面资格认证）等，提升公众对国家公园价值的全面和综合响应水平。

（4）围绕核心，抓住关键。人们"对国家公园环境服务价值响应状况"对其"对该对象价值的综合响应水平"有根本性影响；因此，体现国家公园生态优势、保护其生态环境是国家公园建设的核心。此外，人们对其科研、康养价值的响应状况也是较关键指标。抓住相应核心、关键因素，使其正向联动影响人们对国家公园游憩、教育价值的响应，可在提升公众对其价值响应综合水平方面产生事半功倍的效果。

3.1.4.2 在公众对国家公园公共价值响应相关研究方面的启示

建设国家公园是一项公共事业，离不开公众的积极响应。因此，开展公众对国家公园公共价值响应方面的研究有很强的现实意义。揭示公众价值响应特征可为迎合和引导国家公园价值实现的公众参与提供依据。但此方面研究尚较少，有必要通过相关研究解决以下关键问题。首先，根据评价目的确定恰当的公众价值响应观测指标。本研究以价值"认知、需求、投入"作为相应观测点，也可为相关研究提供一定参考。其次，有必要以促进公众价值响应为目的，分析公众对各种价值、各类人群对特定价值的响应特征。最后，有必要在识别影响公众价值响应关键和短板因素的基础上，探讨提升其价值响应水平的抓关键、补短板方法。

为便于分析，本研究依据相关研究将公众的响应概括为"认知、诉求、行动"三个相对宏观的层面进行调查分析，揭示公众对国家公园价值响应的一些特征。公众的思想观念、行为方式千差万别，各类人群对相应价值的响应方式可能不同；同时相同个体对不同国家公园之价值的响应方式也可能有差异，因此对该问题的细化和分类研究有助于得出更充分、更有针对性的结论。另外，公众的响应状况会随时间、条件的变化而变化，针对此问题的动态研究也将很有意义。

3.2 公众对研究区公益价值的投入方式及相应意愿

3.2.1 公众对研究区各类公共服务价值进行投入的方式

如上文，公众对国家公园公共服务价值的响应包括"认可响应、需求响应、投入响应"。其中公众的投入响应与国家公园建设的关系更加密切。公众的相应投入方式包括人力、财力、物力投入等多种。笔者经咨询《钱江源国家公园体制试点区总体规划（2016—2025）》编制组工作者，以及钱江源国家公园管理局工作人员，并结合对钱江源国家公园管理局官方网站（http：//www. qjynp. gov. cn/）、三江源国家公园管理局官方网站（http：//sjy. qinghai. gov. cn/）、武夷山国家公园管理局官方网站（http：//wysgjgy. fujian. gov. cn/）上相关资料的梳理，总结出了公众对国家公园各种公共服务价值的投入方式（见表3－7）。其中，捐赠经费、为相应服务付费、从事志愿者工作、建言献策是公众投入的最常见方式。

表3－7　　　　公众对国家公园各类公共服务价值进行投入的方式

价值类型	环境服务价值（A）	游憩服务价值（B）	康养服务价值（C）	科研服务价值（D）	教育服务价值（E）
投入方式	·捐赠经费（A1） ·做保护志愿者（A2） ·进行保护宣传（A3） ·建言献策（A4）	·支付门票费（B1） ·志愿参与游憩服务及管理（B2） ·严格规范自身行为（B3） ·建言献策（B4）	·购买康养服务（C1） ·做森林康养服务志愿者（C2） ·购买当地绿色保健食品（C3） ·建言献策（C4）	·为科研活动捐赠经费（D1） ·志愿为科研活动提供服务（D2） ·购买与科研成果相关的图文影像资料（D3） ·配合提供科研线索与数据（D4）	·购买教育服务（E1） ·做教育服务志愿者（E2） ·传播环境教育资料（E3） ·建言献策（E4）

公众对国家公园公共服务价值进行投入的方式又可进一步分为"经费投入、深层行动参与、浅层行动参与"三类。第一，捐赠及支付相应费用属于经费投入，经费投入又分为了公共普遍利益投入费用，专门为了自身获益而投入费用两种情形。前者包括为国家公园生态保护捐赠经费、为科研活动捐赠经费等；后者包括为入园游憩支付门票费、为获得相应康养及教育服务而支付相应费用、购买当地绿色保健食品、为了自身受益而购买与研究区相关的图文影像资料等。第二，深层行动参与内容包括：做保护志愿者、志愿参与游憩服务及管理、志愿为科研活动提供服务、做教育服务志愿者等。这需要相应个体投入一定时间和精力，需要参与者承担相应时间乃至费用成本。参与者会承担比较具体的工作任务，解决国家公园建设运营中的具体问题。

第三，浅层行动参与内容包括：进行保护宣传、在游憩过程中严格规范自身行为、配合国家公园科研工作提供科研线索与数据、传播环境教育资料，以及为了国家公园生态环境保护及游憩、康养及教育服务的开展等建言献策。这些行动内容不需要参与者付出太多时间和精力，甚至可在其日常工作、生活中附带完成。

虽然在上述不同投入方式中，投入者需付出的人力、财力、物力不同，但其对国家公园公共服务价值的实现均会产生相应作用。不一定个体的经费投入行为比非经费投入行为产生的作用就大；也不一定其浅层行动参与就一定比深层行动参与产生的作用小。例如，建言献策虽属浅层行动参与，但一些有价值的建议（如保护分区建议等）能在国家公园生态保护、游憩及教育服务等方面产生至关重要的作用；再如，一些个体不经意间的生态保护宣传可能会产生较大社会影响。因此，应动员社会公众以各种方式进行投入参与。在动员公众为实现国家公园公共服务价值而进行投入方面，应实行"因人而宜、因时而宜、因地而宜"的策略。首先，是因人而宜。前文有所述及，国家公园的公益性特征也体现为公众在享有权利方面的绝对性、无差别性，以及其在承担义务方面的相对性及因人而异。管理机构应当动员、引导不同个体以适宜其自身的方式，以及其所专长的方式为国家公园的建设与运营做出相应贡献。其次，是因时而宜。不同时间，主体所处环境、自身条件、主观意愿特征存在差异，其可选择与其当下情况相契合的方式为国家公园公共价值的实现进行投入。相关管理机构、社会组织需设置多种公众参与渠道及方式，便于社会主体因时而异地为国家公园建设做出贡献。例如，设置游客参与性信息平台，由游客抓拍其他个体的不文明行为并上传至信息平台进行公开曝光；设置环保袋领取处，为产生志愿捡垃圾想法的个体创造条件，使其相应投入意愿得以实现；设微信扫码募捐平台，并在适当的地方放置相应二维码，使受自然风光感染而产生募捐想法的游客易于将其愿望变为现实等。最后，是因地而宜。对于是否身处钱江源国家公园的个体、生活在不同生态环境背景下的个体，以及拥有不同地域文化背景的个体，其为国家公园建设运营做贡献的方式偏好可能存在差异。例如，对于所生活区域同样拥有优质生态环境的农村居民，其为国家公园生态保护捐赠经费的意愿可能较弱，但其可能在处理人地关系方面有一些好的建议；而对于生活在生态环境状况较差的城市中的居民，其可能在捐赠保护经费、做保护志愿者方面有较强的意愿。因此，有必要引导、迎合不同地域特征条件下社会个体的投入意愿，使国家公园事业真正成为全民化事业。

3.2.2 公众以不同方式对研究区各类公共价值进行投入的意愿调查

3.2.2.1 调查数据获取

公众的具体投入意愿可反映出公众对国家公园建设的实际支持程度。进一步探究公众对国家公园各项公共服务价值的各种具体投入意愿如何，可在实践层面为更好地响应公众投入意愿来促进国家公园建设，以及为进一步引导和强化公众对国家公园公共服务价值的响应意愿提供依据。基于此，笔者于 2019 年 10～11 月再次面向钱江源国家公园内的游客进行了相应调查，即采用问卷的形式询问被调查者：针对国家公园各项公共服务价值的各种投入方式，其投入意愿状况分别如何？例如，询问被调查者：您是否愿意为维护钱江源国家公园环境价值而捐助一定经费。备选项为"不愿意、不确定、愿意、比较愿意、非常愿意"，分别对应"1、2、3、4、5"这 5 个分值；其他问项的设置也与此相似。针对每个调查对象的调查过程共分为四个步骤。第一步，请被调查者阅读关于钱江源国家公园各种公共服务显性价值的简短介绍；第二步，请被调查阅读关于"在维护和实现国家公园各项公共服务价值方面，公众各种投入方式"的简短说明；第三步，请被调查者对各个问项进行赋分；第四步，请被调查者再次确认其对问卷的填写是否能反映其真实情况，若存在其所选内容未能反映其真实意愿的情况时，请其做相应调整。

此次调查在钱江源国家公园内的古田山、高田坑、隐龙谷、龙门村、后山湾村、厅后人家、钱江源国家森林公园、桃源村进行，共发放问卷 300 份，收回有效问卷 247 份。在 247 个被调查对象中，男、女性分别占 51.42%、48.58%；年龄在 18 岁以下、18～35 岁、36～59 岁、60 岁及以上者分别占 12.55%、29.96%、40.08%、17.41%；受教育程度为初中及以下、高中/中专、本科/专科、硕士及以上者分别占 9.31%、33.60%、48.99%、8.10%。调查对象类型较为多元。笔者用 SPSS 24 软件对问卷数据进行检验，得到问卷数据的 Cronbach α 值为 0.761，KMO 检验值为 0.882，Bartlett 球形检验的 p 值 <0.001。问卷调查结果可通过信度、效度检验。

3.2.2.2　调查结果及启示

（1）被调查者的浅层行动参与意愿（A3、A4、B3、B4、C4、D4、E3、E4）最突出（见图 3-2），意愿均值为 4.04；其次依次为其经费投入意愿（A1、B1、C1、C3、D1、D3、E1）、深层行动参与意愿（A2、B2、C2、D2、E2），相应意愿均值分别为 3.92、2.78。对被调查者而言，对国家公园建设运营的浅层行动参与需花费的时间成本、精力投入最低，其次依次是经费投入、深层行动参与。上述结果表明，被调查者对国家公园公共价值维护和实现做贡献的意愿是普遍的，但其更倾向采用易于实现的方式进行相应投入。这也反映出，大部分社会个体在维护和实现国家公园公共价值方面的投入存在"顺便而为"现象。即若相应投入很容易实现时，绝大部分社会公众会"顺便为之"；而当相应投入需耗费较多人力、财力、物力时，社会公众的相应投入意愿会变得较弱。当社会个体对某种非职业性、非谋生性活动产生强烈爱好和浓厚兴趣时，其就会更愿意在从事该项活动方面花费更多时间、精力，即更愿意对其"刻意为之"。因此，上述调查结果也反映出公众在参与国家公园建设运营方面的热情尚不十分强烈，例如，一些社会个体可能在闲暇时间更愿意在国家公园附近的河流旁进行自己更感兴趣的垂钓，而不太愿意参与保护国家公园生态环境的志愿活动。但个人的兴趣和爱好可以被引导、改变和塑造，若让其从志愿参与国家公园生态保护中感受到人生的意义、获得个人价值的实现感，其就会对参与相应活动产生热爱与兴趣。在此方面，可以加大对一些志愿者真实经历和感受的宣传与展示，以引导更多社会个体从生态保护志愿参与中获得人生意义感和实现感。这就如同一些人观看可可西里纪录片之后产生了参与保护藏羚羊行动的意愿一样。然而，目前讲述在国家公园进行休闲游憩体验的游记非常多，讲述国家公园志愿者经历和感受的网络文章非常少。国家公园及一些社会组织的官方网站有必要开设此方面专栏，增加对相应志愿活动的展现。

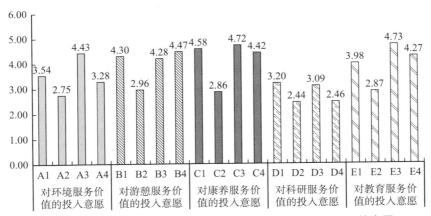

图 3-2 被调查者以不同方式对国家公园公共价值进行投入的意愿

注：字母编号含义如表 3-7 所示。

（2）被调查者在维护和实现国家公园公共服务价值方面的深层参与意愿主要体现为做志愿者。在国家公园即时获益型直接使用价值的维护和实现方面，被调查者从事相应志愿工作的意愿更强；而在其环境、科研服务价值（非即时获益型间接使用价值）的维护和实现方面，被调查者的深层参与意愿偏弱。这一方面反映出社会公众的"人与自然生命共同体"[①] 意识及生态环境保护责任感尚需进一步增强。另一方面也反映出社会公众对国家公园所产生的即时获益型直接使用价值更加关注。这有可能是由于即时获益型直接使用价值会使相应价值获得者形成较明显的即时受益感受，产生更直接的获得感、体验感、满足感等；而非即时获益型间接使用价值为社会带来的大部分利益不能让社会主体形成明显的切身感知（如公众无法明显感知到研究区森林的固碳功能），且其中许多利益处于潜在状态（如其选择价值），使相应价值所引起的社会关注度尚且不够。因此，正如前文所述，应鼓励和动员相关研究加大对国家公园非即时获益型间接使用价值的揭示，鼓励和动员社会媒体对相应价值的宣传；通过横向空间对比展现国家公园生态系统的珍稀性，通过生态环境的纵向演变对比显示保护国家公园生态系统的必要性，以引发公众维护和实现国家公园环境服务价值的更强烈意愿。但目前钱江源国家公

---

① 习近平.决胜全面建成小康社会 夺取新时代中国特色社会主义伟大胜利［N］.人民日报，2017－10－18.

园尚未进行类似的对比展现，使许多社会个体对保护其生态环境的重要性未形成充分认知，进而使公众所形成的生态保护参与意愿相对偏弱。

（3）被调查者的经费投入意愿分捐赠经费、为相应服务和产品付费两种。被调查者为生态保护和科研活动捐赠经费意愿的平均值为 3.37，其为国家公园相应服务和产品付费意愿的平均值为 4.13，后者明显较高，即被调查者的无偿捐赠意愿明显低于有偿受益意愿。吸纳社会捐赠是为国家公园筹集保护和运营资金的一种重要方式，但若能将公众为国家公园捐赠经费与其从国家公园公共服务价值中受益二者有机结合在一起，则公众较突出的有偿受益意愿就有可能会对其捐赠意愿产生一定正影响。在这种情形下，捐赠者会对国家公园公共服务价值形成更高程度的关切，进而产生更强烈的捐赠意愿，如有研究结果显示：园内游客的捐赠意愿高出其他社会主体许多（林晏州等，2007）。被调查者依次在购买当地绿色保健食品，获取国家公园康养、游憩服务方面的付费意愿最为突出。这既由于钱江源国家公园在向社会提供康养、游憩服务方面有突出优势，也由于公众在获取生态康养、游憩服务方面有突出诉求。康养及游憩服务价值是研究区非常有比较优势的功能价值。基于此，研究区即时获益型直接使用价值的实现可分两步走。

第一步：围绕研究区有比较优势的即时获益型价值向社会传播形象，凸显其功能优势，以激发公众投入意愿；对研究区有优势即时获益价值中尚未被充分实现的部分，应创造条件使之得以充分实现，以响应公众的投入热情；利用相应公众投入支撑国家公园更多元价值的全面实现，如利用公众前期投入加大环境教育设施的配置力度；与此同时，加大对国家公园有优势的即时获益性价值实现过程中生态所受影响的监管，使其相应优势功能在生态保护的前提下得以实现。目前，钱江源国家公园有比较优势的康养服务价值尚未得到充分体现，而与一般生态旅游相比，生态康养服务将具有客流相对较小、客均所支付费用更多、对生态环境依赖性更强的特点。钱江源国家公园通过有功能优势的康养、游憩服务获得更多社会投入后，可利用相应经费将更多公园内居民变为生态保护从业者。而公园内的高田坑、台回山、外山村还存在一些收入较低的农户。在造福公园内居民，更好实现生态保护，充分实现国家公园其他公共服务价值等方面，其都具有获得更多社会投入以应对相应问题的现实需求。

第二步：实现国家公园各项公共服务功能的均衡，使国家公园所实现的社会服务价值更为充分。由于进行环境教育、传播生态文明，通过生态旅游提高公众的生态获得感是国家公园的社会使命，而不论公众愿意在这些方面投入多少费用。在国家公园依托国家财政投入及自身经费积累而妥善解决公园内居民的生存与发展问题，具有开展相应建设的一定经济支付能力时，应无条件地进行环境教育等方面投入，向社会提供更多公益性服务内容，例如，让老人及青少儿在节假日免费入园（目前研究区实行平时免费、节假日收费运营模式）、在部分时间段面向老人提供免费康养服务，向青少儿提供免费户外课程等。国家公园的公益服务离不开经费支撑，为体现国家公园全民共建共享的特点，应对经费不足对充分实现国家公园公共价值造成的制约，需依托全社会的力量来实现其公益价值，而不仅仅以政府财政为主要经费来源。

（4）被调查者在维护和实现国家公园公共服务价值方面的浅层参与意愿较为多元（见表 3 - 7、图 3 - 2），但总体上又可被分为"宣传传播、建言献策、自我规范、信息提供"四类。被调查者在对钱江源国家公园公共服务价值进行宣传传播方面的投入意愿均值为 4.58，在各种浅层参与投入意愿中处于最高水平。其次依次为其在为维护和实现国家公园公共服务价值而进行自我规范、建言献策、信息提供方面的投入意愿，相应意愿均值分别为 4.28、4.11、2.46。

在信息化时代，每个人都可以拥有和使用自媒体，进行信息传播（孙国梓等，2020），且对大部分人而言这是一件非常容易的事。因此，每个人都可以在宣传国家公园、传播与国家公园相关的环境教育信息资源方面做出相应贡献。管理机构、相关社会组织，以及一些热衷于国家公园事业的社会个体有必要制作一些适宜及更容易通过自媒体渠道传播的素材，设置国家公园直播间，制造与国家公园生态保护相关的话题，以充分响应公众在宣传国家公园方面的热情，依托自媒体渠道扩大公众对国家公园的认知及建设参与，以及扩大对社会公众的环境教育。目前，就研究区而言，一是相应传播素材还偏少，二是相应素材的内容生动性和传播力还不够。例如，2022 年 1 月公园内发现了全世界极其少见的海南鳽，《新民晚报》《潇湘晨报》，以及腾讯网等媒体对此也进行了报道，但并未引起社会太多反响，究其原因是相应报道只是就事论事，生动性和感染力不够，若就此采用拟人化手法，讲述"海南鳽如何经过千辛万苦才找到钱江源这块适于生存的生态环境宝地，从而过上了幸福生活"的故事,这种更生活化和感动人的内容就有可能会通过自媒体被广泛传播。

虽然被调查者有规范自身行为、不为国家公园公共服务价值实现造成负面影响的较强烈意愿,但现实中社会个体常常会寻找各种借口来放松对自身的要求(Zhang et al.,2018),甚至实施不恰当行为。因此,现实中还需加强对国家公园访客等社会个体行为的监督、引导和约束。社会公众也较乐意为国家公园建言献策。针对此,一方面,国家公园管理机构有必要在其官方网站上设公众留言窗口,收集公众的意见与建议;另一方面,当公众建言太多、信息量太大,公园缺乏人力来处理如此多的信息时,可以采用 LDA 文档主题生成模型来从相应信息中提取关键内容,使公众普遍关切的问题得以呈现和响应。被调查者为国家公园科学研究提供信息的意愿较弱。实际中,社会主体除了配合提供科研线索与数据外,还可在"公众参与下地理信息系统的生成"(PPGIS)(Bąkowska-Waldmann et al.,2021)等方面发挥相应作用,相应信息资源对国家公园科研及管理均有十分重要的意义。然而目前研究区还缺乏此方面平台和渠道,而相应平台的设置也有助于通过使公众"提供信息"更为便利而增强公众的"信息提供"意愿。钱江源国家公园也可开发此方面系统,并将其作为公园官方网站的一个重要板块。

总之,针对公众在维护和实现国家公园公共服务价值方面的投入意愿,应实行"擢长补短"策略(见图 3-3)。公众在浅层行动参与方面的宣传传播、自我规范、建言献策意愿(相应意愿均值分别为 4.58、4.28、4.11),在经费投入方面的有偿受益付费意愿(相应意愿均值为 4.13),均较为突出,在进一步提升公众对国家公园投入意愿方面可分别实行如图 3-3 所示的"擢长"策略。公众在浅层行动参与方面的信息提供意愿(相应意愿均值为 2.46),在经费投入方面的无偿捐赠经费意愿(相应意愿均值为 3.37),以及在深层参与方面的参与即时获益型价值、非即时获益型价值维护和实现的意愿(相应意愿均值分别为 2.90、2.60),均相对偏弱,可实行如图 3-3 所示的"补短"策略,以提升社会公众在维护和实现国家公园公共价值方面的总体投入意愿。

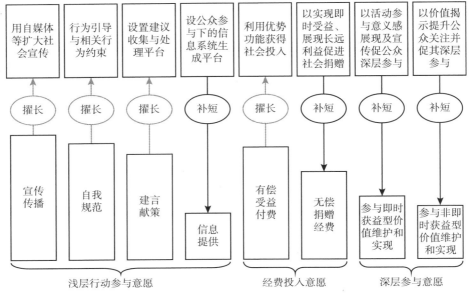

图3-3 针对公众投入意愿的擢长补短模式

3.3 相应意愿影响下公众公益投入方面的实际行动

3.3.1 社会公众在研究区的公益投入行动现状及促进途径

3.3.1.1 社会公众在研究区的公益投入行动现状

到访游憩是目前公众对钱江源国家公园公共服务价值进行响应的主要方式，目前公园年访客量接近100万。除社会公众投入相应经费到公园进行生态游憩之外，针对国家公园公共服务价值的一些公益化投入响应也被付诸行动。社会各相关机构和个人针对研究区公共服务价值的公益性实际投入主要包括以下两个方面。

（1）支持和组织社会个体入园受益，包括四种情形。第一，社会第三方组织和赞助相关个体入园受益。例如，浙江医院2021年组织数十名个体到古田山森林中开展养生，开化地方志愿者组织安排青少年入园研学等。第二，多机构合作组织和赞助相关个体入园受益。例如，WWF、通用汽车公司、中国科学院植物所合作组织一些学生入园开展研学。第三，支持社会个体自发组团入园受益。例如，中国科学院的古田山工作站经前期联络沟通后接纳一些自发组织的研学团队来站内开展研学活动。第四，社会机构组织和支持自身成员入园受益。例如，一些高校组织学生入园进行专业实践等。

（2）在智力、人力、宣传等方面提供相应服务，包括五种情形。第一，社会机构组织志愿者入园开展公益性服务。例如，公益组织"守望地球"组织科研服务志愿者入园协助开展科研活动，浙江师范大学组织社会实践团在公园内面向社区居民进行环保宣传。第二，社会机构面向国家公园志愿者提供服务。例如，当地共青团对环保志愿者所开展的培训。第三，社会科研机构在园内长期开展科研活动，并为公园环境和科普教育提供素材。例如，目前中国科学院植物所、北大、浙大等机构都长期在国家公园内开展科学研究，在科普教育公益服务方面发挥着重要作用。第四，社会机构为国家公园建设运营出谋划策。例如，民盟多次为钱江源国家公园建设运营献策。第五，相关社会组织和个人宣传推广国家公园。例如，新闻媒体对国家公园的宣传报道、个体通过自媒体对国家公园所进行的宣传和介绍。

3.3.1.2 促进社会公众在研究区进行公益投入的便民途径

（1）使社会主体在有偿受益中顺便实施无偿贡献行为。由上文可见，除钱江源国家公园游憩价值外，许多社会力量在其环境、教育、科研、康养等价值的实现方面进行了实质性响应。这些响应行动均具有公益化性质，反映了社会对国家公园公益价值的关注。但与此同时，这些公益活动总体上具有涉及人数少、开展次数少的特征。例如，浙江医院组织和赞助的古田山森林养生公益活动就只开展过一次。因此，有必要进一步扩大相关公益活动的参与者及受益者规模。如上文所述，社会个体针对国家公园的公益行为有"顺便为之"的现象。由于目前作为访客进入国家公园有偿受益的个体较多，若能将个体的有偿受益和无偿贡献有机结合，则可使国家公园的有偿受益者（如访客）顺便实施一些贡献性行为，从而可扩大参与国家公园公益行动的人群。根据上文，目前在钱江源国家公园内组织和开展公益活动的主要为一些公益组织和社会公立机构，而旅行社、旅游饭店、旅游网络公司等私营企业组织很少；这些企业也有开展公益行动的意愿，但其常将公益活动和企业利益结合在一起，若实行有偿受益和无偿贡献的结合，则有可能使一些企业也参与国家公园的公益行动，例如，授予与国家公园有关联、向国家公园提供捐赠或实施其他公益行动的旅行社、饭店相应荣誉（其有助于企业形成更好的市场形象）。社会公益行动必然存在受益人群，因此，当相应公益行动扩大后，从其中受益的社会个体也必然会增多，如此可在一定程度上使国家公园实现更多公益价值。

（2）以公益旅游促进社会公众对国家公园的公益投入。基于社会公众将国家公园作为优质生态旅游目的地，游憩到访者较多这一现实，为了在国家公园公共价值实现中将有偿受益与无偿贡献很好地结合在一起，可以实行"公益旅游"这一运营模式。所谓公益旅游是指将参与公益活动与旅游体验相结合的旅游形态（付亚楠等，2016）。这种旅游形态既可迎合许多访客为国家公园做贡献的愿望，也可让游客通过参与相应活动而增加其体验深度。

第一，在研究区进行公益旅游运营实践中，国家公园管理机构首先需与有关社会组织及当地社区合作，设置如下可供访客参与的公益活动。一是经费赞助型公益活动，如救助庄稼受野生动物损坏的农户、对社区生活相对困难的人群予以援助、保护项目认捐、在传统利用区进行树木认种、红花油茶林认领保护、传统民居认领保护、社区发展项目助力等；二是义务工作型公益活动，如协助进行生态巡护、科研信息收集、生物调查、帮当地居民在网上销售当地土特产、清理国家公园内的垃圾、做访客服务义工、做访客游憩行为劝导员、从事协助农户的劳动、在园内义务开展科普教育、针对国外访客进行翻译讲解、进行森林康养指导、收集公众意见、公益售卖，以及为访客及其他社会公众提供咨询等；三是情感投入型公益活动，如与社区留守儿童进行交流互动、探望留守老人、慰问护林员等。

第二，根据国内知晓公益旅游者还相对较少这一现状（李伯华等，2019），需对钱江源国家公园内的公益旅游项目及其开展情况进行宣传，塑造公益旅游目的地品牌，让更多人知晓。根据钱江源国家公园的特色，可围绕森林康养、环境教育、科学研究这三个主题开展相应公益活动，塑造公益旅游细分品牌。国家公园管理机构需为相应公益旅游活动的开展创造条件。例如，在公园内结合森林康养，为访客提供与森林康养相关的健康数据，使其宣传森林康养知识，使更多人以健康为目的走进森林；再如，吸纳社会志愿者设自然科普讲解义工服务站，使有专长知识的人开展志愿讲解，或由其录制音频讲解内容以供公园方选择使用，以及设专门对接大学生群体的暑期科研志愿者工作站等。

第三，吸引社会志愿者设立公益旅游的组织协调及服务对接机构，利用互联网渠道发送信息；在游客中心、各住宿接待点、客流集中处张贴海报，让访客了解可参与的公益项目，以及使相关机构组织社会个体来钱江源国家公园开展公益旅游。

3.3.2 其他国家公园的社会公众公益投入状况及相关启示

除研究区之外，目前国内另有三江源、武夷山、祁连山、大熊猫、东北虎豹、海南热带雨林、神农架等 10 多个国家公园。国家公园均遵循公益化运营原则，社会公众对国家公园的公益性投入有利于其公益目标的充分和全面实现。在当前各个国家公园的建设运营实践中，公众的实际公益投入行动已初步形成"以'捐赠经费、志愿服务'为主要内容，以其他公益行动为补充"的基本态势，这种态势也具有世界普遍性。与此同时，社会公众在"捐赠经费、志愿服务"方面也呈现出如下文所述的一些具体特征，由此也可得到一些促进公众对国家公园进行公益投入的相应启示。在社会主体对国家公园进行公益投入方面，不同主体可基于自身特征、发挥各自优势，积极进行公益投入，以及为相应投入营造氛围、创造条件（见图 3-4）。

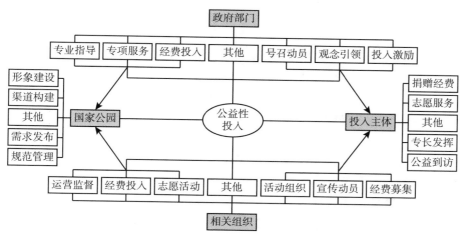

图 3-4 各主要主体在国家公园公益投入中的角色

3.3.2.1 公众在捐赠经费方面的公益投入状况及相关启示

当前公众针对国家公园的社会捐赠具有"以'公益组织'和'社会企业'为两大核心力量，以其他社会主体为辅助力量"的基本特征（见图3-5）。各类社会主体捐赠对国家公园公益化建设运营均具有重要意义，有助于一些具体问题的解决与应对。例如，河仁慈善基金会捐资支持了武夷山国家公园制度设计及公园保护空间优化方面的研究课题，中国农业银行向三江源国家公园员工捐赠防寒衣来应对员工野外工作中御寒的问题，四川电力公司在大熊猫国家公园捐资解决园内部分社区脱贫的问题，悦刻公司在东北虎豹国家公园建"巡护队"解决动物为兽夹所伤问题、支持村民养蜂解决居民增收问题、建科普场所解决环境教育空间不足的问题，等等。

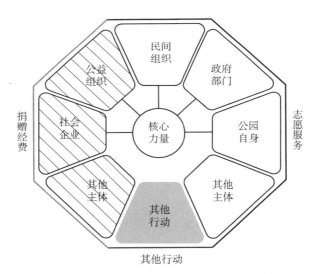

图3-5　捐赠经费和志愿服务方面的核心力量

（1）公益组织捐赠状况及相关启示。当前，许多公益组织对国家公园的保护、教育、研究等事业进行了捐资。但综合来看，许多社会公益组织为了自身的社会影响，会选择知名度更高的国家公园进行公益捐赠。各国家公园获得的社会公益组织捐赠非常不平衡，获得捐赠最多的是三江源国家公园。例如，国际自然资源保护协会向其捐赠若干辆巡护摩托车，民间公益组织阿拉善 SEE 在公园内捐资设置了生态教育站，中国绿化基金会捐资数十万元用于生态保护，中华环保基金会捐资进行解说系统建设，中国西部人才开发基金会捐资开发针对公园工作人员的培训课程，北京企业家环保基金会则针对三江源国家公园生态保护长期向社会公众进行募捐，等等。另外，武夷山国家公园、大熊猫国家公园、祁连山国家公园等也获得了一些社会公益组织的捐赠。而像钱江源国家公园所获得的公益组织捐赠非常少。由此也可发现，许多社会公益组织针对国家公园的捐赠带有一定选择性，会首先选择知名度高的国家公园为捐赠对象。三江源国家公园具有世界知名度，截至 2022 年 5 月 18 日，三江源国家公园的百度搜索结果为 0.1810 亿条，而钱江源国家公园的相应搜索结果仅为 0.0301 亿条，二者相差很悬殊，较高的知名度也为前者吸引到了更多的公益组织捐赠资金。由此可见，政府在对国家公园进行经费投入时，也需考虑不同国家公园在吸引社会投入方面的差异，对所吸收社会投入较少的国家公园予以适度照顾。此外，各国家公园也需设计、遴选和发布拟与公益组织合作的保护、研究、教育及社区发展项目目录，以引起相关公益组织的关注和投入。

（2）社会企业捐赠状况及相关启示。许多社会企业也对国家公园进行了捐赠，相应捐赠呈现以下特征。第一，其捐助内容可能会受到不同企业文化及经营内容的影响，更具多元化特征。例如，太平洋保险为三江源巡护员捐赠了意外险，悦刻公司在东北虎豹国家公园捐资设置了供野猪来田中吃玉米的生态田，传祺汽车公司向三江源国家公园赠送了环保巡护越野车，广西星期八旅行社向大熊猫国家公园内村民捐赠开学礼包等。特定社会企业往往对应着社会分工的某个领域，或具有某方面业务专长，因而其会助力解决国家公园建设运营中非常具体、细致的一些问题。第二，参与者多以经济实力雄厚的大企业为主。例如，阳光电源股份有限公司的注册资金近 15 亿元，其捐资在大熊猫国家公园内支持进行生物栖息地修复，而且这些企业的捐助额度也较大。这也反映出在国家公园建设过程中，这些大企业可凭借其经济实力成为重要参与力量。但相关研究也认为，存在社会资本通过捐赠影响国家公园决策的风险，同时也存在一些社会形象欠佳企业利用国家公园公益形象为其争取社会好感的现象（陈朋等，2021）。因此，国家公园也应有一个规范的受捐认定流程，防止一些企业利用捐赠而行有损公共利益之事。另外，也需设置专门的受捐机构，制定相应制度来规定受捐的内容和方式。第三，从一些捐赠事例中也可窥见一些企业通过捐赠进行社会宣传的动机。例如，传祺汽车公司向三江源国家公园捐赠越野车的仪式选择在与三江源有一定距离的西安举行，但其在青海并不乏销售网点。合作共赢无可厚非，也是一些公益行为得以存在的主要原因。但现实中也需培育社会主体为国家公园公益化运营做贡献的内在意愿，这有助于国家公园建设中社会自觉性参与氛围的形成。

（3）其他主体捐赠状况及相关启示。第一，政府机关在向国家公园捐赠方面的作用主要体现在募捐号召和直接捐赠两个方面。政府在向国家公园募捐方面具有强大号召作用，例如，庆元县 2021 年曾以官方名义，向社会发出了为百山祖国家公园园区进行苗木认捐的号召，得到当地公众积极响应。但当前由政府发起的针对国家公园的募捐倡议还相对较少。另外，也有一些政府机关直接向国家公园进行募捐，例如，青海省委统战部就曾向祁连山国家公园捐赠了用于野外巡护御寒的物资。这种政府机构的捐赠，一是可较好地联动与其相关的行业部门共同向国家公园进行捐赠，二是可在相应的行业部门中产生积极示范效应。第二，其他社团捐赠。目前仅有极少数其他社会团体向国家公园进行了捐赠，如湖北观鸟培训班曾为神农架国家公园捐款。社会中存在大大小小的社团，许多人都有着相应的社团归属。社团是部分社会主体表达其共同兴趣爱好、价值主张、社会诉求的重要平台和渠道。可以预见，若公众针对国家公园的捐赠意识逐步增强后，其相应捐赠意愿也会通过其所属的一些社团表达出来。第三，社会个体捐赠。目前，社会个体直接向国家公园进行捐赠的情况同样很少。例如，曾有专长画大熊猫的画家为大熊猫国家公园捐赠主题绘画作品；在当地政府号召下，庆元县居民曾以个人名义向百山祖国家公园园区捐赠苗木购置费；等等。从国外国家公园运营情况来看，个人捐赠是国家公园所接受社会捐赠的重要构成部分，例如，在 2019 年美国国家公园所接受的社会捐赠中，个人捐赠占 39%（陈朋等，2021）。国内多家国家公园管理机构也对社会个体捐赠给予重视。根据《武夷山国家公园条例（试行）》《海南热带雨林国家公园条例（试行）》，以及大熊猫国家公园的管理办法，其均鼓励个人捐赠；百山祖国家公园园区 2020 年发布捐赠管理办法，鼓励并设生态保护基金接受个人捐赠。但由于国家公园建设在我国起步较晚，个人捐赠还尚未形成规模。据此，笔者推测，目前个人的捐赠意愿和动机尚不是十分突出。

为了进一步增强个人捐赠意愿，一方面，应实行组织化策略，另一方面，应实行便利化策略。第一,组织化策略。众多公益化组织天生以从事公益为使命,可以在号召、动员、组织个人捐赠,为个人捐赠提供渠道方面发挥作用。这可在一定程度上增强社会个体向国家公园进行捐赠的意愿。管理机构可鼓励有影响力的公益组织在国家公园内设工作站,实施相应保护项目,充分发挥其联络社会公众的作用,例如,中国青少年发展基金在大熊猫国家公园实施的"碳汇"项目。第二,便利化策略,即为公民个人捐赠创造更加便利的条件。例如,可在公共场所设置募集捐款的二维码,个人在扫码后可看到当前项目所募集到的资金总额,资金使用概况;个人网上支付捐款后可看到自己的捐款信息及资金总额累计增长信息。笔者对身边个体的随机访谈显示,大部分人都有向国家公园捐赠小额经费的意愿,但同时又不会刻意实现其此方面意愿,若在便利条件下,其此方面意愿就有很大可能被付诸行动。世界上有些国家公园的受捐方式相当灵活,例如,访客可将小额经费直接交给生态巡护员,由其转交国家公园,这也为捐赠者提供了便利,相关经验有一定借鉴意义。

3.3.2.2 公众在志愿服务方面的公益投入状况及相关启示

社会公众为国家公园所提供的志愿服务大部分都是有组织进行的,这也符合向国家公园有序提供志愿服务的目标。因此,绝大部分志愿活动都有相应组织者。从既有实践来看,目前国家公园志愿服务的组织者有以下特征:以相关"民间组织""政府部门""公园自身"为中坚力量,以其他社会机构和个人为补充力量。

(1) 民间组织在国家公园开展志愿服务状况及相关启示。一些专业化民间组织在国家公园内提供专业性志愿服务,例如,来自鸟类保护协会的志愿者在大熊猫国家公园内提供与涉鸟诉讼相关联络服务、福建观鸟协会在武夷山国家公园开展拍摄鸟类资料的志愿者活动。在提供专业化志愿服务方面,一些专业性强的民间组织具有突出优势。另外,民间组织也是国家公园内其他非专业性志愿活动的主要组织者。例如,野狼户外俱乐部组织志愿者在武夷山国家公园清除白色垃圾、山水自然保护中心组织志愿者在三江源国家公园开展社区培训及编写解说词、西安高校户外俱乐部组织千名大学生在秦岭国家公园(备选)开展捡垃圾的志愿活动等。据《慈善蓝皮书》(杨团等,2022),截至 2020 年,国内有 79 万个志愿者组织,志愿者数量增长速度较快，仅在 2020 年一年内，就有 4000 万以上志愿者注册。由此可预见，这些民间公益性组织将在国家公园志愿服务方面发挥越来越多的作用。

（2）政府部门在国家公园组织志愿服务状况及相关启示。国家公园所在地的政府部门也常组织部门员工及相关人员到国家公园开展志愿服务。例如，城步县政府组织各部门人员到南山国家公园开展捡垃圾、发保护传单、宣讲保护规定等志愿活动；龙泉市组织团干部、在校学生、团员成立面向百山祖国家公园园区服务的志愿工作队；乐东县团尖峰镇共青团委在热带雨林国家公园开展环境宣传志愿活动；等等。政府组织的志愿活动可在当地产生较好的宣传效应，可营造公益氛围，吸引社会各界力量关注国家公园并参与其建设。但其实政府部门的优势仍然体现在专业指导与服务方面，而绝不仅仅只是在国家公园捡垃圾、发传单。例如，司法部门职员可面向国家公园社区开展法律咨询方面的志愿服务、林业部门职员可在林地抚育方面提供志愿指导、水利及国土部门职员可志愿进行水土流失巡查、环保部门职员则可进行污水排放巡查等等。专业性指导与服务将是政府部门在国家公园志愿服务方面施展自身专长与优势的重要方向。

（3）国家公园自身组织开展志愿服务状况及相关启示。与民间组织、政府部门面向国家公园开展志愿活动不同，国家公园管理机构也常组织开展面向社会的志愿服务。国家公园自身组织的志愿活动又分为其组织自身员工开展志愿服务、组织社会志愿者开展志愿服务两种。前者如武夷山国家公园工作人员开展清理垃圾、防疫宣传志愿活动，后者如神农架国家公园组织社会科普志愿者到周边学校开展环境及科普教育。显然，国家公园内部工作人员及其精心筛选的科普志愿者对国家公园自然环境知识会有更多、更深入的了解，在环境及自然生态科普教育方面也更加专长。同时，国家公园环境及自然生态知识作为公共资源，也具有相对恒定不变的特征，国家公园可在面向社会开展环境宣传及科普教育志愿活动的同时，录制有吸引力的宣传教育视频并以公益捐赠形式投放社会，这有助于进一步扩大相应宣传教育面向社会公众所产生的效应。

（4）其他社会机构和个人开展志愿服务状况及相关启示。以上是针对国家公园组织志愿活动的核心中坚力量，除此之外，其他一些社会机构和个人也以其专长和偏好的方式面向国家公园提供志愿服务。一种情形是相应机构和个人以组织化形式进行志愿服务。例如，武汉脚爬客公司志愿为云南普达

措国家公园志愿者招募和遴选提供服务；杂多县昂赛乡居民志愿做三江源国
家公园巡护员，并形成了"一户一岗"模式。另一种情形是一些个人以非组
织化形式为国家公园提供志愿服务。例如，中国科学院、北京林业大学一些
专业人士志愿向国家公园提供规划、保护、特许经营制度设计等方面咨询服
务；知名摄影师志愿拍摄和宣传祁连山国家公园；治多县说唱艺人志愿以说
唱形式在三江源国家公园内进行保护宣传；也有社会个人志愿设立宣传国家
公园的网站；等等。社会是多元的，让各类社会主体面向国家公园提供志愿
服务，可发挥不同个体的专长，有时会收到非常好的效果，例如，民族地区
艺人志愿以说唱形式进行保护宣传，在各种宣传形式中起到了最佳宣传效果。
事实上，个人参与国家公园志愿服务的热情也较高，例如，湖北省神农架国
家公园 2019 年招募 29 位科普宣传志愿者，结果报名者有 2000 人之多。因
此，需广泛动员、有效吸纳各类社会个体以其所专长的方式参与国家公园志
愿服务，畅通公众进行志愿参与的对接和实现渠道。

3.3.2.3 公众面向国家公园开展其他公益行动的状况及相关启示

国家公园公益化建设运营中会出现各种需要应对的问题，一些社会主体
则针对这些问题开展了相应公益行动，其相应行动涉及国家公园管理、宣传、
保护监督、建设服务等方面。其中一些参与行动对国家公园保护具有重要意
义，例如，中国绿发会针对农夫山泉公司在武夷山为取水毁林行为进行诉讼。
现实中，进一步发挥社会主体在保护监督方面的作用，有助于避免国家公园
在公益化建设运营中出现方向性的偏差。一些社会主体的积极参与会明显提
升国家公园的管理服务水平。例如，在大熊猫国家公园内，芦山县检察院设
了公益诉讼服务站；宝兴县法院主动在大熊猫国家公园内进行潜在纠纷调查，
并进行法律提示；还有一些国家公园的社区代表积极参与国家公园政策及发
展规划的制定。一些机构则依据自身优势积极为国家公园建设运营提供公益
服务。例如，青海银监局主动制定了支持国家公园建设的金融服务方案；白
沙县公路局专门主动为热带雨林国家公园设置道路标识；一些传媒机构主动
对国家公园进行宣传报道；等等。综合来看，在国家公园的初步设立、试点
和建设阶段，政府机构是深度参与国家公园建设的主要力量，社会其他机构
和个人的深入参与尚有待于进一步增强，而这有赖于国家公园公益形象在社
会中的进一步强化和传播，以及公众为国家公园做贡献的社会氛围的进一步

形成。相关研究显示，目前公众对国家公益形象的感知度还明显不够（童碧莎等，2020），使国家公园完全脱离经济属性，全面凸显公益属性的任务还很艰巨。另外，在国家公园设立和建设初期，政府部门的主导作用尤为重要，其需组织更多与国家公园相关的公益活动，并加大对既有相关公益活动的曝光度，让社会公众形成这些公益行为正在其所处社会中发生的更多认知，从而营造公众参与国家公园建设的社会氛围。

另外，国家公园周边从事食宿接待的一些经营者也可义务帮助国家公园分担一些工作。例如，德国巴伐利亚森林国家公园周边的住宿服务运营企业为公园交通服务代收相关费用，并定期结算，从而在一定程度上减轻了国家公园的工作压力。公园周边运营主体还可为国家公园义务分担的工作包括：游览注意事项告知、公园内部情况介绍、对游中访客通过电话等进行闭园提醒、环保垃圾袋提供（要求访客将垃圾带出国家公园或放置到指定地点）、访客游憩途中所需便携食物提供，甚至在国家公园内就某项工作进行轮值等。但当前在我们既有的国家公园建设运营实践中，相应主体义务为国家公园分担工作的现象尚不存在。这一方面由于国家公园管理机构在建设运营中未进行此方面尝试，另一方面相应主体在此方面的积极性也不够。根据国家的《建立国家公园体制总体方案》，国家公园将机制创新置于重要位置，因此，也可不妨进行此方面创新尝试。

| 第4章 |

研究区公益化运营中访客意愿及其实际收获

4.1 研究区访客游憩客体 条件及主体体验

　　研究区作为全国首批及长三角地区唯一的国家公园体制试点区，其在旅游开发运营方面严格遵循生态旅游理念及公益化目标。研究区的生态游憩服务有以下突出特色。第一，公益性突出。其秉持全民共享、为全民创造福祉的公益化运营理念，在星期一至星期五向全社会免费开放其全部旅游区点，龙门村的隐龙谷则全年免费开放。这种可促进人身心健康、公益性突出的生态游憩空间有助于各类社会个体从中获得幸福感（Cattell et al.，2008）。第二，环境教育功能及亲生态性突出。研究区充分体现了国家公园的环境教育功能，与黄山、江郎山、丽水飞石岭（千佛山）等其他旅游区比，研究区的环境教育解说标牌非常丰富，这一方面营造出了浓厚的生态旅游氛围，另一方面也有助于游客通过了解自然知识而增强获得感。另外，研究区以展现自然生态魅力、开展亲生态活动为服务宗旨，以亲生态的户外徒步、山林休憩、自然观光为主要旅游活动。第三，游客在研究区内的自然沉浸感强。钱江源国家公园内的游憩空间点多面大，很少出现游客拥挤现象，使到访者在生态体验中所受干扰少、自然沉浸感较强，可使其充分实现亲密接触自然的意愿。

钱江源国家公园相关游记中的内容或反映园内影响访客体验的客体因素，或反映访客在园内进行生态游憩的体验感受，且游记中的大部分表述会同时体现这两方面内容。第一，笔者从马蜂窝、携程、搜狐、美篇等网站上搜索和阅读了 115 篇研究区访客游记（平均 1200 字以上），从这些游记中摘录与研究区旅游客体因素及访客主体体验相关的内容。第二，笔者采用从质性材料中提炼信息的扎根理论方法（张冉，2019），用 NVivo 12 Plus 软件，以研究区与访客体验相关的客体因素（生态游憩客体条件）为编码线索，对其中100 份游记摘录内容进行编码，从中提炼体现研究区生态游憩客体条件的概念节点。编码过程中在提炼概念节点时，笔者参考了《旅游资源分类、调查与评价》（GB/T 18972—2017）中的概念术语，并基于游记内容生成了若干新概念节点。第三，以访客的主体体验感受为另一条编码线索，从这 100 份游记摘录内容中提炼体现访客体验感受的概念节点。第四，用前面所预留的15 份材料进行编码饱和度检验，分别从访客体验相关客体因素、主体体验感受这 2 条线索对这 15 份用于进行饱和度检验的材料继续进行编码时，其内容可被已提炼出的相应概念节点所涵盖，而无须新增概念节点，所摘录材料可通过理论饱和度检验，此 15 份材料所形成编码内容也随即被用于整个分析中。

4.1.1　研究区生态游憩客体条件

笔者从游记材料中共归纳出钱江源国家公园内影响访客体验的 14 种客体因素。其中，景观综合体、水域景观、建筑与设施、生物景观、地方美食、生态环境这 6 种客体因素对主体旅游体验影响最突出，依次被提及 251 次、250 次、215 次、182 次、124 次、120 次，这与研究区瀑布丰富且壮观、水流清澈且形态多样、原生态优势明显、基础设施功能性强、原生态食材丰富及菜肴风味独特的状况相一致；环境氛围、天象与气候、民风人情、休闲项目这 4 种客体因素对主体体验的影响作用居中，其平均被提及 84.25

次。表 4 - 1 为研究区 10 种主要生态游憩客体因素的编码提炼过程示例。历史遗迹、地文景观、人文活动、旅游购品这 4 种客体因素的影响最弱，平均仅被提及 42.25 次。

表 4 - 1　　　　　　　研究区主要生态游憩客体条件编码示例

概念	子概念	游记内容
景观组合	山林组合	青山高耸、茂林密布；山高林密；山林幽静；杜鹃满山；等等
	山水组合	水秀山明；山蒙蒙、水蒙蒙；瀑布如玉带挂山间；等等
	山林云雾组合	满目水雾和青翠，宛若仙境；晨雾中的仙境；云海奇松；等等
	田园组合	花海中点缀着风车；田里很萌的稻草人；田地中菊花芬芳；等等
	乡村组合	花海中的农舍；村庄周围花海环绕；云海中的彩色房子；等等
	其他组合	鱼为水增加了灵动；青山绿水、山中瀑布成群；石阶遍布青苔；等等
水域景观	瀑布	瀑布群如此之多；瀑布形态各异；刚柔并济的瀑布；等等
	溪流	与人一路相伴的溪流；欢快活泼的溪水；百态溪流；等等
	山泉	温润的山泉；山泉甘甜；泉水沁人心脾；等等
	池潭	很多个天然泳池、潭水清冽、很想进入池中游个泳
	其他	悦耳的水声；水多姿多态；水色朦胧；水雾清凉；等等
建筑与设施	休憩设施	观景亭；凉亭；酒吧；歇脚亭；茅草亭；等等
	屋舍建筑	茅舍；古民居；祠堂；土楼；黄泥房；庙宇；朴素民宅；等等
	景观小品	木水车；木雕；稻草人；观音像；石雕；等等
	路桥设施	木吊桥；古巷；石拱桥；百姓云梯；木板桥；廊桥；石子路；等等
	导览设施	导览图；电子感应牌；指示牌；等等
	其他	石头墙；二维码；小舟；稻草迷宫；舂米工具；墙画；等等
生物景观	草木	一草一木；苔藓；野杨梅；古树群；青苔；野生菌；松树；等等
	花卉	杜鹃花；烂漫山花；梨花；油菜花；桂花；金银花；等等
	鸟兽	熊和野猪；鸟鸣声；白鹇；松鼠；悠哉的动物；珍禽；山雀；等等
	昆虫	虫鸣声；小昆虫；五彩蜘蛛；小蜻蜓；等等
	鱼类	石斑鱼；嬉水鱼儿；清水鱼；等等
	禽畜	放养鸡鸭；猫咪；老牛；公鸡打鸣；等等

概念	子概念	游记内容
地方美食	养殖类食材	清水鱼；野蜂蜜；土鸡煲；农家土鸡蛋；小鱼干；等等
	种植类食材	鲜笋；笋干；梨子；原生态生姜；辣椒；绿色青菜；山茶油；等等
	野生动物食材	河鲜；青蛳；清水螺；等等
	野生植物食材	无污染山野菜；山货；山珍；野生猕猴桃；等等
	特色制作方式	汽糕；黄豆猪脚；炊粉豆腐；腊肉；老豆腐；豆腐干；烤饼；等等
	其他	很好吃的菜；原生态美味；特色菜；菜很入味；绿色饮食；等等
生态环境	原生态	天然；原生态；净土；自然纯洁；生态后花园；圣地；野趣；等等
	好空气	森林氧吧；好空气；清新；芳香；负氧离子多；可洗肺；等等
	生物多样	基因库；生物丰富；生物古老；等等
	其他	让人神清气爽的环境；神奇自然；惬意环境；生态屏障；等等
空间氛围	自然氛围	柔和宁静；世外桃源；活力荡漾；诗情画意；寂寥；静美；等等
	人文氛围	古典气息；无商业化；家一般舒适；与世无争；慢节奏；等等
天象气候	天象	彩虹；星空；光影变换；美丽的月亮；日落；触手可及的云；等等
	气候	避暑；凉快；消夏；湿润；冬日暖阳；自然空调；四季如春；等等
民风人情	居民生活	邻里祥和；自得其乐；自给自足；生活真实；地方自豪感；等等
	待客方式	人淳朴；热情；人很好；很亲切；和气；质朴；亲情；善良；等等
休闲项目	随机亲生态休闲	田间摸鱼；抓溪鱼；抓蝴蝶；天然浴场戏水；乡间放风筝；等等
	固定休闲点休闲	茶园采摘；郊野烧烤；户外拓展；土蜂认养；坐船游览；等等

4.1.2　研究区生态游憩主体体验

基于对相关游记材料的总结，研究区生态游憩客体条件使访客所形成的主要体验内容有以下 12 种，依次为感受自然生态、感受当地文化、享受惬意环境、旅游设施体验、感受当地美食、愉悦放松心情、感受艺术意境、体验休闲项目、增长知识见闻、旅游住宿体验、旅游费用支出、促进身心健康（在下文分别用 $X1$，$X2$，…，$X12$ 表示），其中，访客的前 5 种体验感受比较突出，依次被提及 699 次、321 次、223 次、116 次、112 次，均超过 100 次；访客的其余 7 种体验感受平均被提及 43.43 次。而人员服务感受、旅游收获感、感悟以及思考、感受特色标志、旅游体验干扰、旅游购物感受、情感交流沟通、旅游可进入性这 8 个方面体验感受被到访者提及次数仅占其各种体验被提及总次数的 4.23%，平均仅被提及 9.88 次，还有若干个编码节点仅体现个别主体的游憩体验感受，反映出这些感受不构成到访者的主要体验内容。表 4-2 为从相关游记中提炼出的到访者的 12 种主要游憩体验感受。

表 4-2   游记内容所反映的研究区到访者的 12 种主要生态游憩体验感受

主体体验	体验感受变量	编码出现次数（次）	游记内容示例
感受自然生态	$X1$	699	与瀑布亲密接触；感受大自然；体验溪水的乐趣；感受自然的精彩；感受自然的生机和欢乐；等等
感受当地文化	$X2$	321	浙江乡愁味道很浓的地方；这里的人非常淳朴；老太太竟然给我匀了大半根玉米，太有亲切感了；古村给人沧桑感；等等
享受惬意环境	$X3$	223	世外桃源般的心旷神怡感受；环境给人的体感非常舒适；洋溢着安逸的气息；享受冬日的安静；等等
游憩设施体验	$X4$	116	很实用的导览图；一路有凉亭可供休息；电话没有信号；便于与水亲密接触的小路；绿云梯为观瀑创造了很好条件；等等
感受当地美食	$X5$	112	清水鱼果然棒；品尝原生态美味；这个土鸡太美味；新鲜好吃的青蛳；米酒很好喝；汽糕让人难忘；等等
愉悦放松心情	$X6$	72	把上班那些烦心事都抛在脑后；顿感心情开朗；心情变得平和；让人忘却烦恼；感受轻松自在；等等
感受艺术意境	$X7$	55	有趣的涂鸦；意境如画；遇到几位透着艺术气质的画家；风景宛如淡漠山水画；水车、溪流、微风，像一首老歌；顿感几分诗意；等等
体验休闲项目	$X8$	47	茶园可采摘；参与篝火晚会；可进行土蜂认养；美滋滋地坐船游览；体验一下水上拔河；等等

续表

主体体验	体验感受变量	编码出现次数（次）	游记内容示例
增长知识见闻	X9	37	探索星空；小孩子很长见识；了解野蜂蜜的保健作用；探索大自然；理解人和自然的关系；了解各种树木的详细介绍；等等
旅游住宿体验	X10	32	听着潺潺水声入眠；住在水边，想起了张爱玲的诗；民宿很有特色；民宿中的午后很完美；民宿很有怀旧情结；等等
游憩费用支出	X11	31	船票亲民；很难得的免费；旅行费不贵；很是实惠；性价比很高；价格合理；房费划算；等等
促进身心健康	X12	30	慰藉心灵；养生福地；红豆杉向空气中释放防癌抗体；心中焦虑被抚平；登山补氧；养生宝地；等等

如游记中所述，上述生态游憩体验感受可为游客带来快乐，增加游客积极情绪，减少游客消极情绪，例如，其感到心满意足、很尽兴、获得美妙心情、感到很惬意、心情畅快、心中明朗轻松、神情愉悦、忘却烦恼等。与此同时，访客在钱江源国家公园内的游憩体验也可使其产生实现感，具体体现在如下三个方面。

（1）使到访者产生"实现自我提升"的感受。实现自我提升包括实现个人成长（Li et al.，2017）、自我完善（苗元江等，2011）、体能激活（Cai et al.，2020）、认知提升（张晓等，2018），以及实现健康（Rahmani et al.，2018）、平静的心态（Akhoundogli et al.，2021）等多个方面。游憩到访者在研究区增长知识见闻的体验有助于其认知提升、个人成长、自我完善；访客在研究区内感受自然生态有助于其实现心态的平静（Akhoundogli et al.，2021）及体能激活（Liu et al.，2021）；访客在研究区愉悦放松心情有助于其身心健康，其在感受原始自然生态时，环境中的负氧离子、植物精气、清新空气等也可使其产生身心健康暂时得到改善的实现感。

（2）使到访者在研究区得到自我展现。自我展现主要包括展现真实自我和个性（Lee et al.，2020）。菲利普（Filep，2014）认为实现在场体验是获得实现感的一种方式，在身心投入的在场具身体验中，到访者将主体意识赋予研究区客观世界，使其真实自我得以展现，从而获得幸福感受（杨洋等，2022）。到访者在研究区感受当地文化、艺术意境、美食，享受舒适惬意环境，以及体验原生态背景下的民宿居住等，均有助于其通过在场体验展现自我。

（3）使到访者在研究区获得生活意义感。包括其通过实现情感体验（Rahmani et al.，2018）、实现对活动的参与和体验（Waterman et al.，2010），以及实现社会认同（Keyes，1998）、生活满足感（Voigt et al.，2010）等来实现有意义的生活。研究区热情好客、待人亲切的当地居民可为访客带来情感体验；到访者在研究区体验休闲项目可使其实现对活动的参与；研究区便捷的旅游设施、较低的游憩费用支出可使游憩到访者产生获得感，相应获得感又会使访客产生社会认同，感到其个人生活得到了社会环境支持，进而形成生活意义感（谭旭运等，2020）；访客愉悦放松心情、享受惬意环境所产生的积极、轻松心态也同样有助于其生活意义感的形成（Lee et al.，2020）。

4.2　访客体验意愿及其在意愿实现中获得的幸福感调查分析

4.2.1　调查分析方法

4.2.1.1　访客在研究区游憩体验意愿及意愿实现程度调查

上文从相关游记中提炼出到访者在研究区的 12 种主要游憩体验内容，但相应质性内容并不能反映访客进行每种游憩体验的意愿强度。为了进一步探究到访者对每种游憩体验的体验意愿强度如何？以及到访者每种游憩体验意愿的实现程度如何？笔者通过调查问卷获取相应数据来回答上述问题。在调查问卷中针对上述 12 种游憩体验内容分别设置相应问项，询问被调查者在研究区进行特定游憩体验的意愿强度、其特定游憩体验意愿在研究区的实现程度，并请其采用 0~9 标度法进行赋值，相应标度对应被调查者从"无此意愿"到"意愿非常强烈"的意愿强度变化，以及对应被调查者从"相应意愿基本未得到实现"到"实现程度非常高"的意愿实现程度变化。

4.2.1.2　访客在其体验意愿实现中获得的幸福感调查评价

接触和欣赏自然是人类幸福的重要源泉（林丽婷等，2016），使访客在生态游憩中获得幸福感是国家公园为社会创造福祉的重要途径之一。研究区访客意愿的被满足程度是影响其幸福感的重要因素（粟路军等，2019）。因此，有必要分析研究区访客意愿实现状况及其影响下访客所获得的幸福感。

（1）访客幸福感及其构成。

幸福感是指个体最理想的心理作用和感受，瑞安和德西（Ryan & Deci，2001）将其分为快乐和实现幸福感两种，且个体幸福感的最佳状态应是最大化快乐与实现幸福感的复合（苗元江等，2011）。快乐与实现这两种幸福观是在学者对幸福话题的长期探讨中形成的。古希腊快乐哲学家阿里斯底波将快乐看作幸福的源泉，开启了快乐幸福论；实现幸福论则源于亚里士多德，其主张个体通过自我实现和完善来获得幸福（杨敏等，2013）。布拉德伯恩和诺尔（Bradburn & Noll，1969）将快乐幸福感视为一种积极和消极情绪的平衡。综合多位学者的观点来看，快乐幸福感是主体在获得积极情绪、规避消极情绪中，积极情绪占优势时（Diener et al.，1999）形成的愉悦、享乐和舒适体验（Huta et al.，2010）。沃特曼等（Waterman et al.，2008）则将实现幸福感界定为个体在发展自身潜能、提升生活目标意义，进而实现自我过程中所产生的感受；也有学者将实现幸福感界定为：个体在契合自身价值观念、体现真实自我条件下发挥和促进自身优势所形成的心理感受（Huta et al.，2010）；或个体在追求本质上对人类有价值的事物过程中所形成的实现感、目标感和意义感等更深层次、更高程度的幸福感受（Venhoeven et al.，2013）。这些对实现幸福感概念的表述在内涵上具有一致性，均体现了"自我提升、自我展现、生活意义感"这三个核心内容。

旅游中访客幸福感是其在旅游中形成的美好感觉和由此产生的深度认知（妥艳娟，2015）。旅游带给访客的不仅仅只是快乐，还有使访客产生能力提升（张晓等，2020），认同、成长、有意义等自我实现感（高杨等，2019；张晓等，2018）。例如，在深海观鲸旅游中，一些游客在享受美好天气带来的快乐时，也在观鲸中获得了内心的安宁，后者属实现幸福感的范畴（Knob-loch et al.，2016）；从事度假旅游的访客也会既产生快乐，又产生实现自我的感受（Ahn et al.，2019）。虽然快乐和实现幸福感均是游憩中访客幸福感的重要构成部分（Su et al.，2020），但访客对二者的追求又常常不平衡，例如，对于正在追求实现幸福感的访客，其快乐幸福感会降低，反之亦然，这由于当个体集中进行某一个方面追求时，会导致其在其他方面减弱注意力（Huta et al.，2010）。另外，不同类型游客对二者的诉求也可能不同，例如，在背包客中，实践学习型个体以充分参与当地活动为目的，追求实现幸福感的愿望强烈，而休闲型个体则会有突出的快乐主义倾向（Filep，2009）。再者，很多游憩活动产生快乐和实现幸福感的作用也不平衡，义工旅游，以及探险、研学、红色旅游等虽然也会为游客带来一定快乐，但其核心效益是产生与实现幸福感（张晓等，2018），例如，在义工旅游中，虽然主体在与意气相投的人相处过程中也会感到快乐，相应快乐因素在提升其游憩中幸福感总体水平方面也有一定意义，但义工旅游主要为参与者带来实现幸福感、满足其探索和体验真实的愿望（Curtin et al.，2018）。绝大部分游憩活动都可产生快乐幸福感，而仅那些可带来意义、成长、自我实现的旅游活动会产生实现幸福感（Lee et al.，2020）。尽管访客的快乐和实现幸福感会存在不平衡，但二者是不相排斥的关系（Huta et al.，2010）。其或由同一游憩活动同时产生（Rahmani et al.，2018），或由不同旅游活动分别产生；个体或同时追求二者，或在追求其中一个时并不会刻意排斥另一个（Huta et al.，2010），而个体相应快乐和实现追求对其游憩中幸福感提升均有重要作用（Curtin et al.，2018），游憩中快乐和实现幸福感均得到显著提升的访客，其游中幸福感水平也最高（Rahmani et al.，2018）。因此，应通过二者来共同反映旅游中游客幸福感整体水平（张晓等，2018）。但现实中旅游通常被描述为一个快乐产业（Yu et al.，2019），对其所产生实现感的关注较少。本研究在全面考虑快乐和实现幸福感的基础上来衡量访客实现其游憩体验意愿过程中所获得的幸福感状况。

（2）访客所获得的幸福感评价。

第一，访客所获得的快乐幸福感评价。相关研究认为快乐与个体的情绪相关（Filep，2016）。访客游憩中的情绪虽多元，但最终都可被归为积极和消极两种情绪（Diener，2000）。快乐幸福感是积极与消极情绪间的平衡（Bradburn & Noll，1969）。个体快乐幸福感可通过积极、消极情绪对其进行测量（张晓等，2018），在具体衡量时可考虑情绪强度和出现频率（Diener，2000）。围绕积极情绪和消极情绪，许多学者构建了有或多或少差异的快乐幸福感评价量表（见表4-3），其中一些量表在旅游中访客幸福感评价方面也被经常使用，例如，积极与消极体验量表（SPANE）（Wolsko et al.，2013）。后来，一些学者又在快乐幸福感评价中增加了生活满意度这一体现个体对生活整体感受的指标（张晓等，2018；Glatzer et al.，2015），但访客游憩只是相对短暂的行为，若将判断对生活整体性感受的生活满意度指标也用于评价个体游憩中的快乐幸福感并不妥当。

表4-3　　　　　　　　　相关主要研究中的快乐幸福感评价指标

相关研究者	时间	依据	评价指标
Kozma & Stones	1980	情感平衡理论及相关文献	**纽芬兰纪念大学幸福感量表（MUNSH）**：5种积极情绪（欣喜若狂、精神状态好、生活惬意、幸运、满意之前的生活等）；5种消极情绪（厌烦、孤独、抑郁、慌张不安、感到生活辛酸）；7种正向经历（年轻时很开心、所从事的工作有趣、生活回味甜蜜、生活在自己满意的地方、心态年轻、对当前生活的满意程度、比大部分同龄人健康）；7种负向经历（感到生活极其郁闷、所做的大部分事情乏味、情形随年龄增加而恶化、感到孤独的程度、对一些事情感到较心烦、有时会感到生活无意义、大部分时间生活艰难等）
Watson，Clark & Tellegen	1988	主成分分析	**积极和消极情绪简式量表（PANAS）**：10种积极情绪（热情、有兴趣、有决心、兴奋、精神鼓舞、机警、活跃、坚强、自豪、殷勤）；10种消极情绪（惊恐、担忧、心烦、哀伤、不安、紧张、害羞、内疚、暴躁、敌对）
Steye，Schwenk-mezger & Notz	1994	情绪心理学	**开心—难过**：满意、心怀不满；非常愉快、心情难过；心情好、不高兴；欢喜、不满意 **精力充沛—昏昏沉沉**：很精神、很疲惫；有活力、疲倦；清醒、困顿；精力充沛、精疲力尽 **心情平静—烦躁不安**：沉着冷静、焦躁不安；自在、不自在；无拘无束、神经紧张；心情平和、担心害怕
Mealey & Theis	1995	相关文献	**情绪测量指标**：快乐、精力充沛、用心周到、沉着冷静、乐观、生气、焦虑、忧伤、心力交瘁、害羞
Diener，Wirtz & Tov et al.	2010	对人类情感体验进行归纳	**积极与消极体验量表（SPANE）**：6种积极体验（好的、有热情、高兴、喜悦、快乐、满意）；6种消极体验（无热情、坏的、不愉快、难过、生气、担忧）
Lee & Jeong	2020*	相关文献	积极情绪、消极情绪、无忧无虑、快乐享受

续表

相关研究者	时间	依据	评价指标
Paleari, Pivetti & Galati	2021	相关文献	消极因素：焦虑、沮丧；积极情绪：开心、情绪稳定；不确定因素：总体健康状况、活力状况

注： * 表示评价内容为旅游中游客幸福感。

根据快乐论，个体追求幸福感就是在追求积极情绪及其持续时间的最大化（魏江等，2014）。丹尼尔等（Diener et al.，1991）将快乐幸福感界定为个体在较多时间呈现积极情绪而在较少时间呈现消极情绪的一种状态，发现其既与主体积极和消极情绪强度有关，又与主体积极和消极情绪持续时长有关。相关研究强调了旅游时长的重要性，认为旅游时间就如同药物剂量（de Bloom et al.，2010），时间太短不足以对游客产生足够影响；而当前大部分个体用于旅游的时间有限且分布不集中，限制了其进行充分、深入的旅游体验，不利于其游中快乐幸福感的充分实现（王心蕊等，2019）。更充足的旅游时间可使游客在旅游区形成更加深入和丰富的旅游体验（梁嘉祺等，2021），感受更多快乐诱发因素；研究区面积大，可游览和体验的内容多，旅游时长会影响游客体验的充分程度及快乐幸福感实现状况。有学者基于对荷兰不同旅游地游客的调查，详细揭示了旅游时长对游客情绪变化的影响，发现当游客旅游时长为 3 ~ 5 天时，其旅游期间情绪状态平均值最高，若游客旅游时长不足 5 天，则其体验不充分；当游客旅游时长超过 6 天后，其旅游期间情绪状态平均值会下降（Nawijn，2010）。调查显示，研究区游客平均旅游时长仅约 2.50 天，根据上述相关研究，延长游客在研究区旅游时长，有助于其获得更多积极情绪。因此，旅游时长是影响研究区游客快乐幸福感的重要因素。基于以上分析，本研究根据奥卡姆剃刀简约原则（对现象最简单的解释往往比复杂的解释更正确）（李维等，2019），采用问卷直接询问主体游憩中积极和消极情绪及其各自持续时间状况，采用公式（4 - 1）来评价研究区访客的快乐幸福感（用 H 表示），并对评价结果在 0 ~ 9 数值区间进行归一化处理，以使其与下文实现幸福感评价值分布区间相一致。

$$H = (P \times P_t - N \times N_t) \times T \qquad (4-1)$$

其中，H 为被调查者的快乐幸福感；P、N 分别为其在研究区游憩体验中的积极、消极情绪综合强度评价值；P_t、N_t 分别为其积极及消极情绪持续时间在其整个旅游体验时长中的占比评价值；T 为用天数所表示的访客在钱江源国家公园内旅游体验时长系数。

第二，访客所获得的实现幸福感评价。尽管与快乐幸福感相比，实现幸福感所包含内容及其评价模型更加丰富和多元（见表4-4），但不同学者所使用的部分指标在内涵上较为类似（例如，个人成长、潜能开发及个人发展的内涵就有一定相似性），且有些指标完全相同（例如，许多学者均以"自我认可"为实现幸福感的评价指标之一）。由于访客的游憩目的、偏好各异，不同访客会对游憩中的实现幸福感形成不同判断（Vada et al.，2019），这也造成了对访客实现幸福感衡量标准的不统一（Lee et al.，2020；Rahmani et al.，2018；Li et al.，2017；Hao et al.，2021）。但据相关研究，访客游憩中获得的意义是衡量其实现幸福感的根本标准（Peterson et al.，2005），不同相关指标均体现了这一标准。

表4-4　　　　　　相关主要研究中的实现幸福感评价指标

相关研究者	时间	依据	评价指标
Ryff & Keyes	1995	正向功能理论	自我认可、个人成长、生活目标、环境控制、自主性、和他人的良好关系
Ryan & Deci	2001	自我决定论	自主、能力和关系需要的满足
Waterman, Schwartz & Zamboanga et al.	2010	自我实现论	自我发现、潜能提升感知、生活目标及意义感、追求卓越、深度参与活动、乐于自我表现
Diener, Wirtz & Tov et al.	2010	心盛理论	生活目的和意义、有益的关系、沉浸感、对他人的贡献、能力、好的人品、乐观、受尊敬
方王皓明、苗元江和梁小玲等	2010	探索性因子分析	目标投入、潜能开发、自我实现、自我发现
Li & Chan	2017[*]	基于访谈的质性分析	个人成长、自我认可、探索的兴趣、归属感、自我调控能力、生活意义
Rahmani, Gnoth & Mather	2018[*]	对心理语言表达文本的挖掘	能力、受尊敬感、健康、启智、感情获得、谈吐文明、品德表现、成就感、目标实现
Lee & Jeong	2020[*]	基于相关文献	成长、真实、意义、美德

续表

相关研究者	时间	依据	评价指标
Pritchard, Richardson, Sheffield et al.	2020	基于对 20 多篇文献的总结	所展现的活力、个人成长、自主性、生活意义、环境控制、自我认可、和他人的良好关系
Trigueros, Pérez-Jiménez & García-Mas et al.	2021	验证性因子分析	意义和目标感、贡献及社会能力、个人发展及自我认可、自主性、自我表现、归属感
Hao & Xiao	2021*	Ryff 的实现幸福感量表	实现生活目标、自主性、个人成长、保持年轻心态、保持平和心、同他人良好关系、环境控制、自我认可

注：*表示评价内容为旅游中游客幸福感。

尽管不同主体在对同一客体体验中的心理感知不同（Vada et al.，2019），也造成了不同学者评价访客实现幸福感所使用指标的多元和不一致（见表 4-4）。但如上文所述，相关研究所界定的实现幸福感概念（Huta et al.，2010；Waterman et al.，2008；Venhoeven et al.，2013）体现了其核心内容，即"自我提升、自我展现、生活意义感"，且大多数评价量表也都反映出这 3 点是实现幸福感的核心（见表 4-4）。在评价游憩区访客实现幸福感时，上述 3 点也能很好地揭示游憩活动为访客带来的意义。本研究根据简短问卷更利于调查的观点（Conway et al.，2020），以及"如无必要、勿增实体"的奥卡姆剃刀简约化要求（李维等，2019），以上述 3 项核心内容为基本指标来调查评价研究区访客的实现幸福感。并参照相关研究（Paleari et al.，2021；Lee et al.，2021），用这 3 个指标平均值来衡量主体实现幸福感综合水平（用 E 表示）。

4.2.2 调查数据获取

笔者针对"访客在研究区游憩体验意愿及意愿实现程度"，以及"访客在其体验意愿实现中获得的幸福感"设计调查问卷。问卷共含 26 个问项，其中 6 个问项被用于询问被调查者基本特征；12 个问项被用于询问被调查在研究区针对上述 12 项体验内容的体验意愿强度及其相应体验意愿实现程度（每个问项含2个问题）；5个问项被用于询问被调查者游憩中的快乐幸福感状况，包括其游憩中的积极和消极情绪状态、相应积极及消极情绪各自持续时间在其整个游憩过程中占比状况、其此次在研究区游憩时长系数（用天数表示）；3个问项被用于询问其游憩中实现幸福感状况，即其在"自我提升、自我展现、生活意义感"方面的感受。除主体在研究区的旅游时长相关问项外，其他主观判断性问项均采用0~9标度法赋值。研究者于2021年8~11月，在研究区内的依然农庄、山香有仙客栈、厅后人家、栖心民宿、心舍客栈、映竹楼、听泉人家等住宿服务点，以及在钱江源国家森林公园、仁宗坑、隐龙谷、台回山、高田坑、田畈村等生态游憩区及乡村旅游点进行问卷调查；共针对已基本结束行程的游客发放500份问卷，以"逻辑不自洽、内容不完整、赋值趋于一致等"为剔除标准，从中遴选出有效问卷445份。被调查者结构如图4-1所示。

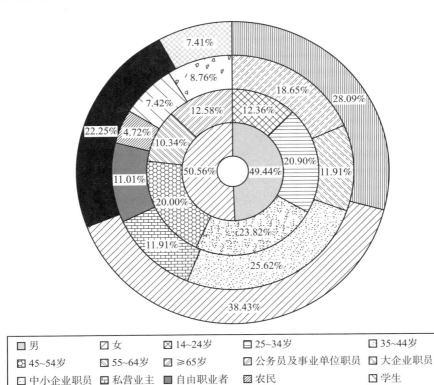

图4-1　访客实际收获调查中被调查者构成

笔者用 SPSS 26 对问卷里与主体游憩中幸福感相关的主观问项（共涉及19 个问项）调查结果进行检验，其 Cronbach α 值为 0.907，KMO 检验值为0.895，Bartlett 球形检验的 p 值 <0.001。问卷调查可通过信度、效度检验。

4.2.3 调查分析结果

4.2.3.1 访客在研究区的游憩体验意愿及相应意愿实现程度

主体"感受自然生态、感受当地文化、享受惬意环境、旅游设施体验、感受当地美食、愉悦放松心情、感受艺术意境、体验休闲项目、增长知识见闻、旅游住宿体验、旅游费用支出、促进身心健康"这 12 种游憩体验的意愿强度分别用"$X'1$，$X'2$，…，$X'12$"，相应体验意愿的实现程度分别用"$X1$，$X2$，…，$X12$"表示（见表 4-5）。

表 4-5　　　　　　　　被调查者游憩体验意愿及意愿实现程度

意愿强度			意愿实现程度			X' 与 X 差值 $(X'-X)$
变量	平均值	标准差	变量	平均值	标准差	
$X'1$	6.66	1.71	$X1$	5.82	2.70	0.84
$X'2$	5.96	1.87	$X2$	5.44	2.69	0.51
$X'3$	6.79	1.66	$X3$	5.80	2.51	0.98
$X'4$	4.72	2.31	$X4$	5.32	2.43	-0.60
$X'5$	7.08	1.78	$X5$	5.70	2.70	1.38
$X'6$	7.04	1.62	$X6$	5.68	2.43	1.36
$X'7$	4.59	2.54	$X7$	5.03	2.55	-0.44
$X'8$	5.02	2.39	$X8$	5.09	2.58	-0.06
$X'9$	6.51	1.81	$X9$	6.10	2.55	0.41
$X'10$	5.62	2.03	$X10$	5.27	2.57	0.35
$X'11$	6.50	1.92	$X11$	5.36	2.57	1.14
$X'12$	6.71	1.56	$X12$	5.20	2.48	1.51
均值	6.10	1.93	均值	5.49	2.56	0.61

（1）被调查者在钱江源国家公园内的体验意愿实现程度总体较好，但还存在较大提升空间。

①被调查者在钱江源国家公园内的体验意愿强度总体较高（见表4-5）。这说明，研究区是较受欢迎的生态旅游目的地，游客有着较高的游憩体验期望值。尤其是国家公园的设置为研究区赋予了品牌效应，同时也增加了公众的期望。例如，有访客在游记中所说：既然是国家公园，那环境肯定很不错；国家公园内有其他地方没有的野生动物；是国家花大力气保护的地方；等等。

②虽然被调查在研究区的体验意愿未得到完全满足，但其体验意愿实现程度总体也较好，相应评价值低于其体验意愿评价值的总体幅度小于1.0（见表4-5）。但被调查者体验意愿实现程度同时也存在较大提升空间（相应评价值在"0~9标度"中处于中间略偏上水平）。这说明，研究区向到访者产生了总体较好的生态游憩效益，但其作为国家公园向公众输出生态游憩福利的作用尚未得到充分实现（根据国家2017年发布的《建立国家公园体制总体方案》，国家公园要向公众提供公共福利性质的生态游憩机会）。其原因主要为：钱江源国家公园的生态环境极具优势，有全球代表性和重要性，但却无名山大川，在全国范围内景观优势不显著；另外，研究区的旅游方式主要为需耗费较多体力的户外徒步及亲生态体验，对于一些追求舒适、享受及娱乐的访客，研究区对其意愿的契合度可能不高。

（2）被调查者体验意愿与钱江源国家公园的生态游憩特色有一定吻合性。

①被调查者在研究区最强烈的体验意愿是"感受当地美食、愉悦放松心情"（见表4-5）。这由于研究区极具地域特色的清水鱼、青蛳等原生态美食已有很高知名度和很好的口碑。另外，原生态自然区域已成为当今城镇居民恢复身心、放松心情的重要游憩区域，研究区生态环境优越，到访者也在愉悦放松心情方面有着较高期望。

②被调查者在"享受惬意环境、促进身心健康、感受自然生态、增长知识见闻、（节省）旅游费用支出"方面的体验意愿较强，这体现了其想在亲近国家公园自然生态中充分获益，以及想以较少游憩成本付出来获得较多游憩收获的诉求。

③被调查者在"感受当地文化、旅游住宿体验、体验休闲项目、旅游设施体验、感受艺术意境"方面的意愿较弱，说明同了解、感受国家公园自然

生态相比，这些方面不是大部分访客在研究区的主要体验诉求，这也基本符合国家公园以自然环境见长的游憩特色。

（3）需从主体体验意愿及研究区游憩条件两方面入手来提升访客的体验意愿实现水平。

①在钱江源国家公园内，被调查者在"增长知识见闻、感受自然生态、享受惬意环境、感受当地美食、愉悦放松心情"这几方面的体验意愿实现水平略好。研究区以建设国家公园为目标，固守生态功能优势、维护原生态自然氛围、突出环境教育服务，同时也保持了其原生态食材的原真性，这些决定了到访者各种游憩体验意愿的最终实现水平，但也使其实际体验感受同其体验意愿之间存在一定出入。访客有着一些普遍的、固有的旅游诉求，而研究区须坚守其作为国家公园的生态和服务特色。因此，访客需在出游前对国家公园进行更多了解，根据国家公园特征来调适自身的游憩体验意愿。

②被调查者在"游憩设施体验、感受艺术意境、体验休闲项目"这几方面的体验意愿偏弱，在研究区游憩过程中，其这几方面体验意愿实现程度评价值高于其相应意愿强度值。这说明研究区可依托自身优势，在一些方面为访客创造超出其期望的收获。根据期望理论（张伟，2019），这种意外的收获有助于访客在游憩中获得更多幸福感。而目前，访客大多数体验意愿实现水平低于其意愿强度评价值，说明需通过森林康养服务开展、村落传统文化再现、公益化游憩服务的更深入推进等，进一步提升访客在研究区的实际体验感受。

③在"促进身心健康、感受当地美食、愉悦放松心情"方面，被调查者体验意愿实现水平与相应意愿强度值的差值略大（前者低于后者）。当前社会主体在身心健康、放松心情方面有着较为普遍的强烈诉求，另外，各种媒体对钱江源国家公园原生态美食的宣传较多，使访客在上述方面的体验意愿较强烈。在研究区实际运营过程中，存在对访客促进身心健康意愿响应不足（缺乏专门的游憩活动和服务内容），媒体宣传导致游客期望值过高的现象。因此，研究区需在充分了解访客主要体验意愿的基础上为其相应意愿实现进一步创造条件，也需在既已形成的美食品牌维护方面下功夫（如对原生态食材的使用进行严格监管），以使访客的一些体验意愿得以更好实现。

4.2.3.2 访客在研究区实现其游憩体验意愿所带来的幸福感

（1）访客所获得的幸福感总体水平。研究区访客在实现其游憩体验意愿过程中获得的实现幸福感多于快乐幸福感，但二者均存在较大提升空间。

①研究区生态游憩主要以户外徒步的亲自然方式为主，访客需耗费较多体力，容易感到疲惫和出现负面情绪，这也会对访客游憩中的快乐幸福感造成一定负面影响。被调查者的快乐幸福感（下文用 H 表示）均值较低，仅为 3.77。虽然 H 值较高（$\geqslant 4.5$）者占 40.45%，相应均值为 6.91，但 H 值较低（< 4.5）者占比达 59.55%，其 H 均值仅为 1.64。

②里夫（Ryff，1989）认为主体接触与感受自然的体验对其实现幸福感正影响更大，本研究的结论与此相一致。有时主体会在不愉悦的体验中获得实现幸福感（Cai et al.，2020），山地徒步虽然艰辛，但可使主体感受到坚持的意义、展现生命的活力、实现体能的激活等，进而有助于其实现感的形成。被调查者的实现幸福感（下文用 E 表示）均值为 4.95，虽然高于其获得的快乐幸福感，但也同样存在提升余地。尽管 E 值较高（$\geqslant 4.5$）者占 51.24%，其 E 均值达 7.55，但 48.76% 的 E 值较低者（< 4.5）的 E 均值仅 2.22。

③以 H 和 E 的中间值为临界，将被调查者分为 4 类，分别为快乐与实现感双高型（H 和 E 均 $\geqslant 4.5$，用 S1 表示）、快乐与实现感双低型（H 和 E 均 < 4.5，用 S2 表示）、快乐感滞后型（$H < 4.5$、$E \geqslant 4.5$，用 S3 表示）、实现感滞后型（$H \geqslant 4.5$、$E < 4.5$，用 S4 表示），分别占 34.38%、42.70%、16.85%、6.07%，其 H 均值分别为 6.86、1.20、2.77、7.18，E 均值分别为 8.11、2.25、6.39、1.96。快乐、实现幸福感均处于很低水平的主体占比偏多（见图 4-2），说明在研究区建设国家公园中，需进一步通过对访客体验意愿引导和游憩条件建设来提升到访者所获得的幸福感。

（2）主体游憩中获得的幸福感结构状况。

①77.08% 的被调查（S1 型及 S2 型）的 H 和 E 值均较高或均较低，反映出大部分主体的快乐和实现幸福感有一定共生性，这与李和郑（Lee & Jeong，2020）的研究发现一致。S1 型和 S2 型主体的 H 与 E 值相关系数分别为 0.42、0.32（p 值均 < 0.01），前者的上述共生效应更明显。

②在这种共生中，主体在研究区实现其体验意愿中所获得的实现幸福感更突出，使被调查者的 E 均值比 H 均值高 1.18。75.51% 的被调查者获得的

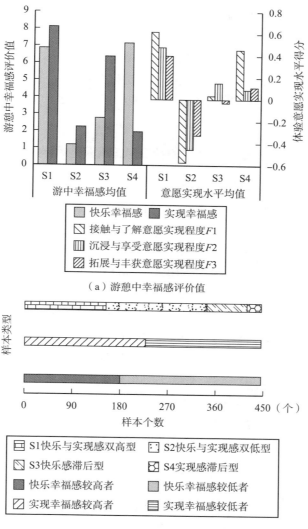

（a）游憩中幸福感评价值

（b）游憩中获得幸福感状况不同的样本分布

图 4 - 2　被调查者游憩中幸福感分类比较

实现幸福感更高（平均高 2.17）。依托其生态优势，国家公园生态旅游可使访客的自我展现诉求得到一定实现，且在使个体展现真实自我方面有突出作用（Moons et al.，2020）。园内原生态环境可使访客获得回归本真的感受，在无拘无束中展现自我情趣与个性。在被调查者所获得的实现幸福感构成中，其自我展现感也最突出（均值为 5.69），其次依次为生活意义感、自我提升感（均值分别为 4.95、4.21）。

③仅 22.92% 的被调查者的快乐、实现幸福感有突出分异特征：S3 型主体 E 值平均是其 H 值的 2.31 倍，具有明显实现倾向；S4 型主体的快乐感在各类样本中最高，但其实现感却最低，其 H 值平均达 E 值的 3.66 倍，具有明显快乐倾向。

4.2.3.3 访客实现体验意愿的特征对其所获得幸福感的影响

（1）主体在实现其体验意愿过程中的体验广度与深度正向影响其游中幸福感。

①被调查者各种体验意愿强度间离散系数同其快乐、实现幸福感相关系数分别为 −0.37、−0.41（p 值均 <0.01）。说明主体体验意愿越广泛，相应意愿所引发的主体对不同体验内容的体验动机越平衡，越利于其游憩中获得较高水平的幸福感。这由于主体各种体验对其游中幸福感有共生作用；另外，在主体体验意愿较多元和其各种体验意愿较平衡的情形下，其一种体验诉求实现程度欠佳时更容易通过另一种体验诉求的更好实现来弥补。

②全部样本在研究区停留时间与其快乐、实现幸福感的相关系数分别为 0.43、0.36（p 值均 <0.01）。H 值、E 值较低者的平均停留时长系数分别为 2.12、2.13，均较低，其停留时长同其快乐、实现幸福感均显著正相关（相关系数均为 0.25，p 值均 <0.01）；H 值、E 值较高者在研究区平均停留时长系数分别为 3.05、2.85，均更高，但其停留时长同其快乐、实现幸福感的相关显著性均不再突出（相关系数分别为 0.12、0.14，p 值分别为 0.12、0.03）。说明在较短停留时间内，访客不能充分在研究区进行广泛和深入体验，使其游中对快乐和实现感的获取程度不够，延长停留时间较短者的停留时间有助于提升其游中幸福感。在前文所划分的 4 类主体中，快乐与实现感双低型主体在研究区的平均停留时长系数（2.07）最低，其次为快乐感滞后型主体（相应系数为 2.27），延长这两类主体的停留时长尤为必要。

（2）主体在实现其体验意愿过程中的积极主动性正向影响其游憩中的幸福感。

①被调查者在研究区的游憩体验意愿强度与其快乐、实现幸福感的相关系数分别为 0.55、0.54（p 值均 <0.01）。主体强烈的体验意愿会引发其游憩

中寻获幸福感的强烈动机，且同其在研究区停留时长系数也明显正相关（相关系数为 0.25，p 值均 < 0.01），有助于其花较多时间更加积极主动地在研究区发现更多可使其产生快乐与实现感的因素。这说明增强主体游憩体验意愿也是提升其旅游幸福感的途径之一，而不应为提高满足主体意愿的容易程度来片面削弱其游憩体验意愿。

②快乐幸福感较低者的消极情绪均值、处于消极情绪状态的时间占比评价均值（分别为 3.05、0.26）均高于快乐幸福感较高者相应均值（分别为 2.29、0.16），而前者的积极情绪均值、处于积极情绪状态的时间占比评价均值（分别为 4.62、0.52）均低于后者相应均值（分别为 6.31、0.70）。这反映出在研究区相同的游憩条件下，快乐幸福感较低者在游憩体验中对诱发主体消极情绪的因素相对敏感，而主动探寻及体验激发其积极情绪相关因素的倾向相对较弱。但研究区大部分被调查者属于此类，使其快乐幸福感处于较低水平，其中，17 个样本的 H 值甚至为负，均值为 -0.88。

③上述 S1 型、S2 型、S3 型、S4 型这 4 类主体体验意愿强度均值分别为 6.88、5.40、6.24、6.24，分别比其在研究区的体验意愿实际实现水平均值高 0.10、1.09、0.61、0.20。其中，S2 型主体具有意愿强度最低、与其体验意愿实际实现水平差值最大的特征，说明快乐与实现感双低型主体在其游憩体验中具有内在动力不足，对研究区体验内容中的正向刺激敏感性偏弱的双重特征；快乐与实现感双高型主体则正好相反。

4.3　分析访客体验意愿实现水平对其游中所获幸福感的影响

被调查在研究区体验意愿实现水平评价值低于其体验意愿强度值的幅度同其快乐、实现幸福感明显负相关，相关系数均为 -0.40（p 值均 < 0.01）。仅 28.09% 的被调查者在研究区体验意愿实现水平评价值大于其体验意愿强度值，其 H 和 E 的均值分别是全部样本相应均值的 1.24 倍、1.40 倍。这反映出主体游憩体验意愿实现水平明显正向影响其游憩中获得的幸福感。被调查者各种体验意愿实现水平评价值间的离散系数同其快乐、实现幸福感的相关系数分别为 -0.58、-0.56（p 值均 < 0.01），说明主体游憩中较高幸福感

的获得需在各种体验意愿均得到一定实现的情形下形成。然而，主体各种体验意愿实现水平对其游憩中所获得幸福感的影响程度如何，是有待于进一步探讨的问题。相应探讨有助于通过优化主体各种体验意愿实现水平来使其在游憩中获得更多幸福感。

4.3.1 分析方法

4.3.1.1 分析主体在研究区游憩过程中实现其游憩体验意愿的核心维度

研究区的特定游憩体验内容可能会使主体两种或两种以上体验意愿均得到相应实现（如研究区原生态环境可使访客"享受惬意环境"与"愉悦放松心情"的体验意愿同时得到相应实现），这会导致主体一些体验意愿实现水平评价值间高度相关，也会干扰准确揭示主体每种体验意愿实现水平对其游中所获幸福感的独立影响作用。因此，需从主体各种体验意愿实现状况中提炼相互独立的因子。本研究基于通过问卷调查所获取的被调查者上述 12 种体验意愿实现水平数据，通过 SPSS 26 的因子分析功能，利用最大方差旋转法，基于特征值（＞1）提取主因子，分析研究区主体实现其游憩体验意愿的核心维度，并采用回归法计算主因子得分。

4.3.1.2 分析主体各维度体验意愿实现水平对其游中所获幸福感的影响

本研究以体现主体在各核心维度上体验意愿实现程度的主因子得分为自变量，分别以被调查快乐幸福感、实现幸福感评价值为因变量，采用 OLS 回归［见公式（4－2）和公式（4－5）］及分位数回归［见公式（4－3）、公式（4－4）、公式（4－6）、公式（4－7）］，探究研究区游客各维度体验意愿实现程度对其快乐及实现幸福感的影响。在进行分位数回归时，分别以 0.1，0.2，…，0.9 为 9 个分位点。相应回归分析通过 SPSSAU 工具完成。

$$H_i = C_h + \lambda_{h1} F_{1i} + \lambda_{h2} F_{2i} + \cdots + \lambda_{hn} F_{ni} + \varepsilon_{hi} \tag{4-2}$$

$$\text{Quant}_\theta(H_i \mid X_i) = \beta_h^\theta X_i \tag{4-3}$$

$$\beta_h^\theta = \text{argmin} \left\{ \sum_{i, H_i \geqslant X_i \beta_h^\theta} \theta \mid H_i - X_i \beta_h^\theta \mid + \sum_{i, H_i < X_i \beta_h^\theta} (1-\theta) \mid H_i - X_i \beta_h^\theta \mid \right\}$$

$$\tag{4-4}$$

$$E_i = C_e + \lambda_{e1} F_{1i} + \lambda_{e2} F_{2i} + \cdots + \lambda_{en} F_{ni} + \varepsilon_{ei} \qquad (4-5)$$

$$\text{Quant}_\theta (E_i \,|\, X_i) = \beta_e^\theta X_i \qquad (4-6)$$

$$\beta_e^\theta = \operatorname{argmin} \left\{ \sum_{i, E_i \geqslant X_i \beta_e^\theta} \theta \,|\, E_i - X_i \beta_e^\theta \,|\, + \sum_{i, E_i < X_i \beta_e^\theta} (1 - \theta) \,|\, E_i - X_i \beta_e^\theta \,|\, \right\}$$

$$(4-7)$$

公式（4-2）与公式（4-5）中：H_i 和 E_i 分别为样本 i 的快乐及实现幸福感；C_h 和 C_e 分别为以样本的快乐、实现幸福感为被解释变量的回归模型常数项；"λ_{h1}，λ_{h2}，$\cdots$，λ_{hn}" "λ_{e1}，λ_{e2}，$\cdots$，λ_{en}" 分别为以样本快乐、实现幸福感为被解释变量的回归模型中各个待估计变量系数；F_{1i}，F_{2i}，$\cdots$，F_{ni} 为针对访客在研究区游憩体验意愿实现状况的 n 个核心维度（即 n 个主因子），样本 i 在每个维度上的得分值；ε_{hi} 和 ε_{ei} 为不同回归模型中的随机扰动项。

公式（4-3）、公式（4-4）、公式（4-6）和公式（4-7）中：Quant_θ $(H_i \,|\, X_i)$、$\text{Quant}_\theta (E_i \,|\, X_i)$ 分别为在给定自变量 X_i 的情况下因变量 H_i、E_i 在 θ 分位数上的值；$X_i = (F_{1i}, F_{2i}, \cdots, F_{ni})$，即为解释变量集合；$\beta_h^\theta$、$\beta_e^\theta$ 分别为上述以样本的快乐、实现幸福感为被解释变量的分位数回归模型中，在 θ 分位数上的回归系数向量（$n \times 1$ 行向量）。

4.3.2 分析结果

4.3.2.1 主体体验意愿实现水平影响其游中所获幸福感的体验维度分异

（1）主体体验意愿实现维度。被调查者上述 12 种游憩体验意愿实现水平评价值的 KMO 检验值为 0.857、Bartlett 球形检验的 p 值 < 0.001，说明这些体验意愿实现水平相互间有影响、不独立，有必要通过因子分析提炼主体实现其体验意愿的主要维度。本研究采用主成分法，从主体各种体验意愿实现程度评价指标中提取出特征值大于 1 的 3 个主因子，其累计方差贡献率为 83.48%（见表 4-6）；并采用最大方差法进行因子旋转形成成分矩阵。如表 4-7 所示，主因子 1 对 $X1$、$X2$、$X7$、$X9$，主因子 2 对 $X3$、$X4$、$X6$、$X10$，以及主因子 3 对 $X5$、$X8$、$X11$、$X12$ 的载荷值最高，可分别反映相应指标的绝大部分信息。根据实用主义体验观，游憩体验分个体在环境中主动体

验、环境使个体被动经历两种，其强调人与环境的互动（樊友猛等，2017）。上述主因子1、主因子2分别隐含突出的主体主动体验和被动经历特征，分别对应访客"接触与了解生态环境"及"享受生态环境与设施带来的舒适与放松"之体验意愿实现情况。但根据建构主义理论（马天等，2015），除访客自身与环境互动可使其体验意愿得以实现外，其他关联拓展性因素也会对其体验意愿的实现产生作用，例如，相关管理、经营部门在环境中植入及展现的功能要素、提供的管理服务就有助于访客"体验休闲项目、旅游设施体验、旅游费用支出"等方面意愿的实现，上述主因子3主要体现这些关联拓展性因素在访客实现其体验意愿方面的作用。根据主因子1、主因子2、主因子3所载荷主要信息，可将其分别命名为主体"接触与了解、沉浸与享受、拓展与丰获"维度的体验意愿实现程度，分别用 $F1$、$F2$、$F3$ 表示，本研究以之为衡量主体在研究区实现其生态游憩体验意愿的核心维度。

表 4 – 6 主因子提取结果

成分	初始特征值			旋转载荷平方和		
	总计	方差百分比（%）	累计百分比（%）	总计	方差百分比（%）	累计百分比（%）
1	4.512	37.599	37.599	3.437	28.643	28.643
2	3.431	28.596	66.195	3.327	27.721	56.364
3	2.074	17.282	83.477	3.254	27.113	83.477
4	0.438	3.650	87.127			
5	0.389	3.238	90.365			
6	0.290	2.419	92.784			

表 4 – 7 旋转后的成分载荷

指标	成分载荷		
	$F1$	$F2$	$F3$
$X1$	**0.958**	− 0.004	0.015
$X2$	**0.942**	0.013	0.006

续表

指标	成分载荷		
	*F*1	*F*2	*F*3
*X*3	0.000	**0.924**	0.210
*X*4	0.006	**0.827**	0.066
*X*5	0.076	0.216	**0.914**
*X*6	−0.011	**0.916**	0.215
*X*7	**0.878**	0.016	0.024
*X*8	0.025	0.141	**0.889**
*X*9	**0.923**	−0.013	−0.003
*X*10	0.016	**0.910**	0.191
*X*11	−0.039	0.095	**0.825**
*X*12	−0.009	0.215	**0.903**

（2）主体游憩中不同维度体验意愿实现程度对其游中所获幸福感的影响。OLS 回归结果表明（见表 4 - 8），研究区被调查者"接触与了解、沉浸与享受、拓展与丰获"方面体验意愿实现程度变化可分别解释其游中所获得快乐、实现幸福感变化的 59.70%、56.40% 左右；主体在研究区更具主动倾向地接触与了解意愿实现程度（*F*1）对其游中幸福感的贡献最突出，其次是主体更具被动特征的沉浸与享受体验意愿实现程度（*F*2）的贡献，而主体其他拓展与丰获方面体验意愿实现程度（*F*3）对其游中幸福感的建构效应则较弱。与此相应，以提升访客游中幸福感为目的，国家公园满足访客游憩体验意愿的优先次序应依次为：接触与了解、沉浸与享受，以及拓展与丰获意愿。国家公园生态环境既是满足访客接触与了解意愿的主要依托条件，也为访客沉浸与享受体验意愿的满足提供基本环境，是到访者游中幸福感的最重要来源，需对之进行充分展现和价值维护。

表 4 - 8　　　访客各维度体验意愿实现程度对其游憩中幸福感的总体影响

解释变量	被解释变量 H				被解释变量 E			
	系数	标准误	T 值	R² 值	系数	标准误	T 值	R² 值
常数	3.773	0.090	42.087 ***		4.948	0.093	53.491 ***	
F1	1.661	0.101	16.481 ***	0.597	1.487	0.096	15.415 ***	0.564
F2	1.261	0.099	12.672 ***		1.303	0.088	14.806 ***	
F3	0.952	0.091	10.411 ***		0.989	0.085	11.652 ***	

注：*** 表示 p < 0.001。

4.3.2.2　主体体验意愿实现水平影响其游中所获幸福感的影响变化分异

分位数回归结果显示（见图 4 - 3），当被调查者在研究区游憩中所获得的快乐、实现幸福感均较低时，F1、F2、F3 对其快乐幸福感的正影响程度更高；但当其所获得的快乐、实现幸福感均较高时，F1、F2、F3 对其实现幸福感的正影响程度更高。这体现了研究区访客在其游憩中幸福感的形成及提升过程中，首先侧重于获得快乐幸福感，然后更侧重获得实现幸福感的特征。而目前研究区快乐及实现感双低型主体占比尚较多（为 42.70%），且快乐幸福感较低的主体占比很大（为 59.55%）。因此，需在研究区访客体验意愿实现中重视对影响其快乐幸福感的负面因素的消除。在被调查者所获得的快乐、实现幸福感提升过程中，F1、F2、F3 对其快乐、实现幸福感的边际贡献水平分别总体呈下降、上升趋势；且当访客所获得的快乐、实现幸福感达到较高水平时，F1、F2、F3 对其快乐幸福感边际贡献下降速度明显更快（见图 4 - 3）。说明对于上述快乐及实现幸福感双高型主体，其游中实现幸福感进一步提升余地更大，需在其体验意愿实现中侧重于为其实现幸福感提升积极创造条件。如上文所述，访客游憩中具有首先侧重获得快乐幸福感，然后更侧重获得实现幸福感的特征，应据此在访客后段游程中设置更多有助于其获得实现幸福感的体验内容。在主体游憩中所获得的快乐、实现幸福感由很低到较高上升过程中，其上述 3 个维度体验意愿实现程度对其所获得幸福感的正影响存在一定爆发效应。如上文，研究区访客中快乐幸福感偏低者，以及快乐及实现感双低型主体占比偏多，从上述 3 个维度进一步提升其游憩体验意愿实现水平，可实现研究区访客游憩中幸福感提升的这种爆发效应。

　　在被调查者游憩中快乐及实现幸福感提升过程中，上述模型中常数项的边际贡献呈由很低到很高的快速增长态势（见图 4 – 3），反映出在主体游憩中所获得幸福感由低到高变化过程中，常数项所代表的其他因素所起作用越来越

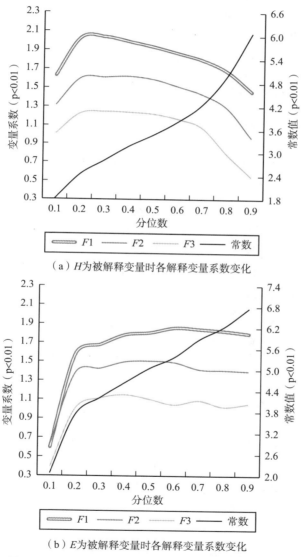

（a）H 为被解释变量时各解释变量系数变化

（b）E 为被解释变量时各解释变量系数变化

图 4 – 3　分位数回归中不同分位点上的解释变量系数

重要。根据相关研究，影响访客幸福感的其他因素包括其旅游目的（Ahn et al.，2019）、心念集中度（Wolsko et al.，2013）、个人品位（Badhwar，2014）、仁慈和博爱心（Alatartseva et al.，2015）等。这说明，若要将主体游憩中幸福感提升至很高水平，必须在实现主体上述 3 个维度体验意愿之外，发挥其他因素的作用，例如，通过发挥标识标牌的心理提示及暗示作用来提升主体游憩中的心念集中度，增强主体对自然的情感，使其形成更合理的幸福观等。

4.3.2.3　主体体验意愿实现水平影响其游中所获幸福感的主体类型分异

（1）快乐与实现感双高型主体的 $F1$ 得分值与其 H 及 E 值之间的相关系数分别为 0.38、0.36（p 值均 < 0.01），$F2$ 得分值的相应相关系数分别为 0.44、0.26（p 值均 < 0.01），而其 $F3$ 得分值与其 H、E 之间的相关性不明显。这反映出该类主体在实现其体验意愿中与研究区生态环境的互动（主动性接触与了解、被动性沉浸与享受）较充分，相应互动使其在游憩中产生了较高的幸福感，而研究区其他关联拓展性体验内容对其游憩中幸福感的贡献不突出。这也说明，若访客在实现其体验意愿过程中能充分接触与了解国家公园生态环境，且较好地沉浸并享受于其中，则可获得较高的快乐及实现幸福感。因此，创造条件让访客充分接触、感受国家公园生态环境具有重要意义。例如，钱江源国家公园内还分布着大片人工林，需通过间伐开天窗抚育、植物种源引入，促进人工林尽快向天然林转变，以进一步提升园内环境自然感，激发访客对园内自然环境更强烈的接触与了解，及在其中沉浸与享受的体验意愿。

（2）快乐与实现感双低型主体的 $F1$、$F2$、$F3$ 得分均值分别为 − 0.57、− 0.46、− 0.33（见图 4 − 2），$F3$ 得分最高，且其拓展与丰获方面的体验意愿强度均值也最高，为 5.78（其接触与了解、沉浸与享受方面的体验意愿强度均值分别为 5.09、5.33）。这再次反映出该类主体在研究区游憩体验中的主动性不够，与研究区生态环境的互动不足，未充分接触与感受研究区优质生态环境与景观使该类主体失去在研究区游憩中幸福感的最主要来源，致其游中幸福感水平很低。在上述 4 类主体中，该类主体在研究区访客中占比最多（为 42.70%）。因此，有必要采取相关措施增强访客在研究区探索自然的兴趣及与生态环境互动的主动性，以及其充分接触及感受自然的主观意愿。

一方面，加大对隐藏在山谷深处的自然壮观景象的展现力度，例如，森林公园内的三叠瀑等具有突出审美价值，但其隐藏在山林深处，访客需经较长时间山地徒步方能对其观赏和近距离感受，而许多第一次到访者都不了解山林深处藏着如此多的美景，不愿耗费体力往山谷深处徒步，而在公园入口区等位置也缺乏对这些景观的展现，使许多访客并未形成经深度游憩而充分了解公园魅力的愿望。另一方面，适当设置一些平缓的森林浴步道，野生动植物探查步道，以为许多不愿或体力条件不允许进行山地徒步的访客创造更多亲密接触自然的条件。

（3）快乐感滞后型主体游憩中所获得的实现幸福感比快乐幸福感多许多（是后者的 2.31 倍），印证了部分主体快乐与实现感存在明显分异的观点（Huta et al.，2010）。该类主体的 $F2$（沉浸与享受意愿实现水平）得分均值也高出 $F1$（接触与了解意愿实现水平）许多（见图 4 -2），其游憩中沉浸与享受维度体验意愿的实现程度较高，而接触与了解维度体验意愿实现程度明显偏低，这既使其游憩中获得的快乐幸福感偏低（见图 4 -2），又使其实现幸福感评价均值比 S1 型主体低 1.72，并未达到很高水平。调查结果显示，该类主体对实现沉浸与享受体验意愿的侧重削弱了其对研究区的广泛接触与了解（其 $F1$、$F2$ 得分值相关系数为 -0.638，p 值 <0.01）。在清溪畔、飞瀑旁、密林中的沉浸与享受感可使主体感受到生命的价值与意义，但相应主体对研究区接触与了解不充分使其感受到的情绪正向刺激物有限，而个体游憩中所感受到的情绪正向刺激物越多，其积极情绪强度及处于积极情绪状态的时间占比就越大，所获得的快乐幸福感也就越多。虽然该类主体也有较强的接触与了解体验意愿（其接触与了解、沉浸与享受意愿强度值非常接近，分别为 6.10、6.19），但由于其实际体验中对沉浸与享受体验内容更为敏感，再加上该类主体在研究区的停留时间偏少（快乐与实现感双高型及双低型、快乐感滞后型、实现感滞后型主体在研究区的停留时长系数分别为 3.13、2.07、2.27、2.59），使其对研究区各种体验内容的接触与了解不充分，进而使其情绪所受到的正向刺激不够。目前，研究区未向访客呈现哪些是园内有接触与了解价值的体验内容，哪些地点的自然沉浸感较好。运营者应通过标识系统告诉访客在园内进行充分体验所需花费的最佳时间，以及针对 2 小时游、3 小时游、半日游的建议性到访游憩点；另外，告知访客园内哪些地点是最受访客欢迎的打卡点，以及在哪些地方可以更加充分地感受自然生态，

以使访客在实现其游憩体验意愿过程中做出更合理的安排。

（4）实现感滞后型主体具有明显快乐倾向，其 $F1$ 值与 H 值之间存在正相关（相关系数为 0.47，p 值 <0.05），而与其 E 值之间无明显相关性。快乐倾向使该类主体在实现其体验意愿中未注重从接触与了解、沉浸与享受体验中获得较多实现感，但如上文，实现幸福感是国家公园为访客带来的主要幸福感。访客中该类主体占比不多，但仍代表着 1 类个体。因此，有必要向访客阐释国家公园游憩为参与者所带来的实现意义，以文字、图片、语音等形式宣扬国家公园游憩的"实现主义"理念，以对访客的游憩体验行为产生引导作用。另外，该类主体年均出游较多，相应评价均值为 2.96（其他 3 类主体的相应评价均值平均为 2.09），相对丰富的旅游阅历可能使其较难从一般生态旅游中获得新的实现感。因此，也有必要从研究区游憩体验内容中不断挖掘、诠释新的旅游价值与意义（例如，拜访年度生态保护模范人物，了解国家公园最新科研成果及生态保护的最新成就等），以提升相应主体游憩中的实现幸福感。

4.3.3 对增加国家公园访客游憩中实际收获的启示

幸福感是在主客体相互作用下形成的主体感受（高惠珠，2019），生态游憩中访客所获得的幸福感也是在主体体验与客体条件相互结合中产生的（Schramme et al.，2017；Alatartseva et al.，2015）。根据上文，为充分实现研究区访客在生态游憩中获得的幸福感，需根据主体体验意愿及研究区客体因素特征，使主客体互相契合，即实行"互相进行特征参照的主客体契合模式"（见图 4-4）。这既需根据客体特征对主体体验意愿进行引导调适，又需根据主体意愿特征对客体因素进行优化利用和配置。

4.3.3.1 使主体意愿契合客体特征来提升其游憩中获得的幸福感

（1）体验内容契合。除使访客在游憩中获得快乐感外，研究区更具使访客获得实现感的客体优势，例如，实现知识增长、感受生活美好与意义、展现纯真自我等。且在将访客游憩中所获得幸福感提升至较高水平时，其实现感的贡献及提升余地更大。但研究区约 48.76% 的被调查者追求实现感的意愿偏弱，获得的实现感很低。研究区可从如下方面对访客体验意愿进行引导

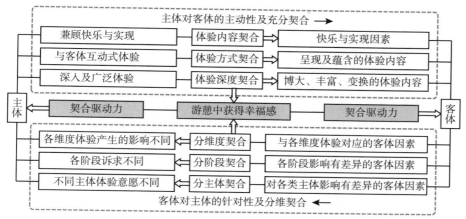

图 4 - 4　互相进行特征参照的主客体契合模式

和拓展，诱发其实现动机，使主体游憩体验意愿与研究区客体价值优势相契合。第一，鉴于许多访客未对研究区的价值特征形成充分认知，可在入口区以电子沙盘、立体模型、逼真影像等更具呈现力的方式展示其生态游憩客体优势及多元价值，以真人图片及影像方式进行森林浴、江源探访、生态考察等游憩体验示范，使研究区最有助于主体产生幸福感的内容成为访客重点体验对象。第二，在游中设置游客自助打印"钱江源第 X 位到访者""地球同纬度珍稀生态系统保护见证者"纪念卡的服务点，使访客对此次到访形成象征、纪念及荣誉等方面意义感知。第三，优质生态环境是研究区访客快乐及实现幸福感最重要和充分的来源，但存在访客被其他娱乐性客体内容（如水上娱乐）所吸引而未能充分感受研究区生态环境的现象，可通过旅游 App 向导提示及引导主体科学安排体验内容。

（2）体验方式契合。本研究发现，研究区主体游憩中所获得的幸福感主要在其与客体互动（主动体验及被动经历）中形成，而体验主动性不够是造成访客游憩中幸福感偏低的重要原因。相关研究也认为，生态游憩体验应强调人与环境的互动（樊友猛等，2017），且增强这种互动中主体主动性对其游憩中获得更多幸福感十分重要（Rahmani et al.，2018）。研究区优质生态景观及环境需访客经一定徒步后方可欣赏和感受，其相关生态知识、许多珍稀生物需访客在主动探索中发现。如上文分析所得结论，增强主体体验意愿是提升其体验主动性的有效途径，这与降低主体意愿以提升其意愿被满足程度的相关研究结论（Islam et al.，2009）并不一致。因此，需通过一些意愿激发和强化措施，使访客形成以主动探索为主的主客体互动体验方式。但目前研究区大部分访客或只能走完整个游程的1/3左右，或只走马观花式地快游一圈，与园内客体的互动不足。鉴于此，有必要植入一些可同自然互动的趣味性体验方式，例如，设探测点让访客尝试进行负氧离子、植物精气、树木年龄的探测，与珍稀野生动植物分布相结合设亲生态网红打卡点等，增加访客对研究区自然价值的认同及探察主动性，使其从客体中寻获更多快乐与实现因素；增设相对平缓、更易于徒步的森林小道，促进部分怕走陡峭步道者的亲生态意愿向现实动机转化。另外，深生态主义坚持非人类中心立场（王俊杰，2015），研究区也有必要设置相关解说及提示介质，通过对自然价值的揭示与展现引导访客在体验中形成这种深生态体验立场，减少其以自我为中心所诱发消极情绪对其游中幸福感的负影响。

（3）体验深度契合。研究区的体量大、内容多、变换丰富，而访客游憩中所获得的幸福感与其体验感受广泛性明显正相关。但由于当前公园各区块之间的交通联系度不够，使大部分访客只到访其中1个或少数几个区块，使其游憩体验并不够深入和广泛。因此，有必要提升各区块间的交通便捷度，以激发访客通过串游实现深入体验的意愿。同时，研究区各时段、各休憩节点的体验特色未被凸显，访客有明显的体验同质感，对其深度体验意愿形成负影响。研究区可进一步开展清晨观鸟、午间亲水、傍晚看霞、夜间观星赏月等有时段差异的体验项目，以及突出神龙飞瀑看彩虹、莲花塘感受原生态、源头赏甘泉、涵煦亭森林深呼吸等不同地点的体验特色，以使游客拓展体验意愿，诱发其进行深度与广度体验的动机。另外，研究区在使访客产生实现幸福感方面更具优势。虽然自然风景观光可以使游客实现心态的平静（Akhoundogli et al.，2021）、同自然界的联系（Pritchard et al.，2020），使新冠疫情期间受封闭管理者在解封后实现心理恢复和精神状态提升（Bhalla et al.，2021）等，进而使相关主体获得一定实现幸福感。但与浅层观光旅游相比，有意义、有深度的自然生态体验更有助于使主体形成实现幸福感（Cai et al.，2020），深入接触与感受自然使个体游憩中所获得的实现幸福感更多（Ryff，1989）。因此，钱江源国家公园不应只停留在浅层次的观光旅游，而应设置由亲水步道、休憩平台、穿行于巨石中的自然步道等构成的慢行系统，以及设置更多耐人寻味的自然生态解说牌、具有不同体验内容（如亲近瀑布、亲近密林、亲近江源等）的多个亲生态体验点、观鸟点、珍稀树木花草欣赏点等，形成访客的深度游激发体系，以引导访客进一步形成对自然生态进行充分接触和了解的意愿。

4.3.3.2 使客体因素契合主体特征来提升其游憩中获得的幸福感

（1）分维度契合。首先，由于对访客游中所获得幸福感贡献程度由高到低依次为其接触与了解、沉浸与享受、拓展与丰获这几个维度体验意愿的实现程度，因此有必要增加访客在研究区对自然生态的接触面，以为其接触、沉浸于自然之体验意愿的实现创造更好的客体条件。例如，改变在公园内集中设面积较大休憩点（如探源亭等）的做法，转为在不同地点设若干处面积较小的休憩点（不增加总面积）；在禅庐附近等有条件的地点将一条较宽的步道分为两条相互之间有生态屏障的窄步道；在经轩附近的主游道旁适当拓展出弯曲的辅道等。其次，本研究的结果显示生态环境是研究区访客游憩中所获得幸福感的最主要来源。相关研究也认为，人的幸福与作为客体的自然生态状况密不可分（王大尚等，2013），主体同生态环境的亲近（Venhoeven et al.，2013）、对生态知识的了解（Cai et al.，2020）会增加其幸福感。因此，自然生态的维护和呈现是国家公园满足访客体验诉求，为其创造更多幸福感的主要途径；在配置使访客实现其拓展与丰富维度体验意愿的客体内容时，应有节制地植入人为因素，以减少生态干扰。最后，不同主体各维度体验诉求存在差异，例如，义工旅游者（Zahra et al.，2007）、背包客（Noy et al.，2004）获取实现感的倾向突出，而生态旅游区中过多的快乐因素并不利于其实现幸福感的形成，甚至有些游客会通过不愉悦的体验来获得实现幸福感（Cai et al.，2020；Kashdan et al.，2013）。因此，有必要根据研究区客体内容的主要体验功能差异，通过导览图对重点游赏型（如三叠瀑）、科普型（如莲花塘）、休憩型（如涵煦亭）等体验客体进行分类呈现，在导览图、节点指示及解说牌上标示相应客体的游赏（或科普、休憩）适宜性级别，以引导主体做出契合其意愿的体验选择，以促进其游憩中相应幸福感的形成。

（2）分阶段契合。基于主体体验意愿实现程度对其游中幸福感影响的变化，以及当前在研究区游憩中所获得幸福感总体偏低的个体占比较多的特征，当前阶段研究区应更加重视客体中快乐因素的配置和呈现，以及对访客快乐感有负影响的客体因素的消除。例如，针对许多访客由于长时间山地徒步较耗费体力而不愿深度游，以及认为当前游憩中体验较单调的问题，可在公园入口区附近平缓步道、滨水游道沿线增设亲水、赏花、观苔、寻鸟、甩蜜、鉴草药体验的客体条件，以便于大部分访客获得更多积极体验。针对访客首先侧重满足其快乐诉求，然后逐渐侧重追求实现感的特征，可将钱江源国家公园内游程较短、游道较平，更益于游客快乐感形成的大峡谷、隐龙谷作为其首游区，而将游道较长、较陡，适宜进行深度体验，实现性因素更突出的森林公园作为其整个游程的第二阶段体验区；且在访客游程后段，需突出对有教育意义的植物辨识点、有挑战性的溪涧跨越处、有留念意义的游憩感触留言屏等实现要素的配置。在将主体游憩中所获幸福感提升至很高水平时，还需发挥具有深生态价值观教育、心理引导、自然情感渲染等作用的视频、文字材料、解说词等客体因素的作用。

（3）分主体契合。上文分析表明，各类主体在研究区的游憩体验意愿及意愿实现状况不同，有必要根据不同主体的特征来针对性配置游憩体验客体条件和内容。例如，研究区占比偏多的快乐及实现感双低型访客的体验主动性及亲生态倾向偏弱，可通过以下方式创造客体条件，使相应访客更便于从接触和感受自然中获得更多幸福感：缩短住宿点与原生态区的距离、设置相对平缓的更易于徒步的山林小环线游道、在生态沉浸感较好的外山古村设置民宿、在后山湾住宿点旁边生态体验感很强的西里溪沿线设亲水步道等。再如，针对倾向于追求快乐的实现感滞后型主体，为充分发挥研究区向访客创造实现感的客体优势，可加大配置快乐与实现要素共生性突出的客体内容，例如，设置可分别兼顾快乐与增知、快乐与自我展现、快乐与促进健康的夜间观星点、网红摆拍点、森林浴体验区等。

| 第 5 章 |

研究区公益化运营模式实现中
实际问题应对

5.1 基于公众意愿的国家公园
资源管理方面问题应对

5.1.1 基于公众意愿的资源各类公共
服务功能实现

如前文所述，笔者就公众对国家公园各项公
共服务价值的认可程度、需求程度进行了调查，
总体调查结果如图 5-1 所示。被调查者对各项公
共服务价值认可程度可反映出在公众认知层面，
相应价值的重要程度；而其对各项价值的需求程
度则可反映出公众对相应价值的现实需求。笔者
从该调查结果中，总结出以下基于公众意愿实现
国家公园资源价值的相关建议。

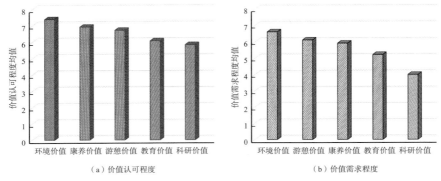

（a）价值认可程度　　　　　　　　（b）价值需求程度

图5-1　公众对国家公园各项公共服务价值的认可和需求程度

5.1.1.1　固本前提下实现各项价值的正向协同

国家公园比较理想的价值实现模式是"实现各项价值之间的正向协同"。毫无疑问，在国家公园生态资源的各项公共服务价值中，环境价值是最根本的价值。国家公园的建设运营需固守这一根本。但保护地的运营实践显示，生态资源其他价值的实现可能会对其环境价值造成挑战，例如，张家界的游憩开发利用就曾严重威胁到环境保护，受到了联合国教科文组织的黄牌警告。而实践也证明，国家公园各项公共服务价值之间的正向协同是可以实现的。例如，钱江源国家公园利用园内村落开展游憩接待，带动了红花茶油作为旅游商品的销售，扩大了红花油茶的种植面积，而种植红花油茶的地方可为白颈长尾雉提供栖息地，使园内的白颈长尾雉数量有了明显增加；再如，长虹乡桃源村等村落正在进行传统生产转型，将生态旅游作为重要发展方向，并致力于用约210万平方米荒地造林，这也必然会提升国家公园的环境功能。

为了实现各项价值之间的正向协同，一是需进行价值协同深入研究，二是需进行价值协同科学设计，三是需在价值选择方面实行抓大放小。首先，是价值协同的深入研究。国家公园为生物多样性保护、人地关系协调提供了很好的研究案例地，需深入研究开展怎样的游憩、康养服务会对国家公园生态保护产生正向作用，而非负向影响。如上文提到，扩大红花茶油旅游商品的农业生产与销售，有利于研究区的物种保护；再如，利用生态环境好的乡村聚落开展康养接待，并利用乡村农田，采用自然生长的方式生产药材，以之作为康养服务的辅助物资，则即可避免农田中农药化肥的使用，实现环境保护，同时也可形成康养服务的原生态品牌，达到一举双赢。但目前，研究区尚未开展与价值协同相关的研究，本研究呼吁国家公园及相关研究人员在此方面积极进行探索。其次，是价值协同的科学设计。在深入研究的基础上，设计有助于各项价值协同的价值实现方案，形成各种价值互相促进的价值链。例如，利用传统区内的荒地栽植具有较强健康保健价值的林木，在开展健康养生服务的同时，将健康知识传递也作为实现教育价值的一部分，利用承载康养功能的空间开展健康教育，阐释环境健康与人类自身健康之间的关系，并同时开展植物精气健康养生功能的监测研究，以及开展健康林观光活动，则可实现环境、游憩、康养、科研、教育这五大功能之间的协同。为了使国家公园更好地造福于民，相应管理机构应将国家公园复合价值实现情况作为衡量其建设运营水平的重要依据。最后，是抓大放小。当国家公园不同价值之间确实难以实现协同时，可依据全民利益优先原则，优先实现国家公园更加关乎全民利益的价值，如环境服务价值；当无法依据全民利益优先原则来确定各种价值实现的优先次序时（如较难依据该原则来确定科研和教育价值的优先性），则可根据对国家公园各项价值的评价结果，优先实现在国家公园服务价值体系中占比更高的价值。从这个角度而言，对国家公园各项服务功能进行科学的价值评价是十分有意义的。现实中存在的局部利益影响全民利益、因追求较小利益而损害更大利益的现象，是未很好实现价值协同的负面案例，从众多负面案例中也可梳理出国家公园价值利用方式的负面清单，可为日后的国家公园建设运营提供借鉴，国家公园管理部门有必要开展此项工作。

5.1.1.2　趋势预判下应对公众价值需求的变化

国家公园内的自然生态资源对人类具有遗产性意义，其既属于当代社会，也属于未来人类，需考虑未来社会对遗产价值的需求。目前存在公众普遍对国家公园各项价值认可程度高于需求程度的现象，个体的价值认可程度主要体现其对相应价值社会重要性的判断，而价值需求程度主要反映个体自身对相应价值的需求。另外，也存在公众对国家公园康养价值的认可程度高于游憩价值，但对前者的需求程度低于后者的现象（见图 5 - 1）。若公众普遍认为某项价值更重要，则预示着社会对于该项价值有着更突出的潜在需求。但由于受现实条件影响，其相应潜在需求可能尚未完全转化为现实需求，例如，公众认为国家公园的健康养生功能更重要，但现实中国家公园所提供的康体养生条件还相对滞后，也影响了公众对健康养生价值诉求的现实性表达。但这也反映出，与生态游憩需求相比，健康养生需求可能在日后会成为公众对国家公园更为突出的价值诉求。这也是在研究中调查公众对国家公园各项价值认可程度的意义之所在。

这对于国家公园各项公共服务价值的实现有如下启示。第一，在国家公园建设运营中预先谋划，分析公众价值需求的发展演变趋势，为未来国家公园各项公共服务价值的更好实现做准备。现实中，在保护前提下开展生态旅游是保护地建设运营的常规套路之一，而并未突出其康养、教育、科研服务价值的实现。而国家公园的功能优势不只体现在生态游憩方面，还体现在其优质生态环境的康养功能、具有代表性和典型性的生态系统科研功能、可充分展现生态文明的环境教育功能等方面。而且，与游憩需求相比，公众康养、教育、科研方面需求的刚性更突出，即在一定条件下，公众可能会放弃休闲，但不容易放弃健康及让青少年接受教育。随着游憩活动的日益普及与常态化，公众在康养、教育、科研方面的诉求会日益突出。因此，国家公园也需在这些方面进行积极谋划，例如，编制康养服务专项规划、为相应价值的实现创造空间和设施条件等。第二，基于不同国家公园的价值优势，分析特定国家公园各项价值与未来社会需求的契合度，为供需高契合度价值的实现积极创造条件。例如，钱江源国家公园的生态景观优势肯定不及其附近的黄山，但由于其生物多样性和生态典型性特征，以及园内村落与传统食材的原生态性，其在康养、教育、科研等方面的价值并不比黄山逊色。因此，后面这几种价值也是钱江源国家公园的优势之所在，且公众在这些方面的价值需求也日益突出，研究区应重视这几类价值的实现，以形成其对于社会的服务功能优势。目前，钱江源国家公园教育、科研服务功能受重视程度已比较高，但其康养价值的实现程度尚偏低，一方面其目前尚未正式提出此方面服务理念，另一方面其尚缺乏此方面的配套条件及资源整合。相应管理机构可从康养理念传递、康养服务配套、康养资源整合这3个方面着手来提升研究区康养服务价值的实现水平。例如，可以依托园内的山野菜、绿色食材、中草药资源，结合森林养生，提出"饮食＋森林"的康养服务理念，在乡村配套设置健身步道，整合林、水、食、居等养生资源，形成具有研究区优势的康养服务功能。

5.1.1.3 公益目标下实现国家公园的各项价值

国家公园遵循公益化原则，需以公益化方式向社会提供各项服务功能。其公益功能的实现需社会公共投资提供保障。从国内外国家公园的实际运营情况来看，政府和社会公益化投入的不足常常影响其公益价值的实现，使许多国家公园的运营维持过于依赖游憩服务，弱化了对其环境、教育、科研等其他价值的充分体现，在一定程度上背离了国家公园的公益目标，使其社会公共效益更突出的一些价值未得到充分实现。虽然国家公园的环境、游憩、康养、科研、教育等价值均具有公益特性，但从受益人群多少、社会综合影响的角度来衡量，各种价值的社会公益作用又有所不同。例如，其环境价值的正外部性最大，受益面最广，因而其社会公益性也最为突出。公众对国家公园教育、科研价值的需求虽略偏低（见图 5-1），但其这两项价值的社会意义同样突出，甚至更高。其科研价值的实现有助于寻找生态保护、气候变化应对、珍稀物种繁育等方面的有效办法，产出对社会其他方面有益的科研成果，提升社会科学研究的总体水平；其环境教育功能有助于整个社会的生态文明建设，也事关青少年科研兴趣的培育，自然知识的积累及综合素质的强化。因此，国家公园的科研及教育价值的社会影响面更广、更长远，因而各相关主体也更需要对相应价值的实现予以保障。

在国家公园运营中，需分以下两种情况，在公益目标下实现其各项公共服务价值。第一，在政府公共投入及社会各种公益性投入较充分的情况下，国家公园针对其各项价值实现的投入分配可以公众对各项价值的认可和需求程度为依据，以使其价值实现状况契合社会需求。但现实中，国家公园常常面临投入不足，或阶段性投入不足的问题，因此需按照以下情形进行所投入经费的使用。第二，在公共投入相对不足的情况下，政府及社会公益性投入应尽可能向其环境、科研、教育价值的实现方面倾斜，以保障社会公众在这些方面的受益基础，降低公众在科研、教育方面受益的门槛，或国家公园在科研、教育服务方面进行投入后，完全以公益化方式向社会提供这两种服务，以通过有限投入来尽可能保障社会更多人、更长远的利益。其中，生态环境事关社会公众的基本生存条件，社会公众在此方面的需求也最为强烈（见图 5-1），在公共投入相对有限的条件下，政府尤其需用公共投入中的更多部分来对公众的环境价值诉求予以保障。在资金有限，以及国家公园游憩、康养服务需相关机构介入以提升相应服务专业化水平的情形下，其可通过特许经营的方式来实现其面向社会的游憩、康养价值。

5.1.2 资源各类功能实现中的问题应对及统筹优化

5.1.2.1 资源公共服务功能实现中的 3 个重要条件

与钱江源国家公园"环境、游憩、康养、科研、教育"这几项公共服务功能相对应，将公园内的公共服务资源分为"环境、游憩、康养、科研、教育服务资源"。资源各类公共服务功能的实现会涉及"本底资源、配套条件、补充条件"这 3 个方面。第一，本底资源，是指当地固有的原真性自然及人文资源。本底资源是国家公园最为关键的资源基础，也是国家公园赖以存在的前提，在全国具有代表性和典型性，是国家公园各种公共服务价值的基本载体。钱江源国家公园的本底资源包括亚热带常绿阔叶林、相关珍稀野生动物、当地传统人文生态等。第二，配套条件，是指为实现国家公园本底资源价值，公园建设运营者设置的各种支撑条件。例如，研究区内神龙飞瀑旁用于观瀑的绿云梯、负氧离子富集区中为让访客充分感受生态环境而设置的涵煦亭、为引导访客合理游憩而设置的导览牌等。在公众使用相关本底资源过程中，一些支撑条件不可或缺，资源相应功能的实现也离不开这些要素，在访客认知中，这些要素也已与相应资源紧密地融为一体。第三，补充条件，是指为了进一步提升国家公园本底资源的相应公共服务价值，国家公园建设运营者补充植入的相应条件。例如，研究区内为展示当地传统的清水鱼文化而在田畈村设置的中国清水鱼博物馆、为进行天文科普教育而在高田坑设置的天文科普馆、为增添林地徒步趣味性所设置的百姓云梯、为丰富景观而在溪边设置的木水车、为展示地方生产习俗而放置的蜂桶、为营造田园意境而在油菜花田中设置的稻草人等。这些补充条件也在钱江源国家公园内发挥着教育、科研、游憩等服务功能，是对本底资源在功能方面的进一步强化和补充。

（1）本底资源是国家公园各公共服务功能实现的必要前提。国家公园的本底资源以其所在地的原生态环境为核心内容，是人类的遗产性资源，公众在"获取生态环境服务、接触与了解自然生态、在优质生态环境中康体养生、深入探究生态系统和生物多样性、接受生态知识科普教育"等方面意愿的实现，均需以相应本底资源为基础。环境价值是社会公众对国家公园本底资源的主要价值诉求，但其同时也向社会公众提供游憩、康养、科研、教育等公共服务。其是国家公园实现环境、游憩、康养、科研、教育价值的必要前提条件，在这些功能的实现中发挥着关键作用（见表 5-1）。实现国家公园本底资源环境价值的最佳途径就是对相应资源进行保护，使其不遭受破坏，或使其原生态状况更加优化。国家公园本底资源环境价值具有突出的外部效应，其实现不需要相关配套条件和补充条件。但由于其游憩、康养、科研、教育服务价值的实现需要有一定配套条件和补充条件，而这些条件的设置极易对国家公园本底资源的原生态特征造成一定干扰，进而会对国家公园本底资源环境价值的实现产生负面影响。但游憩、康养、科研、教育服务也是国家公园面向公众的重要服务功能。因此，在本底资源各项服务功能实现过程中，需应对如下两方面问题：一是进行综合统筹，使资源的综合公共服务功能达到最优；二是进行功能衔接，使本底资源的各项功能相融。

表 5-1 　　　　　　国家公园实现其服务功能过程中不同条件的作用

资源及条件	环境服务价值	游憩服务价值	康养服务价值	科研服务价值	教育服务价值
本底资源	必要前提 ☆☆☆☆☆	必要前提 ☆☆☆☆☆	必要前提 ☆☆☆☆☆	必要前提 ☆☆☆☆☆	必要前提 ☆☆☆☆☆
配套条件	非必要	必要支撑功能 ☆☆☆☆	辅助支撑功能 ☆☆	辅助支撑功能 ☆☆	必要支撑功能 ☆☆☆☆
补充条件	非必要	重要增效功能 ☆☆☆	一般增效功能 ☆	一般增效功能 ☆	重要增效功能 ☆

注：☆号数量多代表重要程度高。

（2）配套条件为国家公园一些价值的实现提供必要性和辅助性支撑。第一，国家公园本底资源的环境价值恰恰源于其原生性特征，因而其环境价值的实现不需要配套条件提供相应支撑。第二，但配套条件是国家公园实现其游憩、教育服务功能的必要支撑条件。由于国家公园的大量游憩受益者需与园内资源环境进行接触，如上文所述，访客接触与了解园内资源环境的意愿也最为突出，这就需要为其创造相应接触的保障条件；许多教育受益者或需与园内资源环境接触，或需其他条件（如相关图文、影像资料）提供支撑。第三，对于国家公园康养、科研服务功能的实现而言，配套条件并非为必需条件，例如，康养功能获取者也可居住在当地村舍中接受优质环境的健康促进作用、科研工作者可徒步进入山林进行科研观测。但实际中，国家公园的管理、运营及科研合作机构也常为公园康养、科研服务功能的实现设置一些配套设施，例如，森林浴步道、生物多样性观测站、监测野生动物活动的红外相机等。虽然无这些配套条件，国家公园也能实现一定康养、科研服务功能，但有了这些配套条件之后，相应功能会实现得更为充分、有效，公众的相应意愿也会得到更好的满足。因此，这些配套条件对相应功能的实现而言发挥着辅助支撑功能。第四，为了在这些配套条件的设置过程中，尽可能减少对本底资源的干扰，国家公园的管理运营者需应对如下方面问题：一是尽可能使所植入的配套要素与国家公园的资源环境本底相融；二是尽可能用更少的配套要素来发挥更大的作用。

（3）补充条件为国家公园一些公共服务功能的实现发挥增效作用。第一，原生态环境即国家公园想要维护和展现的最佳环境，其在向社会产生环境价值方面具有无可替代性，因而其环境价值的实现也不需要人为设置补充条件。第二，但在国家公园满足公众游憩体验、接受环境教育意愿方面，人为设置的补充条件会发挥显著增效作用，有时甚至对相应价值的实现有关键意义。例如，当游客从原生态乡土文化中寻找乡愁记忆时，在国家公园内的相关乡村补充设置一些木水车、水磨、老墙画等，可大幅提升乡村的乡愁味道；再如，以虚拟场景形式使接受环境教育者了解生态变迁对人类社会的影响，可很大程度上提升相应环境教育的效果。第三，在国家公园满足公众康体养生、科学研究意愿方面，人为所设置补充条件也会产生一定增效作用，但其一般发挥锦上添花的作用，大多数情况下不是相应康养、科研价值实现的关键因素。例如，设森林养生向导指引相关个体在国家公园内更好地开展森林养生、聘请科研辅导员对园内开展的科研活动进行线上或在场指导。第四，但现实中存在补充条件增效不明显，甚至产生负面效果的现象。例如，研究区在隐龙谷设置的"熊大、熊二"及"望夫龟"等景观烘托物就缺乏环境协调性，让许多人感到有些多此一举；再如，研究区内作为钱江源源头的莲花塘内用水泥做的规则型池塘，不但没产生景观增效作用，反而影响了源头区的原生态感。另外，现实中在设置补充条件时，也存在所补充元素与本底资源相融性不够，干扰空间本底氛围和特色的问题。例如，研究区内九溪龙门区块架设玻璃滑道的柱杆为比较晃眼和突兀的钢质构造，而其完全可采用与环境相融的仿生化设计。因此，在设置补充条件时，需避免"画蛇添足""弄巧成拙"的问题，以及应对所植入补充条件增效作用不明显、对本底资源造成相应干扰的问题。

5.1.2.2　功能实现的统筹优化及相关问题应对

（1）实现本底资源各种服务功能的相融互促，避免其各项功能实现中相互之间产生负影响。国家公园特定公共服务功能的实现需遵循"多头兼顾原则"，通过多头兼顾来实现其各项功能之间的正影响，消除相应负影响。国家公园的多项服务功能之间具有融合共生特征，管理机构可要求相关主体在实施促进价值实现的相关举措时拟订"功能融合衔接方案"，并对其予以审定，从而使国家公园内的各种建设行为从一开始就考虑到功能融合的要求，以从源头解决问题。例如，在设置科研观测样地时就考虑到如何形成科普教育资料、为康养提供相关数据的问题；在进行人工林修复时，记录和保存林地生态演变多维影像资料，为日后设置用于科普教育的林地演化虚拟情景准备素材；在设置消防监测塔时，同时赋予其观鸟的生态游憩功能；在设置科普馆（如天文科普馆）等场馆时，依托地形条件将其屋顶设置成缓丘型草地，或设置成退台式灌木花园并栽植可吸引鸟类的花卉植物，以使其同时兼具一定生态功能等。

（2）在植入配套条件时，以设施生态化为要求，并使相应设施尽可能承载更多功能，以缓解配套条件植入所形成的生态干扰。第一，设施生态化。例如，地势平缓处的步道用卵石铺设，而无须再用水泥浇筑；用木篱代替铁栏杆做护栏；在一些必要设施支撑柱杆上设引鸟巢；室内的一些简短告示直接用小黑板书写；直接以可坐人的石头为访客休憩坐凳；一些标牌直接用绳子悬挂在树木上等。第二，减少一些不必要的配套植入。例如，在许多地方没必要设带屋顶的休憩凉亭，而在树林中散放一些用于休憩的石凳即可，这样既有助于增强访客的自然融入感，又可减少配套植入对生态景观的影响。第三，可使所植入的配套要素发挥更多功能。例如，可利用塑木将游步道铺设成有一定离地间隙的步道，以让小型动物能从步道下穿行，同时也可在步道下形成喜阴的微生态系统，从而在一定程度上产生丰富微生境的作用；直接将一些道路指示标识、提示标识设置在路面上，发挥路面的复合功能，并从总体上减少标识标牌的植入；也可利用休憩坐凳旁的标识牌支杆设可收缩和撑开的小型遮雨篷，以使 1 个配套设施实现多个配套功能等。

（3）国家公园在植入补充条件时，可实行"三论证、三审查"模式，以确保所植入的条件合理、有效。第一，所谓"三论证"是指补充条件的植入者需论证所植入补充条件的"本底协调性、增效显著性、植入必要性"。首先，通过论证，或剔除与国家公园本底资源不相协调的植入内容，或对相应不协调的植入内容做调整改善（如进行仿生化设计），使其与本底资源相协调后再进行植入。其次，论证所植入内容在增效方面的作用是否明显，对于无明显增效作用的内容则不进行植入，或经改造提升其增效作用后再进行植入。例如，与乡土气息浓厚的乡间道路相比，在研究区中国清水鱼博物馆旁的河流边设造价较高的彩色生态步道，并不会对访客游憩体验及接受科普教育的效果产生明显增效作用。因此，该补充条件设置方案应被否定，或提升该补充条件的增效作用后再对其进行植入，例如，将相应道路设置为滨水观鱼游道。最后，还需论证所植入内容的必要性。例如，设置生态化观鸟点对观鸟爱好者的游憩体验有明显增效作用，但目前访客中间真正的观鸟爱好者很少，其他生态旅游区所设置的观鸟点也大部分时间处于闲置状态，因此相应补充条件的植入无此必要。对于经论证无必要植入的补充条件，则不再对其进行植入。第二，所谓"三审查"是指国家公园管理机构需对拟植入的补充条件进行"本底协调性审查、增效显著性审查、植入必要性审查"，对于不能通过审查的待植入补充条件，则拒绝将其植入国家公园，或要求植入者对其调整后再予以审查，审查达标后再将其植入。国家公园宜最大限度保持原生态性，通过上述种种举措，避免国家公园在植入补充条件时，出现"无此必要""画蛇添足""弄巧成拙"等现象的发生。

5.1.3 文化资源价值实现中的问题应对及统筹优化

5.1.3.1 国家公园地方文化的价值

许多国家公园都有自然与人文相得益彰的特征，钱江源国家公园也不例外。由于独特的区位条件，以及当地居民生产生活对原生态自然条件的长期适应，钱江源国家公园当地人文的原生态特征也很明显。国家公园文化元素在"保护促进、游憩体验、社区发展、情感激发、精神塑造、知识传递"等方面具有多元价值。对国家公园，尤其是存在地方社区的国家公园而言，文化的传承和建设也是其重要建设内容。许多观点主张在国家公园进行生态移民，将其变为纯自然生态区域，但根据我国国家公园实际，这在现实中很难被实现。国家公园中不可避免会有一些原住民生存，与之相伴也会有一些传统文化资源，相应文化资源也有上述游憩体验等现代价值。首先，应让这些文化资源发挥造福于民的作用，而不应在忽视中使其逐渐蜕变和消失。其次，文化与人的活动相伴而生，国家公园内开展游憩活动必然会形成与之相伴的文化现象，也需对相应文化进行引导、培育和强化，使之对国家公园的优质和可持续发展产生促进作用。目前，国家公园自然生态价值受到人们的广泛关注，但对根植于相应自然生态及由相关人文活动带入的文化元素作用重视不够。在国家公园建设运营中，也应重视文化的作用，其主要作用体现在如下方面。

（1）保护促进。钱江源国家公园地方原真性文化符合人们对"真、善、美"的普遍性追求，因而容易使访客产生文化认同及对文化所在地的地方认同，而这种地方认同又有助于访客形成对国家公园的生态保护投入意愿。同时，当地的许多文化其本身在生态保护方面就具有重要意义，例如，设置风水林的文化习俗、杀猪禁渔的乡规民约、护林石碑等历史文化遗存（罗旋等，2012）等。这些文化本身也是生态文明的重要组成部分，在生态保护方面具有一定社会动员功能，例如，杀猪禁渔的文化传统就可引起社会大众对当地生态保护的广泛支持和认同。地方居民的文化自豪感，有助于其保护与当地文化息息相关的自然生态；因此很有必要让当地居民参与国家公园建设、保护与管理，以使其更好地形成文化自豪感。另外，基于当地文化所形成的访客体验大多都依托当地既已存在的社区进行，对生态造成的干扰较少，也可减少访客游憩中对自然生态空间的利用，因而更有利于国家公园的生态保护。

（2）游憩体验。对访客而言，钱江源国家公园有地方美食、传统村落、民间习俗等丰富的文化体验内容，这些文化元素也是形成国家公园地方个性的重要内容，可使访客产生强烈的地方感。这些地方特色文化要素的充分展现既有助于深化访客的游憩体验，又可在访客游憩审美中赋予自然山水以文化个性，在访客内心留下较深刻的国家公园游憩形象记忆。另外，文化吸引物在延伸及深化利用、呈现方式扩展方面有一定可塑性，是更容易产生新意的游憩体验内容，可增强访客体验感。

（3）社区发展。在社会文化需求日益凸显的时代背景下，依托研究区地方特色文化发展文化业态，如草编艺术、竹刻艺术，有助于促进地方传统农林业生产方式转型，进而可减轻传统产业对生态的压力，也有助于乡村扶贫。钱江源国家公园还拥有闽浙赣省委机关旧址（库坑村）等红色文化资源，可基于此设计和开发一些红色文创旅游商品，以及红色研学旅游体验基地，使红色资源对地方社区社会经济发展的文化驱动力得以释放。在生态游憩情景下，地方文化元素极容易被转化为旅游吸引物，这既有助于地方文化的保护和传承，又可产生相应社会和经济效益（吴炆佳等，2020），例如，可依托园内的"满山唱、跳马灯"等民俗来塑造面向访客运营的文化演艺项目。

（4）情感激发。钱江源国家公园内的地方人文生态不仅体现着人与自然的和谐（如西坑敬鱼文化），也体现了人与人之间的和谐，游客在游记中普遍提到当地人淳朴、热情、邻里和谐等便是对当地人际生态的写照。这种地方文化氛围可使访客产生"真诚、平和、亲切、热忱"等情感状态，相应情感状态会对其日后与人相处、与社会相处产生一定正向影响。另外，钱江源国家公园内的油菜花梯田、农家菜园、有机稻田等生态田园意象可激起访客的乡愁及乡野情趣，生态古村落可激起人的怀旧感，访客形成的这些情感体验对其具有情绪和心理调节作用。

（5）精神塑造。在钱江源国家公园特定人地关系中形成的尊重自然、爱护自然、顺应自然的精神文化也是现代人类的宝贵财富，在协调当代人地关系方面具有重要的现实意义。国家公园内的文化原真性可使访客产生文化真实感，这种文化真实感可激发访客内心的真实化审美倾向及展现本真自我的诉求，这也有助于社会良好精神文化氛围的塑造。另外，钱江源国家公园内革命遗址所承载的红色革命精神对当代人有励志方面的精神塑造作用。同时，在国家公园建设过程中，在生态保护、科学研究、志愿服务等方面所发生的一系列故事，也可形成新的生态文化内容，其中许多内容在保护、研究自然生态，以及在志愿服务等方面也将对其他社会个体产生精神激励作用，例如，公园内科研工作者的感人故事等。

（6）知识传递。钱江源国家公园所在地的当地居民在长期生产生活中，在野蜂养殖、山野菜辨识、清水鱼养殖、本土植物栽培等方面形成了许多乡土知识，这些蕴含于当地人文活动中的知识同样是人类的宝贵财富，相应人文活动发挥着传承这些知识的作用。一些自然生态知识的传递也可以艺术表演、文化创意、节事活动等形式进行。例如，以艺术表演形式传递公园内的革命历史知识、以卡通动漫形式表现珍稀野生动植物的生活习性、以节事活动（如敬鱼文化节）传递生态保护方面的传统经验等。知识传递有着重要现实意义，例如，向访客传递地方文化所体现的当地价值观念和知识体系，可拓宽访客的审美视野，深化访客的审美认知，使访客获得一定自我成长。

5.1.3.2 国家公园文化价值实现载体及问题应对

（1）实现国家公园文化价值的承载要素分析。

①分析思路。笔者秉持自下而上的研究思路，不根据笔者的判断下结论，而是从到访者对国家公园的描述材料中进行提炼概括，得出结论。扎根理论正好体现了这种研究思想（Järvinen et al.，2020）。因此，笔者采用扎根理论，通过 NVivo 12 软件，围绕"实现文化价值的承载要素"这一主线，对访客描述国家公园的游记材料进行逐级编码来总结研究结论。

②资料获取。笔者在全国 10 个国家公园体制试点区中选择海南热带雨林、湖南南山、普达措、钱江源、武夷山这 5 个国家公园，在马蜂窝、携程、简书、途牛等网站采集其公开发布的字数 500 字以上的相关网络游记。关于这 5 个国家公园的网络游记数量多且所涉及的文化元素丰富，在本研究中具有较好代表性。笔者于 2020 年 10～11 月进行数据收集与分析，并根据理论饱和原则，不断重复进行"资料收集—分析与编码—再次收集资料—完善编码"的研究过程，直至网络游记中不再提供新的编码要素。笔者最终获得 199 篇网络游记，字数共计 187849 字，其中与海南热带雨林、湖南南山、普达措、钱江源、武夷山国家公园相关的游记分别为 41 篇、35 篇、39 篇、36 篇、48 篇。

③分析过程。本研究遵循"先进行开放性编码，然后进行主轴编码，最后进行选择性编码"的分析过程。相应编码方法介绍见本研究第 1 章。第一，开发性编码。本研究按照开放性编码的要求对网络游记原始文本逐句进行分析判断，提取其中与文化元素相关的内容，按完整表意最小单元将所提取内容分解成独立语句，形成现象摘要，然后，进行开放性编码，归纳概念节

点，并将含义相近的概念聚集到同一类属，得到 20 个与文化相关的范畴（见表 5-2），其体现出国家公园相关文化元素的丰富多样性；在这些范畴节点下共形成编码参考点为 1219 个。第二，主轴编码。通过主轴编码，根据本研究的主题，将与文化相关、存在逻辑联系的 20 个范畴聚类为 3 个主范畴，分别为"服务与管理软硬件所承载的文化、访客行为所产生和营造的文化、地方人文生态"（见表 5-3）。第三，选择性编码。本研究所聚类形成的上述 3 个主范畴体现了"实现国家公园文化价值的承载要素"这一主线，本研究以之为核心范畴。

表 5-2　　　　　　以文化价值承载要素为线索的开放性编码示例

范畴	原始资料中编码内容示例	参考点数量（个）
游憩设施	雨林中十分寂静的栈道	109
憩居文化	草屋不但很有民族特色，而且很凉快	38
服务文化	售票员热情地向我们介绍园内好玩的地方	37
景观小品	如此有地方特色的文化墙，让人很震惊	25
文化演艺	印象大红袍（演出）场面宏大、让人震撼	23
制度文化	让人高兴的是钱江源不收门票	19
其他元素	无极（电影）中的场景，让人眼前一亮	36
植入人文场景的休闲娱乐文化	体验挤油尖等文化习俗，挺有意思	111
植入自然场景的休闲娱乐文化	湖边景致，让人心中浮现出一些诗句	99
同时植入自然及人文场景的休闲娱乐文化	景观小品很有寓意、很逼真，也很有趣	58
饮食文化	这里的羊肉不怎么好吃啊	159
聚落民居	古色古香的侗族村寨，幽适而安静	115
生产文化	奶牛悠然地吃草，无视我们的存在	100
人文遗迹	红色文化景区五指山，小时候就知道，今天到此一游	84
生活情景	远处的炊烟，近处马脖上的铃铛，满是诗情画意	56
民风人情	热心、淳朴、平和的大寨村人	52
故事传说	感人的革命事迹、让人不禁回忆历史	38

续表

范畴	原始资料中编码内容示例	参考点数量（个）
传统民俗	这里的婚礼，真是以前从未见过	28
地方特产	山里（武夷山）特产蛮多，笋干很实惠	24
名人文化	这里有家喻户晓的杨家将文化	8

表 5 – 3　　　以文化价值承载要素为线索进行编码所形成的主范畴

核心范畴	主范畴	范畴
国家公园中文化价值承载要素	服务与管理软硬件	游憩设施、憩居文化、服务文化、景观小品、文化演艺、制度文化、其他元素
	访客行为	访客植入人文场景中的文化、访客植入自然场景中的文化、访客同时植入自然及人文场景中的文化
	地方人文生态	饮食文化、聚落民居、生产文化、人文遗迹、生活情景、民风人情、故事传说、传统民俗、地方特产、名人文化、其他元素

　　如上文，围绕"实现国家公园文化价值的承载要素"核心范畴的主范畴则陈述了"国家公园实现其文化价值"的三大载体，国家公园文化资源的文化价值主要是通过这三大载体来实现的（见表 5 –3）。

　　（2）国家公园文化价值实现状况及问题应对。

　　①服务与管理软硬件所承载文化的价值实现。在"服务与管理软硬件"这一文化承载要素主范畴下主要有 251 个编码参考点。编码参考点数量反映相应内容的被提及次数，也可体现出相应文化载体在国家公园文化价值实现方面的重要性。在文化承载要素的 3 个主范畴中，"服务与管理软硬件"的被提及次数最少，也从侧面反映出其在国家公园文化价值实现方面所发挥的作用尚较小。首先，从游记中访客反馈来看，游憩设施、憩居场所、景观小品是目前国家公园内承载文化元素的主要服务硬件。融入游步道等游憩设施中的文化元素极易引起访客的关注和兴趣，例如，钱江源国家公园中的"百姓云梯（在台阶上写上不同姓氏）"让访客感到"很有趣""不会感到累"等。文化特色鲜明的民宿可使访客在较长时段内沉浸于特定文化氛围之中，

但目前国家公园内融入地方文化元素的相应设施尚较少，湖南南山国家公园、海南热带雨林国家公园内的民宿业态尚很滞后。说明需配置相应文化承载物，以从文化魅力方面增强国家公园的品位。其次，有文化特色的旅游服务方式、文化演艺、体现人文关怀的公益旅游制度是目前国家公园实现文化价值的主要服务与管理软件载体，但相应内容的被提及次数仍然偏少（分别为 37 次、23 次、19 次）。其中只有武夷山国家公园开展"印象大红袍"文化演艺；除钱江源国家公园外，其余国家公园开展的公益性制度文化建设很少。说明进一步设置相应文化载体，是充分实现国家公园文化价值的需要。

②访客行为所产生和营造文化的价值实现。在"访客行为"这一文化承载要素主范畴下共有 268 个编码参考点。访客的休闲游憩行为使国家公园形成相应休闲文化现象，使"国家公园徒步、漂流、避暑"等成为相应区域重要的人文活动标签。第一，"访客植入人文、自然场景的休闲娱乐文化"这两个范畴中的编码参考点分别为 111 个、99 个。访客行为与人文场景相结合所形成的文化现象更多，说明国家公园虽以自然生态见长，但人文要素在访客游憩体验中同样具有举足轻重的地位，访客"参观人文遗址、感受民族风情、亲自动手挤奶、做一回游牧人"等兴趣浓厚，会在国家公园内营造出富有特色的文化内容。人文遗产也是国家公园的重要遗产，但国家公园建设运营对其中传统人文场景的保护与利用重视程度不够，使国家公园内的人文遗产濒临退化。因此，国家公园需对其中的自然和人文原生态实施统筹保护，使两种遗产均得以传承，使其文化资源的价值也发挥造福于民的作用。第二，访客的表述体现出其对"原真性及本土化"人文要素的偏爱，以及对"亲自然及返朴型"旅游方式的偏爱。访客的这种行为偏好将在国家公园内营造出"生态型、纯朴型"游憩文化氛围，这也将使国家公园同其他旅游区相区别，形成国家公园的鲜明形象。但当前国家公园尚缺乏对其独特游憩文化氛围的充分认识，也缺乏对相应文化氛围的有意识强化。因此，全国层面的国家公园管理机构有必要面向各国家公园管理者开展培训，使其清晰地认识到这一点，并培育和强化具有国家公园特色的游憩文化，使其发挥影响访客行为、满足访客偏好的作用。

③地方人文生态中文化价值的实现。在"地方人文生态"这一文化承载要素主范畴下共有 664 个编码参考点。这也说明，在国家公园各类文化载体中，地方人文生态所承载的文化元素最为丰富。第一，从该主范畴所涵盖内

容的编码参考点及被提及率来看（见表 5－2、表 5－3），国家公园中与生活结合度高的事物（如地方美食、聚落空间等）是地方人文生态中最为重要的文化承载体，同时也是访客比较关注的对象。这也反映出，"生活化"是促进国家公园文化价值充分实现的一种有效策略。第二，从访客所提及的内容来看，有突出本土特色的内容（如当地口感大不同的酸奶、独特的黎族民居群、古朴宁静的侗寨等）更能引起人们的关注和体验，说明这些内容在展示和传递文化方面也更为有效。第三，但现实中常遇到的问题是国家公园内传统生活区中的一些生活服务内容并未很好地承载地方特色文化元素，同时也存在地方特色文化元素正在日益退化的现象。针对此，应在有地方社区存在的国家公园内专设原生态乡土文化展示和体验区，加大对本土特色文化的挖掘和利用，并将其纳入国家公园分区管理的重要内容。

5.1.3.3　基于各种载体的国家公园文化价值实现

（1）服务与管理软硬件承载下的文化价值实现。根据游记内容，在国家公园服务与管理硬件中所植入的文化元素，可在"游憩体验、情感激发、社区发展"等方面实现文化的价值，相应价值可通过如下途径来实现（见图 5－2）。第一，引起人的文化遐想。例如，"天池、游船，让人想起武侠小说中的场景""留有岁月沧桑痕迹的石板路""桥上展现的八仙文化让人联想到仙人"等。在此情形下，仅需通过文化说明和提示即可实现文化的价值。第二，传

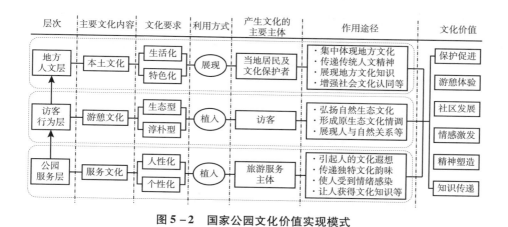

图 5－2　国家公园文化价值实现模式

递独特韵味。例如，"廊亭楼榭、江南风韵""观景台凸显苗族浪漫""有文化韵味的路牌"等，均可使人感受到相应的文化韵味。为实现此方面文化价值，需在相应硬件设施中展现出特定文化符号。第三，吸引访客参与有文化特色的休闲活动，例如，"兵器广场军事文化参与式体验""乘坐可爱的卡通小火车"等可吸引相应受众进行休闲体验。为实现此方面文化价值，需植入相应的特色文化体验活动。

在国家公园服务与管理软件中所植入的文化元素，可在"情感激发、精神塑造、保护促进、知识传递"等方面实现文化的价值，相应价值可通过如下途径来实现。首先，相应文化元素使人受到情绪感染，例如，"艄公的讲解打动了我""热情好客的店家很让人感动""当地民族音乐，很有传承价值"等。在此方面，体现人文精神的真情服务有助于相应功能的实现。其次，使人受到文化陶冶，例如，"欣赏文化演出带来的视觉盛宴""看生动的斗茶（民间茶文化）"。为实现相应文化价值，需设置相应文化审美内容，目前钱江源国家公园内此方面内容尚比较欠缺。最后，让人产生获得感，例如，"茶学课堂，提升自己对茶文化的认识""景区免费，实惠满满"。设置可为游客创造实惠的文化空间是实现此功能的关键。

（2）访客行为承载下的文化价值实现。休闲游憩行为是访客在国家公园的主要行为，其行为所展现和营造出的文化，可引领国家公园内的游憩风尚，营造亲近生态、感受纯真的游憩氛围，相应文化风尚和氛围可在"保护促进、游憩体验、精神塑造"等方面产生价值，相应价值可通过如下途径来实现。第一，弘扬自然生态文化。访客的亲生态游憩行为（例如，游记中被提及最多的"森林徒步、感受原生态、呼吸清新空气、亲近纯净溪瀑、夜间观星、森林避暑、观赏珍稀动物、野营"等）通过游记等形式被用文化语言进行描述和宣传，通过照片及视频等形式被呈现为文化符号，既可活跃与国家公园相关的文化活动，又可引领国家公园中的生态化游憩时尚，充分发挥国家公园使访客回归、感受纯真自然生态的功能。国家公园应引导访客形成亲生态游憩行为，以体现国家公园的游憩文化特色。第二，形成原生态文化情调。根据游记内容，国家公园内的一些人文场景可使访客回归到一种简单、放松、惬意的纯真生活状态，例如，"骑着马无忧无虑地闲游、体验放牧与给牛挤奶的草原真实生活、感受乡村惬意的慢生活节奏"等，这构成国家公园内具有本真化特色的文化情调，使访客获得相应人文体验，激发访客真实情感的表达。国家公园应提供具有上述功能的人文场景，维持一种非过度商业化、单纯和慢节奏的状态，以达成这种体现真实的文化格调。第三，展现人与自然和谐关系。为了体现国家公园内人与自然的和谐，需依托志愿者、智能化检测及信息服务系统，对访客行为进行监测、引导和规范，使其行为符合国家公园实现人与自然和谐的目标。

（3）地方人文生态承载下的文化价值实现。根据访客游记中表述，国家公园地方人文生态中所蕴含文化元素可在"游憩体验、社区发展、知识传递"等方面实现其价值。地方"生态美食、乡土聚落、传统生产、文化遗存、生活情景、好客民风、生活习俗"等均是访客非常感兴趣的内容。地方人文生态中文化元素的价值可通过如下途径来实现。第一，原生态美食可集中体现地方乡土文化，可引起访客体验地方文化的浓厚兴趣。地方传统生产、淳朴民风、特色文化符号、乡土生活场景均可在地方原生态美食中得到体现，访客既可享受特色美食，又可了解乡土文化和知识。因此，应传承、利用国家公园所在地纯正的饮食文化，维系与食材供给相关的生产方式，将地方文化元素充分应用于美食服务之中，以促进地方文化元素价值的实现。第二，传递纯朴的文化气息及传统人文精神，展现地方文化知识。国家公园内的聚落空间，以及与之相关联的人文遗迹、生活情景、故事传说、传统民俗、名人文化等，是维系文化记忆，展现古朴生活方式、生态伦理、道德伦理的重要载体，可让访客感受地方淳朴文化及人文精神，唤起访客传统而朴素的怀旧情感，也可使访客了解到更多地方人文知识。为了维系相应要素的上述功能，需进行相应文化的保护和传承。第三，访客游记显示出，国家公园所在地的淳朴、热情好客民风，使访客感到亲切、感动，内心踏实，这既使访客获得非常好的游憩体验，又可增强访客对社会的认同。这种纯朴的人际生态是国家公园重要的文化资源，需予以弘扬和维护，使之发挥作用。但现实中存在对其重视程度不够的现象，各相关主体需从思想意识层面增加对地方原真人际生态文化价值的重视程度。

5.1.3.4 国家公园文化价值实现中的统筹优化

根据上文，国家公园的文化载体可被分为"公园服务、访客行为、地方人文"这三个层次，其可分别实现相应生态文化功能（见图 5 - 3）。根据文化载体的三个层次，可通过"分层递进模式"（见图 5 - 2），来充分实现国家公园文化价值；采用差别化策略对相应文化元素进行利用，对国家公园文化价值进行统筹优化。而"公园服务、访客行为、地方人文"这三个层次之间呈现一定递进的关系：首先，需设计国家公园的旅游服务架构；其次，需对访客行为进行引导和优化；最后，需基于地方人文元素来优化、丰富、提升访客的游憩体验。

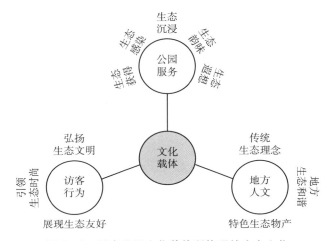

图 5-3　国家公园文化载体所体现的生态文化

（1）在公园服务中植入人性化、个性化服务文化。在国家公园建设运营中，首先需设计公共服务架构，包括构筑服务理念、选择服务方式、配置服务资源等。其中服务理念、服务资源会最终落实在具体服务空间之中，而服务理念也会影响服务方式，其和服务方式一道最终会体现在服务主体的服务行为之中。在设计国家公园公共服务架构时，就需植入相应文化元素，以达成实现文化要素价值的先导性、全面性，例如，体现国家公园服务的公益性，实现服务的艺术化、趣味化，赋予各种服务设施文化内涵和特色等，实现国家公园公共服务的人性化、个性化，依托文化来提升其服务的品质。在服务层，以针对服务空间场所、行为方式进行人性化、个性化文化元素的植入为核心任务，塑造有文化品位的国家公园服务设施、开展有文化魅力的服务行为。

（2）在访客行为中植入生态型、纯朴型休闲文化。在国家公园访客活动所形成的活动场景中，应植入与国家公园特色相匹配的文化氛围和格调。为

了在国家公园活动场景中营造符合生态文明理念的文化氛围，需以"生态
化、纯朴化"为主要方向，对以访客游憩为主的人文活动进行文化引导，加
强对"生态化、纯朴化"游憩体验方式的文化表达，培育亲近自然、回归纯
真的人文活动倾向。增强国家公园体现生态文明的文化生动性，使其成为体
验和感受生态文化魅力的典型空间。例如，通过名人示范引领等，使森林浴、
亲生态户外运动、观赏野生动植物成为国家公园内的生态游憩人文活动风尚；
举办森林文化节，开展保护自然公益旅游，设计和制作国家公园内珍稀动物
卡通造型旅游商品等。

（3）在地方人文中体现生活化、特色化本土文化。国家公园访客游憩中
的文化体验内容越丰富，其游憩体验质量越高。上文游记内容显示，处于原
生态、未开发区域的国家公园内延续着较为古朴、传统的生活方式，拥有丰
富的"乡愁"文化资源，包括纯正及绿色的本土饮食文化、古朴的聚落空
间、纯朴的地方民风人情等。这些文化元素也是访客所偏爱的感受和体验内
容，其会使访客产生更多积极情感，升华其游憩体验。因此在地方人文这一
层次，应以"生活化、特色化"文化体验为主要方向，挖掘利用、保护传承
当地纯朴的文化元素，使国家公园成为访客回归和感受纯朴生活的典型空间。
例如，在钱江源国家公园内，应传承当地居民待人真诚、饮食绿色健康、心
态平和的生活特色，并使来访者充分体验这种特色。

5.2　基于公众意愿的国家公园资金投入方面问题应对

5.2.1　公众对国家公园的价值需求意愿及价值实现的资金保障

5.2.1.1　公众对国家公园价值需求意愿特征

从国家公园对社会生活所发挥的作用这一角度，可以将国家公园对社会
公众的价值分为3类，分别为其对社会生活的支持性价值、调节性价值、促
进性价值。国家公园对社会生活的支持性价值：主要为其环境服务价值，其
可为社会提供最基本的环境支持；相应服务为完全公共物品，具有人人可公

平对其进行分享的特性。国家公园对社会生活的调节性价值：主要为其游憩、康养服务价值，其为社会公众提供调适身心、丰富生活的空间；对大部分国家公园而言，公众获得此种价值需支付一定费用，因而此价值具有一定社会消费属性。国家公园对社会生活的促进性价值：主要为其科研、教育服务价值；其此方面价值实现对社会发展具有一定促进作用。总体而言，公众对国家公园价值需求意愿有如下特征。第一，公众对国家公园上述各种价值的需求意愿强烈程度由高到低依次为：国家公园对社会生活的支持性价值（环境价值）、调节性价值（游憩价值、康养价值）、促进性价值（教育价值、科研价值），如图 5 - 1 所示。第二，公众对上述 3 类价值的需求意愿强度依次处于较强烈、强烈、一般的水平。第三，国家公园对社会生活的环境支持性价值是公众得以维系正常生活的必要条件，公众对相应价值需求具有一定"刚性"特征，其对相应价值的需求意愿也最为突出。国家公园对社会生活的调节性价值、促进性价值虽然尚不构成公众维系生活的必要条件，但对于公众生活质量提升和社会发展而言也十分重要，总体上，公众对相应价值也有着突出的需求意愿。

5.2.1.2 实现国家公园价值的资金投入基本现状

国家公园具有突出公益性，政府财政资金投入在保障国家公园公共服务价值实现方面发挥着绝对主导性作用。政府也已在这方面投入了大量经费，根据钱江源、武夷山、三江源这 3 个国家公园管理机构发布的投入预算信息，如图 5 - 4 所示，2018 ~ 2022 年，政府平均每年向这 3 个国家投入的财政资金分别为：4470.10 万元、11284.99 万元、44459.83 万元。虽然三江源国家公园所得到的财政投入最多，但由于其面积大，分别约为钱江源国家公园、武夷山国家公园的 488 倍、123 倍，因而其单位面积所得到的投入则非常少，分别约为钱江源国家公园、武夷山国家公园的 1/49、1/31。由此也可看出，占地面积很大的国家公园，由于其保护所涉及事项更庞大、保护任务更艰巨，因而其资金投入压力也更大。另外，当前省级财政仍在国家公园资金投入中发挥着重要作用，例如，武夷山国家公园为福建省的省本级一级预算单位，从被设立为国家公园体制试点到 2021 年底，武夷山国家公园除得到中央财政投入之外，其共得到福建省财政资金 6.91 亿元，得到市县财政资金 2 亿元。在钱江源、武夷山、湖南南山国家公园，地方投入均占到其经费总投入的 2/3 左右（臧振华等，2020）；在三江源国家公园，省级财政投入约占国家公园总投入的 54.43%（2017～2019 年）（毛江晖，2020）。因此，对于地处经济发展水平相对滞后区域的国家公园而言，其面临的资金投入压力也更大。当前，针对国家公园的政府财政资金投入具有如下几方面特征。

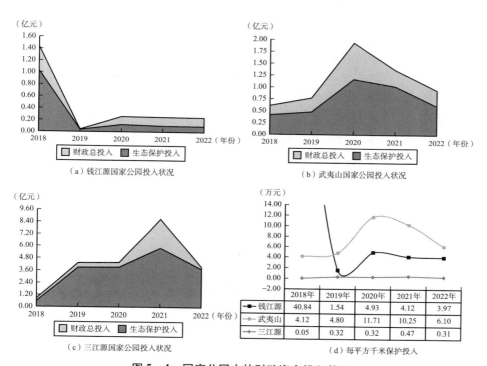

图 5－4　国家公园中的财政资金投入状况

资料来源：根据相应国家公园官方网站资料进行整理。

（1）管理运行经费已得到基本保障。目前，钱江源、武夷山、三江源等国家公园的管理机构和保护执法队伍建设已基本完成，虽然这些国家公园所得到的经费投入数量有所不同（见图 5－4），但其管理运行经费（包括人员经费和基本公共费用开支）均已得到基本保证。根据上述 3 个国家公园的预算，2022 年钱江源国家公园的人员经费预算为 1179.42 万元，公用经费预算为 291.82 万元；同年，武夷山国家公园的相应预算分别为 1845.62 万元、305.82 万元；三江源国家公园的相应预算分别为 6791.77 万元、456.26 万元。相应支出可完全保障国家公园管理机构的正常运行，公园管理机构已切实发挥相应管理职能，其尤为重要的保护执法队伍已在生态保护巡逻和执法方面发挥着切实作用。

（2）生态保护投入尚存在较大缺口。在社会生态问题日益凸显，人们对生态环境越来越重视的时代背景下，公众普遍对国家公园环境价值的需求意愿较强烈。环境价值的实现有赖于生态保护，但图5-5显示公众的生态保护投入意愿并不突出（3.5以下的评价值代表相应意愿偏弱）。因此，国家公园的生态保护投入也将以政府财政资金为主要来源。国家公园环境服务具有完全公共物品特性，政府投入财政资金来保障该公共服务，也是其基本职责之所在。在政府对国家公园的资金投入中，生态保护投入占比较高（见图5-6）。像钱江源国家公园，由于其面积、总资金投入相对较小，必要性管理运行经费等其他投入在总投入中占比相对较大（为42.06%）；而像三江源国家公园，由于其面积、总资金投入相对较大，其保护投入在总投入中占比高达81.76%；武夷山国家公园的年总经费投入平均为钱江源国家公园的2.52倍，其保护投入也占到其总投入的65.90%。可见国家公园所增加的投入大部分会用于生态保护。尽管如此，国家公园所获得的生态保护投入还远远不够。以钱江源国家公园为例，目前其生态保护仍面临较大压力，受生境破碎化等因素影响，公园内的主要受保护动物黑麂的数量近些年有所减少。为了应对这一问题，需要促进公园内人工林尽快向自然林转变，以及需对公园内影响生态的道路进行改道或做生态化处理，需对园内的人类活动空间进一步进行压缩等，而这些都需要大量资金投入，目前此方面的资金缺口仍很大。再以三江源国家公园为例，公园范围内有许多退化草地需要被修复，例如，在地处黄河源头的达日县，全县2227.03万亩草原中有53.40%已退化为黑土滩（北青网，2022），草原生态治理任务艰巨。黑土滩治理成本每亩在100元以上（尹晓英，2015），其这方面的资金需求量巨大。据估算，若要全面修复三江源区域的退化草地，按全部草地综合考虑，平均每公顷草地每年需投入180元，而目前三江源区域的保护投入仅约为每年每公顷12元（李芬等，2017），资金缺口非常大。

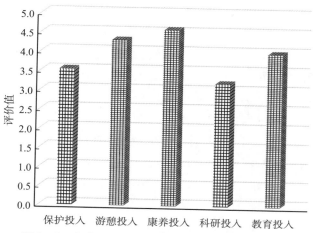

图 5 – 5 公众对国家公园各种价值的费用投入意愿

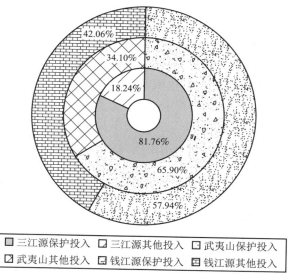

图 5 – 6 三江源、武夷山、钱江源国家公园的保护性投入占比

资料来源：根据相关国家公园官方网站资料整理。

（3）社区补偿投入力度仍比较微薄。在我国 2016 年最初确定的 10 个国家公园体制试点区中，生活着约 40 万原住民（欧阳志云等，2021），其中，钱江源国家公园内有原住民约 2.6 万人。在国家公园建设中，当地社区居民会做出一定牺牲，钱江源国家公园内野猪损坏社区居民庄稼，当地农户为保护生态而放弃使用农药化肥、为保护林地而放弃林木生产，村集体为保护生态环境而放弃一些旅游项目开发，以及传统人文古村落居民为维系传统人文生态而放弃翻修屋舍等。国家公园应对居民在保护生态过程中所承担的利益损失进行生态补偿，但目前相应补偿投入还很少。笔者调查结果显示，社区居民目前普遍能享受到的补偿为生态公益林补偿，但相应补偿标准仍较低，钱江源国家公园、武夷山国家公园内的补偿标准分别约为 40 元/亩·年、22元/亩·年。由于补偿标准低、农户所拥有林地少（例如，钱江源户均林地在 10 ~ 100 亩左右不等，但大部分农户所承包的林地在 10 ~ 30 亩左右），此方面补偿所产生的影响有限。而且，目前居民其他方面损失所受到的补偿非常少。例如，在钱江源国家公园内，大部分村民的庄稼都受到过野猪的破坏，但由于当前用于补偿的资金投入不足，只有那些损失达到一定程度的居民才会得到一些补偿，大部分农户由于庄稼受损面积达不到补偿标准而得不到补偿。对居民利益损失补偿资金明显不足的现象在神农架国家公园、三江源国家公园、东北虎豹国家公园等也普遍存在（樊轶侠等，2021）。虽然在钱江源国家公园支出预算的节能环保支出中也有生态补偿支出这一条款，但真正用于生态补偿的投入尚很少。虽然国家公园内也开展了地役权改革尝试，在改革中也大幅提升了对居民的补偿标准。例如，在钱江源国家公园，参与地役权改革的农田每亩可获得 200 元的补偿（农户在耕种中不使用农药及化肥，并按其他相关要求耕种）；在武夷山国家公园，参与地役权改革试验的林地每亩可额外获得 118 元的补偿。但目前仅少部分居民参与了地役权改革，此方面所投入的资金尚较少，例如，钱江源国家公园内的田地超过 2 万亩，目前参与地役权改革的仅约占 3.47%。可以预见，若这种地役权补偿在整个国家公园得以推广普及，所需资金投入也将非常多。

5.2.2 基于公众意愿来提升国家公园资金保障水平的应对办法

总体而言，在增强对国家公园资金投入保障方面，需遵循"立足公益、群策群力、综合统筹"的基本思路。第一，社会公众期望国家公园能切实发挥公益价值、向社会提供环境、游憩、康养、科研、教育等公共服务。当前社会公众对国家公园已有了一定的投入意愿（见图 5 - 5），但如前文所述，当前许多人对国家公园的公益价值仍认知不足，甚至仅将其视为旅游景区。当国家公园的公益价值进一步被人们所感知和认同之后，公众的投入意愿也将进一步提升，在公众针对国家公园投入表现出较强烈意愿之后，就可以通过税收、募捐等方式为国家公园筹集更多资金。第二，资金短缺是全世界国家公园所面临的普遍问题。目前，仍需加大政府对国家公园的财政投入，尤其对于地处西部地区的国家公园，中央财政可进一步针对相应具体国家公园设置达到一定数额的专项资金。但政府财政收入具有一定有限性和不稳定性，使国家公园常面临经费压力。应对这一问题需充分发挥社会各方面力量的作用，实现国家公园的全民共建、共享。第三，统筹"生态保护和社区发展、园内与园外、山水林田湖草"之间的关系，使有限的投资发挥更大的作用。例如，统筹社区发展与林地建设，用部分林地修复资金来支持社区居民利用农田发展林果及林下经济，并在此基础上开展游憩接待，使一项投入产生多种作用。

（1）响应公众的环境价值需求及投入意愿，由受益者进行生态补偿。实行生态补偿是社会公平的体现，但在国家公园生态价值实现中，利益受益主体和受损主体（或投入主体）之间的补偿机制尚未建立，同时补偿标准的确定也较为困难。目前即有的一些补偿也多是象征性的，与实际需要补偿的数额相差甚远。补偿投入主要来源于国家和地方财政资金，源于市场机制和受益区的补偿非常少。据开化县环保局所提供的数据，钱江源国家公园所在区域（开化县）每年向外输出27.2亿立方米纯洁淡水，全年水质为Ⅱ类以上，其中水质为Ⅰ类的时间占比约为55.56%。为了确保出境水水质，钱江源区域需进行生态保护，放弃开矿、建厂等发展机会，而下游区域应对上游所承受的损失进行补偿。可通过3种方式来实现这种补偿。第一，尝试应用税收手段来实现补偿，例如，可明确钱江源水源保护的受益区，向受益区居民和企业征收适量环境受益税，用于对钱江源区域的生态补偿，使相应生态补偿成为一种稳定和自觉性机制，使国家公园区域的生态保护贡献能切实得到补偿。这种补偿途径的实现需要国家层面进行制度设计。第二，协议补偿，例如，开化县同其下游的常山县之间就订立了水资源保护补偿协议，若达到保护要求，常山县每年向开化县补偿800万元。可通过国家和省级层面的政策动员来进一步扩大协议补偿的参与主体和实施范围。第三，在受益对象明确且唯一的情形下，可通过受益权交易方式实现受益者对保护者的补偿，例如，浙江义乌每年向东阳支付2亿元，东阳则每年向义乌输送5000万吨清洁水资源。综合来看，以税收手段实现补偿，更有助于形成补偿的长效和稳定机制。

在生态补偿实施中，厘清"该向谁补偿、应补偿多少"等事项的工作较为繁杂，以致一些管理机构干脆就不去补偿，而将应该用于对社区居民进行补偿的资金直接用于保护项目投资。因此，期望确定出非常合理的补偿标准、以非常精准和公平地实施补偿，往往会使实际补偿行动被耽搁；尽可能简化补偿手续和流程，也有助于补偿的实现。目前，协议补偿（如地役权协议）、一次性补偿（如向所有农户一次性支付未来 10 年的野生动物损坏庄稼补偿费，而不是逐次逐个核定后补偿）、长久租赁（长期租赁农户农田及传统屋舍以进行保护，按年自动付费）等均是便于实现补偿的实践模式。

（2）响应公众游憩、康养、接受教育等意愿，以相应服务来拓展收入来源。如图 5 - 1 所示，公众对国家公园游憩、康养、教育等价值需求意愿较强烈，满足公众这些需要也是国家公园的基本公共服务功能之一。国家公园需立足公益（如免门票或设置低价格门票），通过合理的服务运营来满足公众需求，同时从服务接待中获得相应运营收入。国外国家公园运营实践表明，旅游收入已成为其重要资金来源渠道之一，以美国为例，其旅游运营收入已远远超过了政府财政投入，使中央财政投入被主要用于管理机构的工资支出（相应支出占中央财政投入的 2/3）（邱胜荣等，2020）。受市场、区位、可达性等因素影响，不同国家公园的生态旅游运营条件不同，在此方面，处于东部、中部区域的国家公园要优于西部。例如，在西藏色林错区域（第二次青藏高原科考队提出在这里设置第三极国家公园），目前每个县的年访客量只有数万人，虽然其访客量也会增加，但受区位条件、高原反应等因素影响，其访客量增长潜力也将很有限。因此，在西部地区国家公园游憩服务运营收入较有限的情形下，政府财政资金也应向这些国家公园倾斜。为应对一些国家公园景观吸引力弱、访客量及游憩接待运营收入少的问题，相应国家公园需响应公众的康养、教育诉求，突出其生态康养（国家公园均具有生态环境优势）、研学教育方面的服务功能，以引入更多在这些方面有较强诉求的社会个体。政府及相关社会组织也需积极组织到这些国家公园的科普研学、康体健身、户外体验活动，以拓宽国家公园的收入来源。

（3）引导和增强公众捐赠意愿，以获得更多保护和建设投入。如上文，目前公众在国家公园生态保护投入方面有一定捐赠意愿，但相应意愿不强。也有许多社会组织和个人在国家公园社区发展方面有捐赠意愿。社会捐赠可成为国家公园建设经费的重要来源。例如，在澳大利亚，社会捐赠的经费占到国家公园总经费投入的近 1/4；2018 年，澳大利亚平均每个公民为生态保护捐赠经费约 35 元（用人民币计）（陈朋等，2021）。若按此标准，仅钱江源国家公园所在的开化县每年就可实现社会捐赠 1255.45 万元（2021 年开化县有常住人口 35.87 万人），约为同年政府对钱江源国家公园预算投入的一半。但目前在国内国家公园建设中，社会捐赠资金还非常少，如湖南南山国家公园从设立国家公园体制试点开始至 2020 年底共获得捐赠 420 万元；在这期间，其经费总投入约为 8.55 亿元（国家发展改革委，2021）。如图 5－7 所示，三江源国家公园在 2016～2019 年社会捐赠仅占其总经费的 1.13%（毛江晖，2020）。社会捐赠经费尚较少的原因一方面是社会的相应捐赠氛围还不浓厚，另一方面是捐赠渠道还不够丰富和畅通。为应对此方面问题，首先，应凸显和宣传国家公园公益形象，使其公益价值得到社会的普遍认同，并公开展现国家公园所接受捐赠的情况，加大对社会捐赠行为的曝光度；同时，管理机构也需公开社会捐赠经费的使用情况和使用效果，以此来营造更好的社会捐赠氛围。例如，在钱江源国家公园入口处可设置社会捐赠情况展示屏。其次，应构建和畅通社会捐赠渠道，例如，利用网络支付手段来提高捐赠的

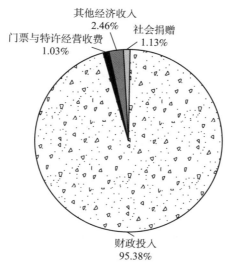

图 5－7　三江源国家公园经费来源构成（2016～2019 年）

便捷度（识别二维码进行捐赠付费），各国家公园在其官方网站上设捐赠链接及公布社会捐赠经费及其使用情况的专区，鼓励相关热心于国家公园建设的企事业单位和个体组织义卖捐赠活动、发动专项募捐（指定捐赠用途）活动、举办文艺活动助捐等。

（4）与有意愿的社会主体合作，通过市场交易行为获得更多资金。第一，国家公园具有生态原真性、代表性、典型性，国家公园内的物产也具有绿色品牌效应，其品牌可为相应产品带来增值。国家公园可将其品牌以特许使用的方式授权给有意向的市场主体，并获得相应品牌特许使用费，使国家公园分享品牌增值所带来的部分收入，并用于保护投入。国家公园的这种品牌增值效应是明显的，据开化两山集团数据推算，2021 年，钱江源品牌为当地土特产销售所带来的增值收益在 0.4 亿元以上，超过了同年度政府对钱江源国家公园的财政投入。第二，在社会公众心目中，国家公园也是有较高品质的生态旅游目的地，公众的生态游憩意愿强烈。国家公园的访客食宿服务及旅游商品销售等特许经营收费也可成为其重要收入来源，例如，美国国家公园特许经营收费每年可为其带来约 13 亿美元的收入（张利明，2018）。在特许经营授权过程中，为防止被授权者跨越保护红线、和公园管理方结成利益同盟、形成事实上的长期垄断等问题出现，需健全特许经营者的退出管理办法，实行跨越保护红线一票否决、访客满意度不达标一票否决的制度，并引入社会监督机制，为特许授权企业划定社会投诉次数容忍红线等。第三，市场交易也是国家公园扩大收入来源的重要途径，其中最为重要的是碳汇交易。在推进"双碳"目标（碳中和、碳达峰）过程中，碳交易有着较好的市场前景，例如，在 2022 年 4 月，全国的碳交易额为 8259.6 万元①。国家公园承担着重要的碳汇功能，可通过碳交易来获得生态补偿资金。热带雨林国家公园已通过建立销售平台的方式进行了林地碳汇交易尝试，其固碳能力约为 2.38 吨/公顷·天②，若以"59 元/吨（2022 – 06 – 01）"的碳交易价格估算，在交易充分的情况下，海南热带雨林国家公园每年可实现 5994.53 万元的碳交易收入。国家公园碳汇交易收入的实现有赖于国家层面的制度推进及碳交易市场的成熟，但公园方自身也需积极谋划，发布自己的碳交易信息。

---

① 全国碳市场 4 月成交 145 万吨 两大因素致成交不活跃［N］. 证券时报，2022 – 04 – 29.
② 海南岛尖峰岭热带雨林碳汇能力领先全球［N］. 新华网，2011 – 03 – 25.

（5）统筹考虑公众各种受益意愿，提高资金使用效率。如前文所述，公众针对国家公园有环境、游憩、康养、科研、教育等各方面受益意愿，社区居民则有着强烈的发展意愿。国家公园投入资金的使用要兼顾国家公园的各种公共服务功能，用有限的投入来创造多种公益价值。目前中央财政、相关省的省财政向国家公园投入了许多项目资金，但相应资金大部分由林业、环保、水利、土地、农牧等不同职能部门，按不同项目和不同要求分拨使用，不同职能部门往往侧重于国家公园某一项职能的维护，资金使用缺乏一定的整体统筹协调性。有时不同职能部门所实施的项目内容会有所交叉重叠，会导致重复投入和过度投入现象的发生，降低资金使用效率。若对这些项目资金进行整合，以实现国家公园的复合功能为目标，对园内生态资源进行统一保护和管理，则既可避免部门之间事权的交叉和所遵循标准的不统一，减少不必要的沟通协调和人力投入，也可避免一些短期项目的非长效性弊端。如在钱江源国家公园内的部分地点有好几套标识系统，不同职能部门在实施管理和相应项目过程中会根据本部门标准设置相应标识标牌，这就造成了不必要的投入浪费；而许多标识显示的内容并不多，如仅显示一个防火标志，因此完全可用同一标牌来显示各种信息，使其发挥复合功能，以减少投入浪费。应对资金投入分散的有效策略为全国层面的国家公园管理机构整合国家各部委项目资金，省级层面的国家公园管理机构整合各厅局的项目资金以及源于其他渠道（如社会捐赠）的收入，分别在国家和省级层面统一形成针对国家公园的投入资金，并下拨至具体国家公园进行投入使用。各国家公园管理机构在国家和省对口部门指导和监管下拟定投入事项和预算，并对经费的实际投入效果负责。

5.3 基于公众意愿的相关主体利益关系协调及问题应对

5.3.1 围绕国家公园生态保护来协调相关主体的利益关系

第一，契合相关主体意愿，通过生态补偿来构建主体间的良好利益关系。当国家公园内的生态补偿不充分，与居民的受偿意愿差距较大时，国家公园管理机构和社区居民之间的关系也会不够融洽。在钱江源国家公园内，部分农户由于所承包的林地少（许多农户所承包的林地只有10亩左右），并未获得太多林地保护补偿。而与此同时，生态保护使国家公园内的野生动物数量明显增加，并经常出没损坏村民的玉米、水稻、茶叶等庄稼及经济作物，甚至存在因野猪太多而导致田地撂荒现象。大部分村民在此方面所承受的损失并未得到补偿，这引发了许多村民的不满情绪，甚至有些极端的村民不理解生态保护的重要性，认为国家将野生动物看得比人都重要。实地走访调研发现，除后山湾、龙门村、台回山等从生态旅游中获益较多的村落居民外，其他村落的大部分社区居民都或多或少表现出一些负面情绪，如其所述"地越来越没法种了，一点粮食都被野猪拱得差不多了""他们（管理局的人）还往山上（高田坑附近的山上）放了许多野猪，听说有一千头，对此我真是想不明白为什么""他们（管理局的人）说庄稼是野猪毁坏的，让我去找野猪"等。坚持全民公益、实现社会公平是国家公园所遵循的重要原则，在国家公园内部也同样要体现公平。国家公园管理机构需拓宽保护补偿类型及村民受益渠道，并在统筹协调的基础上尽可能兼顾园内所有社区居民的利益，以使社区居民更加支持国家公园建设。例如，对于受补偿很少的农户，可由两山集团优先订购和向外销售其绿色农产品；各级政府可积极协助国家公园对接碳汇交易购买方，并用所得的部分收入补偿村民种树，支持村民发展野蜂养殖等生态产业，使所有社区居民都可找到受益的渠道和机会；设置一些特许经营的亲生态游憩体验及旅游服务项目，使社区居民公平分享部分特许经营收费所产生的收益。另外，政府财政需投入更多资金用于野生动物肇事险投保（公园方自身也需用所获得的各种收入加大此方面投入），以扩大相应保险的覆盖范围，降低理赔门槛，使利益受损者切实得到补偿，以使其更加支持国家公园建设，在国家公园管理机构和社区居民之间营造和谐融洽的关系（见图5-8）。

第二，契合受偿者意愿，在足额生态补偿下协调各相关主体的利益关系。在国家公园建设运营中，社区居民常常是需要被进行利益补偿的对象。当生态补偿被实施，且补偿标准达到村民所接受的水平时，国家公园管理机构、社区居民、运营企业之间的关系是和谐融洽的。如钱江源国家公园在毛坦村、台回山实行了地役权模式，村民按要求耕种土地可获得每亩200元的补偿，且其所出产的稻谷享受政府不低于每斤5.5元的保护收购价，参与此项改革

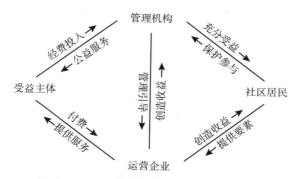

图 5-8 围绕生态保护的主体间关系协调

的村民满意度较高。为了使更多社区居民对国家公园形成积极响应，需尽快
扩大这种地役权补偿的覆盖面。另外，公园内所承包林地超过 50 亩的农户，
每年可获得 2000 元以上的林地保护补偿，部分村（如横中村）的农户还可
额外分享到未分包到户的集体林地保护补偿款 1500 元左右，这些村民的满意
度也较高。上述在生态保护中获得切实补偿的村民对国家公园生态保护持非
常肯定的态度，和国家公园管理机构，以及与关联企业（如开化两山集团）
的关系非常融洽。但齐溪村等村集体并未将林地保护补偿款分配给农户，而
由村集体统一支配使用（替村民交医疗保险、进行公共建设投入），虽然相
应补偿也在社区发展中发挥着作用，但村民却未形成明显的受益感知，以致
其对政府保护行为的支持度并不高，甚至对政府多有怨言，例如，认为"村
里的经费使用去向村民并不清楚""只有少部分人会受益，大部分普通老百
姓获益很少""反正也不靠这个（林地保护补偿款），随他们去吧"等。由此
可见，为营造国家公园与社区居民间的良好关系，需使有所付出的村民得到
相应补偿；但同时也需注重具体补偿方式的选择和对补偿所产生实际效果的
分析，如在林地保护补偿中，将相应补偿款的大部分（村集体可保留少部
分）直接分配至农户是非常必要的，这有助于获得社区居民对国家公园生态
保护的更多支持。

　　第三，让村民参与保护工作并获益，以营造主体间的良好利益关系。当
社区居民有机会参与国家公园生态保护工作并从中切实受益时，其和国家公
园的关系也将会比较融洽，反之亦然。社区居民可通过多种方式参与国家公
园生态保护，从事生态巡护工作是途径之一。例如，截至 2020 年底，钱江源

国家公园向社区居民提供了 95 个护林员岗位，另从村民中招聘了保洁、生态监测、协管等工作人员 179 人；护林员在料理自家农事的同时，还可通过山林巡护每年获得 1.2 万元的收入，相关村民对此感到很知足。再如，三江源国家公园在生态管护员招聘中试行了"一户一岗"模式，管护员的年收入为 2.16 万元，截至 2021 年底，园内共设置管护员 17211 人，可见，在三江源国家公园，社区居民的生态保护参与程度高，受益面较广，受益程度较高。又如，东北虎豹国家公园也在局部范围内实行了"一户一岗"的巡护员聘用制度，截至 2021 年底共向园内村民提供了 444 个巡护岗位，并向每个巡护员每年发放约 1.3 万元补贴（上述数据通过访谈相关国家公园工作人员获得）。笔者在钱江源的实地调查显示，从事巡护工作的农户对生态保护高度支持，对管理机构的满意度高，如其所说"能在自家门口从事这份兼职工作，非常不错了""每天巡山就当锻炼，还能有些收入""现在也没有人偷木头，我会用心发现其他问题向上反映"等。但除三江源国家公园外，巡护员在村民中的占比很低，在钱江源、东北虎豹国家公园这一比例分别仅约为 1.05%、2.86%，社区居民对生态保护的参与和受益面还非常窄。国家公园每年都有一定额度的保护投入，可利用这些投入设置社区居民可参与其中的保护项目，以进一步扩大村民对生态保护的参与及从中受益程度。例如，钱江源国家公园内还有大片人工林，可在林地修复过程中聘用村民采用人工措施促进人工林向天然林转化，如进行幼苗补植及抚育、清除枯木、清理防止幼苗生长的沉积物等；另外，可聘用村民为树木注射防虫害免疫药物、设置更多防火林带、进行水土流失隐患点排查和水土流失预防等。通过这些措施，有助于进一步实现保护和村民受益的双赢，使村民与国家公园的关系更加融洽。全国及省级层面的国家公园管理机构可在社区居民参与生态保护项目的设置方面做出明确要求，例如，规定生态保护投入中须有一定比例的资金被用来设置村民参与的项目，以期形成"每人有事做、每户有收入"的局面，引导国家公园主要利益主体之间良好关系的进一步形成。

5.3.2 围绕国家公园游憩运营来协调相关主体的利益关系

（1）管理机构通过合理角色定位来契合居民受益意愿，营造融洽的主体间利益关系。在管理机构对自身角色定位恰当、居民受益意愿得到一定满足的情形下，管理机构、村集体、村民之间的关系较为融洽。以钱江源国家公园内的后山湾村为例，政府部门在后山湾村旁边设置了森林公园，为实现社会公共服务功能，其在公园内投资修建了游步道、厕所、观瀑栈道等游憩设施，吸引了一些游客前来休闲游憩，并收取适量门票费用。但政府未开发酒店、餐厅等访客接待设施，这就为后山湾村，乃至整个里秧田村提供了旅游接待的机会。后山湾村几乎家家户户都面向访客从事食宿接待，部分接待户（如上过"舌尖上的中国"栏目的听泉人家）的年经营收入甚至超过百万元。尤其是近两年来，整个国家公园推行公益化运营，游憩区点在星期一至星期五向社会免费开放，吸引了许多本地及周边居民周内前来休闲游憩，为后山湾接待户引来了更多客流。当地村集体则扮演组织和服务者的角色，组织接待户申报政府所实施的一些乡村发展项目，动员和组织从业者外出学习培训，对社区的旅游接待秩序进行协调。在此情形下，管理机构工作人员与村民关系非常融洽，许多工作人员业余时间甚至就待在社区居民家中；村民对村集体的工作也非常满意，会非常积极主动地配合村集体开展工作。这种融洽关系的形成源于管理机构为民谋利、让利于民的角色定位（见图5-9），政府不但将食宿接待机会留给了当地村民，还通过经费补贴的方式鼓励村民从事旅游接待，鼓励接待户改进其服务设施，提高其服务质量，如刚开始政府对从事旅游接待的农户一次性补贴0.6万元，在服务运营中接待户升级改造一个厕所可享受政府0.4万元的补贴。由此可见，对于内部有社区居民的国家公园而言，管理机构需为居民创造从事旅游接待运营的条件，并引导居民从服务接待中受益，以促成管理机构和社区之间的融洽关系。但在钱江源国家公园内，管理机构在处理与社区关系时也出现了一些不好的苗头，如其在公园内设置了让居民销售土特产的摊位，但曾计划每个摊位收取高达5000元的摊位费，这一标准超过了一些农户销售土特产的年收入，使许多农户产生了消极情绪。因此，国家公园管理机构应固守其为民谋利的角色，并专门制定针对社区居民的惠民方案，使其惠民举措具有长期一贯性和稳定性，并在实施涉及村民的项目时，需在充分调研的基础上论证其惠民效果，若相应项目的惠民评估无法被审核通过时，项目实施主体则需调整其方案。如此，可在一定程度上保障社区居民利益，使之成为国家公园建设的重要支持者和参与者。

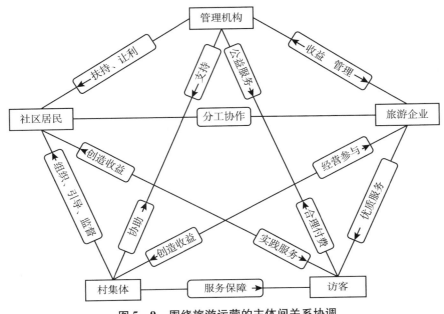

图5-9　围绕旅游运营的主体间关系协调

（2）旅游企业通过与居民的合理分工及协同合作来契合居民受益意愿，营造融洽的主体间利益关系。在旅游企业和社区居民合理分工及协同合作的情形下（见图5-9），村民、旅游运营企业、村集体、管理机构之间的关系是较为和谐融洽的。以钱江源国家公园内的九溪龙门为例，村集体动员村民面向访客开展食宿接待，同时也引入企业运营玻璃天桥、玻璃滑道、下山滑道等项目。实地调研表明，村民对所引入的运营企业高度支持，认为企业投资的项目可引来更多客流，增加了村民的食宿接待量，使其获得更多收益。同时，村民接待户还可代销企业的玻璃天桥等体验项目门票，并可从中获得相应票价约15%的报酬。村集体则对村民接待户的服务价格进行监督，帮助接待户提升服务质量，对外进行整体宣传，运用企业所缴纳的费用以及其向政府申请的项目资金进行本村的环境及设施提升，对村民开展培训等。村民、村集体、企业、管理机构之间形成了非常融洽的良性关系。这种良性关系的形成归功于村集体一开始科学合理的谋划和设计，使引入的企业从服务内容上与村民接待形成错位与互补，并凸显了村集体在村民服务、发展引导、秩序维持等方面的作用。由此也可看出，村集体在这些主体的关系协调方面发挥了举足轻重的作用。因此，国家公园管理机构在协调旅游运营各相关主体利益关系方面，可充分发挥村集体的动员、协调、引导作用；另外，管理机构也需以各类主体的服务是否协同互补为基本判定依据，对各相关主体的旅游运营方案进行审定，对相应运营情况进行督查。因此，国家公园管理机构可专设一个旅游服务运营督查小组（或办公室），专门从事此方面工作，围绕旅游服务促进各主体之间和谐融洽关系的形成。

（3）管理机构充分考虑全部居民的受益意愿，营造融洽的主体间利益关系。在部分社区居民利益未被考虑情形下，管理机构、运营企业、村集体、村民之间的关系是不融洽的。以钱江源国家公园内的高田坑为例，村内大部分村民已在其他地方长期居住，许多传统民居已闲置。目前，政府对其中44处闲置民居（约占整个高田坑土楼的一半）进行收储，收储标准为每户3万元，需要相应农户出让20年的房屋使用权。部分村民认为出让收益过低，而未出让其民居使用权。对于所收储的传统民居，由政府的平台公司（开化新农村建设投资集团）统一进行开发打造，然后引入多家品牌民宿企业来运营；按照初步设想，出让房屋使用权的农户还将分享到少量接待运营收入。目前村内还有常住居民约17户，这些仍常住在村内的农户大多收入来源并不充分，仍在延续着高田坑古村落传统的生活气息。但由于这些农户的房屋要自住，并不能通过出让房屋使用权来得到相应收益。这就会导致一种现象：仍住在村里的村民眼睁睁看着已进城居住，甚至几年都不回来一次的邻居分享红利，而自己留守村内，却不能从村落的旅游开发中获得相应收益，其心理必然是失衡的。实地调研表明，这些留守的村民不愿选择相信村内的旅游能搞起来（笔者认为，高田坑是华东地区条件非常好的观星地，其应该有着较好的旅游发展前景），这其实也反映出他们不希望村内旅游得到较好发展的心态。无疑，这些村民在旅游运营中若仍然不能通过其他渠道获得收益，其同运营企业、管理机构的关系将是不融洽的。然而，笔者对其日后在乡村旅游运营中获得收益的可能性表示担忧。目前村内虽有4户人家从事食宿接待服务，但管理机构拟引入的多家企业的经营内容也主要为访客食宿接待，其在经营水平、服务质量、宣传推广方面将更具竞争优势，会对社区居民的接待运营造成挤压。村内常住居民普遍年龄偏大（普遍在50岁以上），其甚至在旅游接待就业方面也不具有竞争优势。国家公园遵循全民受益的原则，因此，如何让社区居民，尤其是仍留守在村里的村民能从国家公园的设立及运营中公平受益，是管理机构需要应对的问题。国家公园运营中，管理机构需为社区居民留出或创造出受益渠道。笔者认为，在目前情形下，管理机构应在高田坑将当地土特产品（黄精、野蜂蜜、野生茶等）的销售无偿特许授权给当地村民，使其能切实从国家公园旅游运营中受益，以消除管理机构、企业同部分社区居民关系不融洽的现象。

（4）以家庭式食宿接待来契合访客意愿，营造融洽的主体间利益关系。在家庭式食宿接待情境下，访客同社区居民间的关系是较为融洽的。目前钱江源国家公园内的食宿接待主体主要为当地农户，主要运营模式为家庭式接待，即农户在自己家中，以农家乐、民宿的形式从事接待服务。家庭式接待的如下特征，对访客同社区居民间关系有积极影响。一是家庭式食宿接待的价格普遍比较亲民，人均每餐的餐费约为 40 元，住宿费约为 100 元/间·天。访客普遍认为家庭式食宿接待的价格非常实惠。二是家庭式接待充满人情味，许多接待户的家庭成员会同客人拉家常，请客人免费品尝自家炮制的药酒，向客人赠送自家采摘的山野菜等，就像是对待亲戚一般。一些访客同有的接待户比较投缘，会经常来相应农户家中度假，有些访客有时甚至会在其认为投缘的农户家中住 1 个月甚至数月之久。而接待户也会在饮食等方面尽量满足客人的个性化要求。三是家庭式接待能充分体现乡村生活情调。例如，农家房前屋后的菜园、院落旁的清水鱼塘、居所附近的农田等，都会向访客营造出浓厚的田园意象；由于接待户都坐落在村子中间，村中邻里之间多为亲朋，访客在村中闲逛时村民都会表现出热情友好，也会主动同客人搭讪、闲谈；有些访客甚至会在村中无所顾忌地串门。由于价格实惠、人情味浓、体验感强，即使接待户在服务中出现一些不足和疏漏，访客也大多都能理解，而不会太挑剔。在钱江源国家公园的实地调查表明，大部分接待户都认为访客很好相处，而大部分访客也同样认为当地村民淳朴、好客；农户待客比较真诚，很少有欺客、宰客行为。总之，访客同村民间的关系比较融洽。但是部分非家庭式接待运营主体，其基本不具备上述家庭式接待的相应特征，收费相对较高，服务场所的生活气息不突出，服务过程的人情味不浓，其服务中出现的一些疏漏极容易引发客人的不满情绪，相应运营主体同访客之间的关系远不及家庭接待户同访客之间的关系融洽。笔者调查发现，这些非家庭型接待主体在运营中出现欺客行为的可能性更大，例如，有些非家庭型接待主体为了处理食材库存，有时会使用较劣质的食材。由此看来，家庭式接待是在国家公园内营造良好主客关系，应对主客之间关系不融洽问题的一种有效方式。受交通、生活环境、传统文化等因素影响，国家公园内的许多乡村保留着原真的人文生态，其在营造现代人际和谐关系方面具有重要意义。生态和谐也包括人与人之间的和谐，而钱江源国家公园内的家庭式接待具有向访客展示，使其体验人际和谐生态的作用。因此，国家公园应保留这种家庭式接待，而不宜使其被大企业的规模化、商业氛围浓厚的接待模式所取代。

（5）国家公园以公益化运营来契合访客受益意愿，营造融洽的主体间利益关系。在公益化运营背景下，访客、管理机构、服务运营主体间的关系较为融洽。钱江源国家公园的公益性体现在如下方面：一是其星期一至星期五免门票；二是其设置了钱江源国家公园科普馆、高田坑天文科普馆、清水鱼博物馆等公益性设施；三是其主要游憩区内商业设施非常少，基本为纯生态游憩区，商业化氛围淡薄；四是非常重视公共环境教育功能，承载环境教育功能的标牌非常丰富；五是国家公园内开展的各种公益性志愿活动较多。访客在国家公园内可明显感受到这种公益化特征，笔者在森林公园内随机对 22 名访客进行了针对性交谈，发现其中 15 名访客认为公园具有明显的公益性特征，如其所述"因为平时免票，所以我经常会来，这么好的空气，可都是免费的啊""这里边人少，平时又免费，但设施一点都不含糊，政府愿意为咱老百姓花钱啊""看得出政府花了很多钱，而且这都是免费开放的"等。当"公益感"变成访客、相关运营企业、管理机构对国家公园的重要感知后，公益便成为调节人观念和行为的一种精神动力，使相关主体多为他人着想，而尽可能进行自我约束，这当然有利于相关主体之间和谐关系的形成。在此情形下，大多数访客也都会主动遵守国家公园要求，规范自身行为。另外，经营者若为利疯狂、斤斤计较，则会感到其行为与国家公园的大环境相左，从而会有所收敛。因此，在国家公园内营造、体现公益化氛围，传递公益精神，也不失为应对相关主体间关系不融洽的一种好方式；且根据国家公园建设目标，其也应当如是。

第6章

研究区基于公共意愿的公益化
运营模式分析

6.1 契合公众意愿的国家公园公益化
运营实现主体及相应责任

6.1.1 国家公园公益化运营的主体投
资模式及相关责任

基于"社会公众寄予国家公园的公益化运营愿望、国家公园所应承载的社会公共服务功能，以及国家公园资金来源现状，其进一步拓展资金来源的可能性渠道"，需形成"政府进行保障 + 公园积极拓展"的国家公园资金来源及投入模式。即政府在国家公园资金投入方面扮演保障角色，保障国家公园的基本经费投入；国家公园自身积极发挥主观能动性，通过对接社会捐赠、进行特许授权、利用市场手段等，拓展出更多资金来源（见图 6–1）。

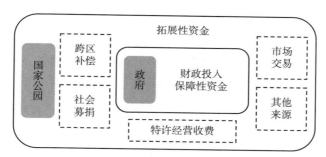

图 6-1　"政府进行保障 + 公园积极拓展"的国家公园资金投入模式

（1）强化政府在满足公众受益意愿方面的投资保障作用。如前文图 5-1 所示，在国家公园的环境、游憩、康养、教育、科研等服务价值中，公众对其环境价值的认可程度和需求意愿最为突出。良好的生态环境服务属于正外部效应非常明显的社会公共物品，当由政府进行投资维护，以满足公众在此方面的受益意愿。且在国家公园所能获得的各种投入中，政府基于税收所形成的投入具有来源的可靠性和投入的相对稳定性。因此，政府扮演着国家公园公益化运营的投资保障角色，需增强其对国家公园的投资能力，提升其实际投入水平。由于以下原因，在国内国家公园建设中，政府的资金投入能力将会有所提升，需逐步增加其对国家公园建设的实际投入水平。第一，环境保护税征收的主要目的之一是为了进行环境建设和生态补偿，目前国内环境保护税主要针对污染排放物进行征收，可以预见，在国民经济发展过程中，随着需应税产出的增多，环境保护税的税收收入也将相应增加。第二，按理来说，凡是会产生环境负担的生产和消费行为均应缴纳环境保护税，但目前环境保护税的覆盖范围较小，主要面向直接造成污染的主体进行征收，日后进一步扩大环境保护税征收覆盖面的余地和空间很大，这也将大幅提高环境保护税的税收收入。第三，目前国内的环境保护税税率偏低，从世界范围来看，环境保护税税率提升呈一定趋势（董炯需，2018），这也说明国内的环境保护税有进一步提升的可能性。第四，从公众意愿来看，当社会在环境治理方面取得较好成效时，公众愿意缴纳更多用于环保的税收（吕维霞等，2019）。这说明在公众感受到环境保护所带来益处时，增加环境保护税税收具有一定群众基础。因此，政府需顺应时代趋势，契合公众意愿，通过税收手段为国家公园保护获得更多投入来源。

（2）强化国家公园在满足公众受益意愿方面的投资拓展作用。如前文图3-2所示，社会公众对于国家公园生态保护、科学研究有捐赠一定经费的意愿；同时公众在付费获得国家公园康养、游憩、教育服务方面有着更为强烈的意愿。公众的相应意愿为国家公园筹集资金营造了较好的社会条件。但由于国家公园向社会募集资金具有一定不确定性，其也不能以过度经营来获取收入，因此国家公园自身所筹集到的资金只能被视为拓展性资金，并不能取代政府所投入保障性资金的地位和作用。尽管如此，国家公园自身在经费筹集方面也扮演着重要的开源作用。从理论上讲，国家公园有时可能会筹集到比政府投入更多的资金，当相应拓展性资金来源比较充足时，则可减轻政府保障性资金投入的压力。国家公园自身的资金来源主要包括"特许经营收费、社会募捐、跨区域生态补偿、市场交易、其他收入"这几种。从当前情况来看，国家公园通过社会募捐、跨区域生态补偿（如下游对上游水源区的生态补偿）、市场交易（目前主要为碳排放权交易）所能获得的资金还较为有限，尚只能起到较微弱的资金补充作用；另外，国家公园可能也存在其他一些收入来源，例如，钱江源国家公园内有历史遗留的9个小型水电站（目前正在被关停或整治）、三江源国家公园内为推广清洁能源设置了若干光伏电站等，可以为国家公园贡献少量收入，但这些项目并不符合设立国家公园的主要目标，不属于国家公园所应承载的公共服务功能，不能以之作为国家公园拓展收入所需依托的重要渠道。相比较而言，特许经营收费是当前阶段国家公园拓展资金来源的一种重要途径。除了政府投入的基本保障性资金外，国家公园自身应积极作为，设置合理的特许经营内容，确定品牌授权对象，寻找及对接碳排放权交易对象，构建和疏通接受社会捐赠的渠道等，以拓展出更多经费来源，以更多投入来提升其对社会公众的公共服务能力。

6.1.2　国家公园公益化建设的主体参与模式及相关责任

国家公园建设作为涉及面比较广的社会公益事业，需要社会多方力量共同参与，但不同主体的社会角色各异，其在国家公园建设中所发挥的作用也会有所不同。根据各主体角色，国家公园建设应实行"政府引导、公园实施、社会助推"的"3力"驱动模式（见图6-2）。其中，国家公园的具体管理运营者在国家公园建设运营中居于核心地位，其在政府部门的指导和监督下，动员相关社会力量，负责进行国家公园保护与运营的具体组织、协调、落实、调整等。

图 6-2　国家公园建设的"3 力"驱动模式

6.1.2.1　政府引导

国家公园向全民提供公共服务，而政府是社会公共服务的主要供给者。国家公园建设作为国家性战略与行动，政府部门的作用必然不可或缺。国家及省级层面政府部门专设国家公园管理机构，对国家公园实施政策性管理。国家层面进行国家公园建设与运营的理念、方向、标准、行动纲领等设计；省级层面相应政府部门根据国家的战略导向与要求，根据本省实际制定国家公园建设与运营的具体办法。为了使国家公园契合社会公众意愿，切实发挥向全民提供公共服务的功能，需反映国家事权，体现国家权威，发挥国家的引导和监督作用，因为只有国家才能代表全民。目前国家公园建设中的国家事权已得到一定体现，例如，2020 年，国家层面发布了"国家公园设立规范"（GB/T 39737—2020）、"国家公园总体规划技术规范"（LY/T 3188—2020）、"国家公园监测规范"（GB/T 39738—2020）、"国家公园考核评价规范"（GB/T 39739—2020），国家层面对国家公园进行引导与管理的系统性依据已基本形成。但在国家公园管理机构设置方面，国家垂直管理的框架还远未形成，例如，钱江源国家公园在管理机构设置方面还带有浓厚的"县管"特征。在目前实现国家垂直管理尚有一定难度的情况下，国家层面可构建强有力的督查制度，将定期与不定期督查、明察与暗访相结合，使属地及具体的国家公园管理机构在国家公园保护及资源利用方面不敢搞小动作，体现国家公园的国家属性。鉴于当前在国家公园建设及运营管理中，省级层面政府部门发挥着重要作用，目前在省级层面亟须要整合各职能部门事权，形成既单独又唯一的国家公园管理机构，统筹各职能部门项目资金，衔接各职能部门相关要求，落实与协调各管理条线政策精神，按照国家的要求对辖区内的国家公园统一实施生态保护和运营管理，以从根本上解决长期困扰保护地建设与运营的条块分割、多头管理问题。而要实现这一点，需要省级层面对其国家公园管理机构充分进行授权。在目前尚无法完成充分授权的情形下，可借鉴成立领导小组的做法，由省级有关领导担任组长，各主要相关职能部门委派人员组成工作办公室，进行项目统筹、政策互通，实现统一管理。

6.1.2.2 公园实施

国家公园的实际建设由特定国家公园的具体管理运营者进行。例如，钱江源国家公园管理局负责进行公园生态保护、制度建设、环境教育、人员培训、特许经营实施等。并设有齐溪、苏庄、何田、长虹、国有林场等 5 个保护站。在国家公园建设及运营方面，政府的介入程度高，这符合在国家公园建设过程中，需要政府协调各方利益，且需要发挥政府号召和动员能力的基本现实。目前，对于跨省区的国家公园（大熊猫国家公园、东北虎豹国家公园、祁连山国家公园），一般由国家林草局驻地专员担任国家公园管理局局长职务；对于省区内的国家公园，一般由省林业局副局长担任国家公园管理局局长职务，体现了地方对国家公园建设的高度重视。由此也可看出，在具体的国家公园管理部门实施保护、建设、运营管理过程中，需要相关联政府部门保驾护航，提供帮助和支持。国家公园保护与建设的许多方面都会涉及政府事权，政府的介入和支持程度也会直接影响国家公园的建设成效。但同时，国家公园作为一种向社会提供公共服务的特殊空间，其建设与运营管理也有一定特殊性。目前国内的国家公园建设也尚处在相关部门和主体的共同探索阶段，按照有关部门在每个生态系统类型区设置一个国家公园的设想，全国将会设置 50 个以上国家公园。因此，有必要由国家林业等相关部门牵头，省级层面积极配合和落实，培养一批专业性强的国家公园管理人才，以遵循公益化运营目标来提升国家公园的建设及管理运营水平。另外，国家公园具有全国特性，特定国家公园也需突破主要接受属地管理、向属地负责的局限性，提升国家层面对各个国家公园的统管程度。实践证明，这种统管是有必要的，以普达措国家公园为例，云南省依托其尝试进行国家公园建设起步较早，也在游憩服务、环境建设、制度及规范制定等方面为后来全国层面的国家公园建设提供了相关经验，但现在立足于全国层面来做审视时，普达措国家公园在各方面的表现已并不突出。从国家层面来看，国家公园建设应该有更高的标准和要求。基于目前状况，可针对每个具体的国家公园实现双考评制度，即"地方考评 + 国家考评"，在地方考评的基础上由国家层面按照其对国家公园的统一标准和要求进行考评，以达到按照国家标准以评促建的作用。

6.1.2.3　社会助推

形成社会各方力量参与国家公园建设的长效机制，既是体现国家公园公益特性的需要，也有助于使国家公园建设获得更多社会支持。

（1）社区居民是与国家公园接触最多、最了解国家公园情况、也最具有地方情结的社会主体，同时也是最有条件和机会参与国家公园建设的主体。因此，国家公园建设中需重视社区居民作用的发挥。从当前钱江源国家公园的实际建设运营状况来看，社区居民也事实上已成为国家公园建设的重要参与者，具体体现在生态保护参与、游憩接待参与、科研工作参与等三个方面。在生态保护方面，当地的社区居民历来就有保护自然生态的传统，例如，吃"大锅饭"的封山禁伐习俗（违者处以与封山时所吃"大锅饭"等值的罚金）、杀猪禁渔习俗（罚违禁捕鱼者杀掉自家的猪供村民分食），当前星河村所制定的村规民约也仍将林地保护作为重要内容。社区居民将这些与体现生态文明相关的传统文化开发为节庆活动，对于今天的环境保护宣传和促进具有重要意义。在设立国家公园后的生态保护实践中，村民也已形成了保护生态环境的自觉性，例如，在 2021 年，村民就参与救助珍稀野生动物 89 次。另外，在钱江源国家公园，社区居民已成为游憩接待中无法被替代的参与主体。首先，是由于村民所传承的传统文化、所体现的浓厚乡愁、所展示的淳朴民风是访客的重要体验内容，使公园内的自然与人文生态相得益彰，若少了这些当地居民所体现的文化元素，公园内的游憩体验感将会被削弱许多；其次，是由于当地村民在旅游接待方面是非常有灵活性和弹性的主体，即在访客特别少，游憩接待业特别不景气的情况下，从事游憩接待的农户仍然可正常接待访客，这是外来服务主体所无法做到的。从这方面来讲，社区居民是行业低谷期公园内游憩接待得以正常维系的保障性力量。社区居民也是钱江源国家公园内科研工作的重要参与者。虽然目前村民中被称为"农民科学家"的科研工作者数量还很少，但不可否认的一点是，科研服务是国家公园的主要服务功能之一，随着国家公园内科研活动的增多，熟悉当地情况、有很强吃苦耐劳精神、不额外需要食宿场所的社区居民将是非常理想的科研协助者。

（2）志愿者也是参与国家公园建设的重要社会力量，美国的志愿者每年可为国家公园提供670万小时的工作时间，等同于3200个员工一年的工作量（王辉等，2016）。国内的志愿服务也呈蓬勃发展之势，目前已有2亿多人登记注册过志愿者（高峰等，2022），其中14～35岁者占比超过45%（光明日报联合调研组，2022）。虽然目前参与国家公园建设、服务及运营管理的志愿者仍数量较少，但从国内外相关趋势来看，志愿者也将在国家公园建设中扮演重要角色。为充分发挥志愿者的作用，相应国家公园需设置志愿服务项目并面向社会公开招募，例如，钱江源国家公园可设置"建设防野猪损毁庄稼的护栏"志愿者项目，以切实解决国家公园面临的问题。另外，可考虑将志愿服务成效纳入国家公园建设考评体系之中，以使志愿服务切实发挥作用，而不仅仅是作秀和走过场。

（3）其他社会主体。各种社会主体均可发挥自身的专长和优势来为国家公园建设做贡献，例如，相关企事业单位为国家公园提供科研设备和数据，推广国家公园的碳交易项目，对国家公园进行宣传等，相关个人根据自己的发现和判断为国家公园的保护及管理提供建议，根据自身专长解决国家公园面临的具体问题，对国家公园运营中存在的问题进行监督等。为了扩大国家公园建设中的社会公众参与，需要进一步提升社会主体对国家公园生态公益价值的认知，传递国家公园的生态公益精神，培育更多专门组织社会力量为国家公园提供支持的第三方机构等。

6.1.3 国家公园公益化运营的主体受益模式及相关责任

由于国家公园的正外部性，社会公众均可成为国家公园的受益主体。按照各主体的受益内容，可将相应受益主体分为"访客、社区居民、其他公众"这3类，分别可被描述为"到访受益者、在地受益者、普惠受益者"。在国家公园惠及公众过程中，需分别对应"普惠受益者、到访受益者、在地受益者"，形成"以大众化普惠受益为主要受益方式、以小众化到访受益为辅助受益方式，以公平性在地受益为社区受益方式"的社会主体受益模式

（见图 6 - 3）。如前文所述，环境价值是国家公园的首要价值，公众对国家公园环境价值的需求意愿也最为突出，同时其生态环境价值也是最能惠及全民的价值，因而具有普惠特征，国家公园建设也应以实现大众化普惠受益为首要目标。同时，公众到访国家公园的意愿也较强烈，但其所能接待的访客量有限，以钱江源国家公园为例，其每年最多可接待 400 万人次，约 167 万人（根据调查，平均每位访客约到访 2.4 个景点），即使在长达 100 年的时间内，其最多也只能接待 1.7 亿访客。因此，与从国家公园生态环境价值中受益的社会大众相比，国家公园所接待的访客只能算是小众人群；但向公众提供游憩机会也是国家公园惠民的一种重要途径，需保障其此方面惠民渠道的畅通。社区居民长期生活在国家公园所在地，在国家公园使社会公众受益过程中，也不可忽视社区居民的基本生存权和发展权，否则有失社会公平，因此国家公园也需让社区居民从中公平受益。

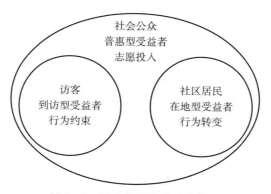

图 6 - 3　国家公园主体受益模式

（1）社会公众的普惠受益与志愿投入。国家公园建设必然为社会公众带来生态环境服务等普惠性利益。同时，国家公园建设作为社会公益性事业，社会主体也需根据实际情况对其进行志愿性投入，包括志愿提供资金、劳务、智力支持等。社会公众的志愿投入情况一是有赖于其对生态保护的关注和重视程度，二是有赖于其为相应公益事业做贡献的精神和倾向，三是有赖于社会相应公益氛围的形成，四是有赖于国家公园自身公益形象的确立和强化。为了增强社会公众对国家公园建设的志愿投入意愿，需进一步让公众认识到生态保护的重要性及国家公园所承载的生态价值，进行更多针对国家公园的公益化宣传，开展更多国家公园环境教育进校园及中小学生进国家公园活动，通过削减和取消门票来进一步凸显国家公园的公益化形象等。

（2）访客的到访受益及行为约束。访客的到访受益是带有一定生态干扰的受益行为，相应生态干扰程度取决于访客的行为方式和行为强度，因此访客需约束自身行为，减少其自身受益对他人利益所造成的消极影响。国家公园是一种特殊类型的游憩区，倡导环境友好型游憩体验。访客教育对其环境行为有积极影响（夏凌云等，2016），因此非常有必要对访客进行环境行为教育，引导访客形成约束自身行为的自觉性。以钱江源国家公园为例，其环境教育载体已非常丰富，但对访客的行为教育尚基本处于缺失状态，可在入口区增设访客行为语音提示系统，宣传访客在国家公园内的环境友善标准，使访客成为"环境友善使者"。另外，也需加强对访客的行为监测、劝导及惩戒，通过一些必要的硬性手段使访客在国家公园内养成亲环境行为习惯。

（3）社区居民的在地受益及行为转变。国家公园可为社区居民提供参与生态保护、游憩接待，并从中受益的机会，与此同时，社区居民需转变其一些固有行为，例如，放弃砍伐和使用薪材、停止使用农药化肥、不对野生动物进行暴力驱逐等。居民生产及生活行为方式的转变既有赖于管理机构的引导和支持，也有赖于其自身观念的转变及自觉性的形成。例如，钱江源国家公园实施的"柴改气补贴"项目、三江源国家公园实施的以清洁光伏能源替代烧牛粪的扶贫项目，在引导和支持村民转变传统行为方面发挥了重要作用。另外，让社区居民切实感受到国家公园建设所带来的好处，其就会形成采取更多环境友好行为的自觉性，例如，当三江源的牧民转变为巡护员并获得相应报酬后，其就会自觉减畜。

6.2 契合公众意愿的国家公园公益化运营内容设置

6.2.1 契合公众意愿的公共生态资产功能优化及守护

契合公众获取优质生态环境服务的强烈意愿，相关机构需在国家公园实行"公共生态资产增值与维护的空间建设管理模式"。

首先，实现国家公园公共生态资产的功能提升优化。根据随机对钱江源国家公园内 247 位游客的调查，针对"国家公园内的环境价值需要被进一步提升优化"这一判断，超过 2/3 的被调查者都表示认同［见图 6-4（a）］，即其存在期望国家公园生态环境得到进一步提升优化的意愿。而实践也证明，国家公园的生态服务功能尚存在一定提升空间。例如，在钱江源国家公园，公园管理机构为提升其生态服务功能，清除了生态友好性欠佳的游憩服务项目（枫楼项目），关停和整改了以前设置的水电站，在一些社区进行了柴改气（柴火灶改天然气灶），对一些林地进行修复等，使国家公园的生态环境进一步优化，生态服务功能进一步提升；据开化县环保局数据，2021 年，其出境水为Ⅰ类的天数比 2020 年增加了 50%。再如，据三江源国家公园官方资料，截至 2021 年，仅公园内的达日县就累计治理 134.96 万亩草原上的黑土滩，使草原平均自然产草量由 115 千克/平方千米上升至 213.27 千克/平方千米（孙睿等，2021）；建立国家公园试点以来，三江源国家公园内的湿地增加了 11000 平方千米，藏羚羊数量增加了 1.33 倍（目前约为 7 万只），鸟的种类增加了约 17.99%（目前为 223 种）（万玛加等，2022）；通过生态治理

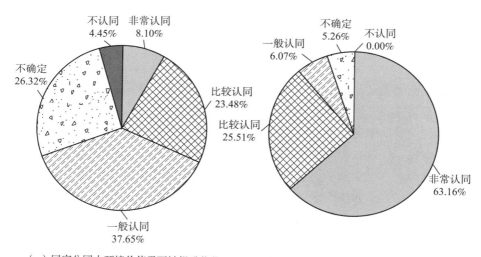

（a）国家公园内环境价值需要被提升优化　　　（b）设置国家公园的目的是保护环境

图 6-4　公众对国家公园的基本认知

与修复，大熊猫国家公园内所能监测到的大熊猫增加了约31.85%（2021年底约为178只）（刘畅，2022）。由此可见，目前国家公园建设运营的重要任务之一是进一步治理和修复其生态环境，使其所承载的公共环境服务功能更强，实现生态资产的增值。

其次，实现对国家公园内公共生态资产的价值守护。如图6-4（b）所示，94.74%的被调查者认为设置国家公园的目的是保护环境，也反映了其期望国家公园内生态环境得到保护的意愿。还有一些个体对设立国家公园的目的尚不十分了解。保护国家公园生态环境既是国家的要求，也是公众的期望。国家公园的公共生态服务价值也不可能无限增加，而是存在一个最优或接近最优的水平，当相关主体通过生态治理与修复使其生态价值达到或接近这一水平后，国家公园运营管理的任务则主要为维护相应生态价值。首先，在价值维护中，需充分发挥生态环境科学监测与分析的作用，及时发现问题后进行应对，防患于未然。因此，需加大科研投入，建立国家公园的科研机构与工作人员队伍，并加强与有关科研机构的合作。其次，国家公园也应长期预留一定数额的生态应急资金，一旦发现公园内有生态退化及受威胁的倾向，就立即投入资金进行生态治理及修复响应；而不是由于缺乏资金，导致不能及时应对相应问题，等生态退化现象扩大后再进行处理。

6.2.2　地方性服务与公众意愿契合关系的维护与促进

地方性服务既是国家公园访客的重要体验内容，也是集中展现地方特色的一种重要途径。所谓地方性服务是指一个地方有突出当地特色，可与其他地方形成差异的服务。地方原生态美食可集中展现当地的物产、习俗、民风等，因而属于极具典型性和代表性的地方性服务。以钱江源国家公园为例，公园内的原生态美食体验已成为访客感受地方特色的重要体验内容，为许多访客所津津乐道。对445名访客的调查表明，被调查者感受钱江源国家公园所在地当地美食的意愿很强烈，在访客各种体验意愿中排首位（见图6-5）。由于地方性人文生态主要由当地社区居民进行传承和体现，所以地方性服务的从事者也一般主要为当地居民。因此，国家公园的地方性服务具有为社区居民创造增收机会，促进其进行生计转型进而减轻环境压力的作用。从这个角度而言，地方性服务也具有一定公益性作用。基于此，向访客提供地方性服务也是国家公园的重要公益化运营内容之一。地方性服务与公众意愿的契合程度会影响其服务功能实现水平。本研究以钱江源国家公园的原生态美食服务为例，来分析国家公园地方性服务与公众意愿的契合关系，以及探讨如何来维护和促进相应契合关系。

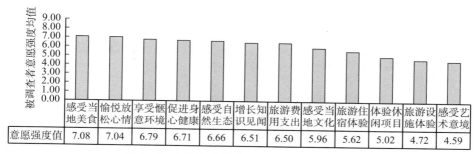

	感受当地美食	愉悦放松心情	享受惬意环境	促进身心健康	感受自然生态	增长知识见闻	旅游费用支出	感受当地文化	旅游住宿体验	体验休闲项目	旅游设施体验	感受艺术意境
意愿强度值	7.08	7.04	6.79	6.71	6.66	6.51	6.50	5.96	5.62	5.02	4.72	4.59

图 6 - 5　被调查者的体验意愿强度评价均值

6.2.2.1　国家公园典型地方性服务的原生态特征

钱江源国家公园的生态环境优势被充分投射到旅游美食服务之中，使其形成鲜明特征，即"烹饪食材原生态、用餐环境原生态、文化氛围原生态"。

（1）烹饪食材原生态。钱江源国家公园在旅游饮食服务中所使用的绝大部分食材由居民自己生产或采集（见表 6 - 1），具有如下特征：由当地居民以传统方式种植或养殖（如清水鱼、土鸡、土猪等），或在山野中自然长成（如竹笋、圆叶节节菜、青蛳等），或由当地居民采用本土农产品以传统方式加工形成（如汽糕、土豆腐、捞旱菜、风干蹄、粉蒸肉等）。这些食材具有突出的原生态特征，具体体现为其生长环境、种养方式、加工制作方式方面的原生态。

表 6 - 1　钱江源国家公园齐溪镇主要餐饮服务点的原生态食材自给率

经营点名称	所在村落	单次餐饮接待容量（人）	食材自给率（%）	经营点名称	所在村落	单次餐饮接待容量（人）	食材自给率（%）
福临山庄	齐溪村	80	70	源头土菜馆	后山湾村	50	85
绿孔雀饭店	齐溪村	30	85	阿斌农庄	后山湾村	40	90

经营点名称	所在村落	单次餐饮接待容量（人）	食材自给率（%）	经营点名称	所在村落	单次餐饮接待容量（人）	食材自给率（%）
清水鱼山庄	齐溪村	70	80	钱江源山里人家	后山湾村	56	85
厅后人家	齐溪村	30	80	金包银民宿	后山湾村	30	90
山坞人家	齐溪村	35	75	莲花山庄	后山湾村	70	50
齐溪人家	齐溪村	70	75	山水人家	后山湾村	32	90
湖边鱼味馆	齐溪村	72	70	梅源香农庄	里秧田村	48	85
渔香馆	齐溪村	36	70	依然农庄	里秧田村	50	80
钱江源清水鱼庄	齐溪村	85	70	华味客栈	里秧田村	55	85
生态鱼庄	齐溪村	32	80	龙门客栈（赖家）	龙门村	30	80
溪水湾饭店	齐溪村	40	75	龙门客栈（张家）	龙门村	50	85
山香有仙客栈	后山湾村	50	85	龙门客栈（华家）	龙门村	30	90
钱江源映竹楼	后山湾村	70	50	龙门客栈（张家）	龙门村	20	90
听泉人家	后山湾村	80	65	龙门客栈（汪家）	龙门村	60	70
山湾客栈	后山湾村	60	80	龙门客栈（郭家）	龙门村	35	80
栖心民宿	后山湾村	50	85	龙门客栈（余家）	龙门村	56	70
钱江源胖子农庄	后山湾村	60	80	龙门客栈（黄家）	龙门村	50	75

（2）用餐环境原生态。处于优质自然环境中的美食服务点可使食客获得

生态舒适感，为其创造亲生态感受；许多服务点甚至可将生态休憩与美食体验融为一体。如齐溪村的厅后人家毗邻齐溪水库，后山湾村的山香有仙客栈可开门见山，龙门村久山半餐馆前面有清澈的潺潺溪流，在台回山云雾山庄可远眺连绵起伏的山脉及俯瞰大片壮观的梯田，坐落于原生态古村落高田坑的黄金茶楼则处在山林环绕之中。

（3）文化氛围原生态。慢节奏的乡村生活情调、淳朴的民风、热情好客的人文环境，营造出较浓郁的原生态文化氛围，使许多访客形成深刻印象，例如，其在游记中所述："人都很淳朴""啃玉米的老太太看我眼馋，匀了我大半根"，以及"这里没有商业化""洋溢着安逸舒适的生活气息""原始的农家生活吸引许多画家来这里写生"等。地方文化氛围会为访客带来亲切、舒心、温馨等体验感受。

6.2.2.2 国家公园典型地方性服务对访客意愿的契合

（1）国家公园美食服务很好地契合了访客享用原生态食材的意愿。通过对携程、马蜂窝等网站上涉及钱江源国家公园美食体验的 110 篇游记，以及大众点评网、美团网站上对研究区较热门旅游餐馆的 104 则游客评论进行分析，发现访客对美食"感官品质""食材"的赞许程度较高，如图 6－6 所示。而食物的感官品质也在很大程度上与食材相关，例如，游记所反映：青蛳

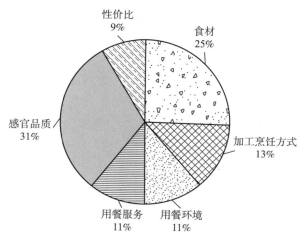

图 6－6 访客视角下的原生态美食服务体验元素

生长在如此清澈的水中，味道很新鲜；生长于青山绿水中的土鸡味道很不错；以土鸡蛋为食材的菜值得品尝；等等。除了感官品质，"原生态食材"会为访客带来绿色、纯洁、健康等想象，这些都为其所向往。例如，游记所反映，钱江源清新的空气让蔬菜都有了灵气、在自然环境中生长的土鸡无激素、清水塘中的鱼超级活泼等。由此可见，访客对原生态食材充满兴趣，享用意愿较强，而国家公园美食服务可很好地契合访客相应意愿。

（2）国家公园美食服务很好地契合了访客体验原生态生活的意愿。访客可从钱江源国家公园美食服务中感受到一些原生态生活气息，例如，访客提到的"跟老板娘穿过田埂到池边捞鱼""吃饭时看到村民端着饭碗来串门""看老板用柴火炖鱼""边吃饭边和老板没有顾虑地拉家常""农户家没有菜单而随心地做着生意""等上菜时到别人家去看打豆腐"等，均可使访客感受传统、随意、和谐的原生态生活意趣。访客在游记中提到的用餐服务、加工烹饪方式、用餐环境（其中之人文环境）、性比价（见图6-6）等都能折射出研究区的原生态生活气息，是访客所期望体验的重要内容，为许多访客所称赞。但当前钱江源国家公园的美食经营者、管理者对原生态人文氛围的传承、利用、展现程度不够。究其原因，是访客在美食体验中不仅只关注食物和服务本身，而还有感受淳朴民风、品味乡野情调、体验乡土文化意趣的诉求，但相关主体尚未充分认识到这一点。为更好地契合访客意愿，对相关主体进行观念引导就十分必要。

（3）国家公园美食服务很好地契合了访客享受原生态风光的意愿。欣赏自然美景、亲近自然生态是访客的普遍诉求，钱江源国家公园中许多美食经营户具有"看得见山、望得见水"的生态环境优势，可使访客在美食体验过程中也能欣赏美景、亲近生态。例如，仁宗坑的乌石园民宿，其旁边就是大片的田野和茂密的山林，傍晚用餐后还可欣赏天空的繁星；龙门客栈（张家）旁边就是菜园、竹林和山溪，可让访客边吃饭边赏景，或在等餐的间歇到田间、林畔漫步。访客游记显示了原生态环境为其用餐时所带来的舒适和惬意，例如，看山水美景使等菜时不再着急、一边呼吸清新空气一边品尝山野美味、往溪边一坐一股清凉就袭面而来等。实地调研发现，虽然一些接待户周边的生态环境优势较小，但其也完全可以对自家庭院及房前屋后小环境进行改造，以营造出与周边原生态大环境相融的意象，使访客获得一定亲生态感受。

6.2.2.3 国家公园原生态美食服务与访客意愿的分异

通过对钱江源国家公园内高田坑、台回山、龙门村、仁宗坑、后山湾村、齐溪村 30 名游客的随机访谈发现，访客针对研究区美食服务所反映的主要问题依次为"菜肴品种偏少、环境卫生欠佳、味道偏辣、价格偏贵、等候时间较长、饭菜分量过大、过了饭点就餐不便、早餐时间太早"这 8 个方面（见图 6-7）。

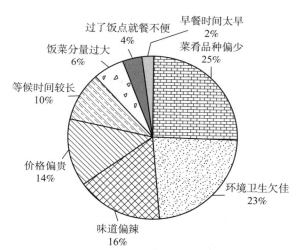

图 6-7 被访谈对象所反映的钱江源国家公园美食服务中存在的主要问题

相应问题的具体体现如下。第一，钱江源国家公园菜肴品种较少，主要以"清水鱼、烧豆腐、炒青菜、笋干炒肉、土鸡煲"等为主。这主要与山区所出产的食材结构，以及本土居民长期形成的饮食传统有关。例如，被访谈者所述，其在几次用餐之后，会出现"经常就这几道菜，已经吃腻了"的心理。第二，环境卫生欠佳。许多当地居民不了解访客追求干净卫生的心理，对美食服务中的环境卫生不重视，"厨房显得比较脏乱""似乎未对碗筷消毒"，甚至"在未戴口罩的情况下边炒菜边对着锅咳嗽"，使游客对美食服务中的环境卫生问题心存疑虑。第三，味道偏辣。钱江源国家公园毗邻徽南，地方口味偏辣。而访客大多来自上海、江苏及浙江其他地方，部分访客常感到菜肴太辣。在其要求经营者少加辣椒后，部分经营者较难一次性将菜肴味道调整至能让其满意的水平。第四，价格偏贵。实地调研也发现，与附近城镇相比，钱江源国家公园的美食服务价格会高出 20% ~ 30%，会使访客感到价格高。但同时很多访客也谈到，"毕竟人家清水鱼是用柴火炖的""清水鱼1 年才长 1 斤，贵也有贵的道理""青菜是亲眼看见老板在地里拔的，这收费也算合理吧"。第五，等候时间较长。实地调研发现，仅在少部分服务点存在食客等候时间较长的现象，其主要由于非旅游旺季时接待户家中人手不够、从事烹饪的人偏年长而动作相对迟缓、旅游旺季时等候的客人较多等原因所致。第六，饭菜分量过大。饭菜分量大一方面体现了当地人的热情待客之道，但另一方面也会因食用不完而造成浪费，使许多反对浪费现象的访客内心感到遗憾，例如，"菜的分量太实在，光盘行动，这次是办不到了""看着一大盆好吃又吃不完的土鸡煲只能被浪费，太可惜了"。目前仅后山湾村的莲花山庄、龙门村久山半餐馆、齐溪村莲花湖鱼庄等对菜品做了大小份之分，可在一定程度上避免上述问题。第七，过了饭点就餐不便。这是一种偶有发生的现象。有些喜欢睡懒觉的客人起得晚，"起床后他（接待户）家里人已出去忙别的事了，只有等到中午填肚子了"。有些访客错过饭点后找餐馆就餐，被告知"已没米饭了，可到下面一家去吃"，到下一家后结果得到相同的答复。第八，少数访客反馈早餐时间太早，如"山里人起得早，六点半就在外边喊我吃早餐，而我夜里两三点才睡觉，不爽啊"。

6.2.2.4　国家公园原生态美食服务与访客意愿契合关系的维系与促进

（1）契合关系的维系。如上文所述，当前钱江源国家公园原生态美食服务可较好地契合访客体验意愿。维系这种良好契合关系，需保持美食服务中"烹饪食材、用餐环境、文化氛围"的原生态性。相应原生态性会受到一些因素或正或负的影响。研究者组织了一个 6 人研讨组，根据各种因素会产生的实际影响，按 3 等级法对其影响作用进行集体研判。其中，如图 6 - 8 所示，"文化氛围原生态性"面临的威胁最大，其次依次是"烹饪食材、用餐环境的原生态性"。首先，根据历史唯物主义，地方传统文化演变具有一定必然性（张谨，2021）。在更多情况下，地方居民对传统文化氛围的改变也很无奈，在接待规模扩大后，服务者很难向每一位访客显示出热情好客，例如，当地山庄户主也想自己和家人能好好过个春节，已连续两年拒绝接待熟客来山庄过年，当然这会使其熟客无法再感受到同昔日一样的氛围与情调。

其次，烹饪食材的原生态性正受到规模化、快速化生产的威胁。当地许多农户认为"清水鱼规模化养殖后品质会下降"，虽然这一说法尚未得到确切验证，但对于规模化养殖的清水鱼，访客原生态感受会大幅下降却是不争的事实，有访客表示，"看到这么大的室内恒温养殖基地后，对清水鱼就没有太大兴趣了"。与传统养殖塘相比，一些规模化养殖基地的确不能传递出相应的原生态信息（见图 6－8）。但规模化已成趋势，为发展产业，地方政府鼓励规模化养殖，例如，《开化清水鱼产业扶持政策（2021 年）》规定精品鱼塘水面达 1000 平方米以上时可申请 100 元/平方米的政府补贴，开化县水产协会也专门制定了《开化清水鱼规模化养殖技术规程》（T/KHXSCXH 001—2021）。还有一些农家乐为了扩大接待，买来 1 斤多重的小鸡进行散养，其养成速度快，但跟刚孵化出就被散养的土鸡相比，其肉质明显较差。此背景下，如何维系食材观感和品质的原生态？是一个不容回避的问题。最后，国家公园以保护生态为目的，已实行一系列有力的保护和监管举措，其保护已受到全社会关注。这将使用餐环境原生态性所面临的威胁较小。

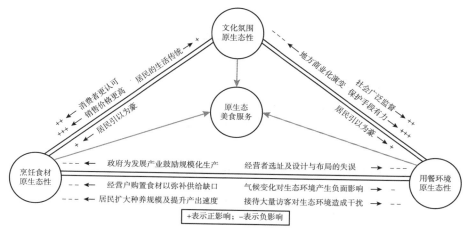

图 6－8　钱江源国家公园美食服务中原生态性面临的威胁

①实行"散而小"，而非"集而大"的模式来扩大食材种养。在扩大原生态食材种养以富民、以提升国家公园社会服务能力过程中，虽然"集中进行大规模养殖"能提高生产效率。但其弊端，一是会改变传统养殖的原生态特征，二是可能挤压散小养殖户的生存空间，最终会威胁传统原生态养殖方

式的存续。若以"散而小"的模式，鼓励居民按传统方式在田野、溪边、林畔、房前屋后多设清水鱼塘，配套植入"收购＋运送＋销售"服务企业，则在扩大产能的同时，既可使居民广泛受益，实现共同富裕，又可维系食材生产过程的原生态性。传统清水鱼塘与现代规模化清水鱼养殖基地对比情况，如图6-9所示。

（a）原生态清水鱼塘　　　　（b）原生态清水鱼塘　　　　（c）规模化清水鱼塘
（2020年12月25日摄于高田坑）（2020年12月26日摄于仁宗坑）（2022年1月22日摄于田畈村）

图6-9　传统清水鱼塘与现代规模化清水鱼养殖基地对比

②实行"协作联动"，而非"自给自足"的模式来进行食材供应。接待规模日益扩大后，接待户的原生态食材供应便无法"自给自足"，一些接待户便开始"将就"，以次充好，必然会影响美食服务质量。若在区位条件欠佳，尚未从事访客接待的农户中发展一批符合标准的食材种养户（如土鸡散养户），使原生态食材需求量大的接待户与这些种养户间形成协作联动关系，则同样既有助于实现共同富裕，又可保障食材的原生态品质。目前，龙门村的集体组织发挥了其应有的作用，促成了这种协作联动关系，例如，久山半餐馆就与1个豆腐生产户、7个清水鱼养殖户、3个土猪养殖户建立了这种联系，每年可带动其联动户增收3万元以上。但其他村落尚未形成这种联动关系。

③形成"文化资本"认知与发展理念。文化要素是一种重要的发展资本，在人类精神需求日益旺盛的背景下，其重要性愈加突出（王蓉等，2021）。钱江源国家公园内淳朴、热情好客的原生态文化氛围是地方吸引力的重要支撑因素，为访客所津津乐道，这在许多游记中都有体现，例如，一些访客写道："老板娘很热情的，就像自家阿姨""老板家服务态度相当好，为人热情朴实""老板和老板娘都很淳朴"。但当前对这种文化资本的

重视程度尚有待提升：在钱江源国家公园，尚未发现保护原生态文化氛围的相关宣传和举措。通过宣传提升当地对无形文化资本价值的认知，发挥其在契合访客意愿方面的作用，是研究区保持美食服务原生态性的一项重要内容。

④实行"美食与生态环境体验相融合"的服务运营模式。接触、欣赏较原始自然生态是访客非常重要的原生态体验诉求。钱江源国家公园内的许多美食接待户具有使访客在等餐间歇或用餐过程中感受、欣赏原生态自然风光及环境的条件，但当前其对这种优势利用得并不充分。例如，后山湾村有近 20 家美食接待户，在这里，食客若利用餐前饭后时间，步行不足 10 分钟便可欣赏到极为壮观的大峡谷飞天瀑布（落差达 120 米），但很少有接待户会主动向食客传递此信息；甚至有访客在这里住了好几天，都不知道身边竟有如此之生态美景。另外，大部分接待户尚未形成使食客在用餐的同时感受自然生态的意识，未特意为食客创造观景条件及视廊。在此方面，管理者有必要使相应接待户对访客意愿形成充分认识，使其形成全方位为访客创造原生态美食体验的观念。

（2）契合关系的促进。如上所述，有必要进一步促进钱江源国家公园极具特色原生态美食服务与访客意愿的契合关系，以使其在促进社区居民增收及生计转型方面发挥更多作用，向社会产生更多服务价值。

①实行"知己知彼"的服务模式来提升地方原生态美食服务与访客意愿的契合程度。钱江源国家公园原生态美食服务与访客意愿存在一定分异的一个重要原因是：接待户对食客一些意愿了解程度不够。对齐溪镇 30 家接待户的调查结果显示［如图 6 - 10（a）所示］，对访客所反映问题表示"很了解"的接待户占比偏少。许多来自城市的访客对环境卫生、个人自由、服务效率等有更高要求，但一些接待户对此缺乏充分认知，因而不能主动满足访客在这些方面的意愿。多数访客不忍心破坏友好的主客关系，以及出于对当地居民的尊重，也不会刻意指出所存在的问题。村集体等管理者可专门开展（或委托第三方进行）调查来收集食客反馈，通过入户交流或召集会议等方式使接待户充分了解食客反馈，做到"知己知彼"，并动员接待户提升对食客诉求的重视程度。

②践行"精益求精"的服务理念来提升地方原生态美食服务与访客意愿的契合程度。接待户对访客所反馈问题的认同度也不高［如图 6 - 10（b）］。

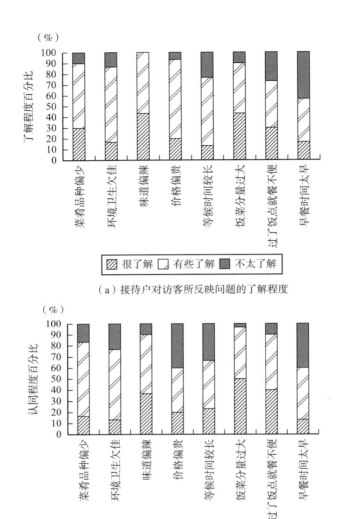

（a）接待户对访客所反映问题的了解程度

（b）接待户对访客所反映问题的认同程度

图6－10　餐饮接待户对访客所反映问题的了解及认同程度

由于生活方式、习惯、追求，乃至价值观念等方面差异，接待户并不能完全理解食客的一些要求，甚至就同一问题，其同相应访客之间会产生不同看法，例如，接待户讲道："我们这跟高档饭店肯定没法比，但我觉得你说的这些情况也因人而异吧，许多客人都愿入乡随俗的"。虽然出于运营需要，接待户会搁置自己的看法而照顾食客的感受，但由于并未从内心实现认同，许多接待户都有一种"差不多就行"的将就心理，如其所述："在干净卫生方面我们尽量改进，但毕竟农村苍蝇就多，跟城里不好比。""（在饭菜分量方面）我们家里平时都这样，吃不完就用来喂鸡喂猪，也不会浪费的；客人也觉得这样显得我们很实在；有些客人不习惯的话，那我们平时注意一下啊"。从消费侧反馈来看，服务的粗放会使许多访客的原生态美食体验打折扣。就食客意愿演变和地方服务业发展逻辑而言，钱江源国家公园的原生态美食服务由粗放到精致是一种必然趋势。应塑造榜样在接待户之间进行示范，使其了解何为精致服务，并意识到实现精致服务的必要性。

③采取"价值显化"的运营模式来提升地方原生态美食服务与访客意愿的契合程度。对生态资源价值进行显化有利于增强人们对相应价值的认同（曹元帅等，2021）。当钱江源国家公园访客充分认识到当地原生态食材在健康、文化、生态等方面价值后，其就更有可能认可相应美食价格的合理性。当访客针对当地餐饮服务的一些方面出现不满情绪时，相应服务突出的原生态价值也可对访客心理起到一定平衡作用。这有助于优化当地原生态美食服务与访客意愿的契合关系。当前，访客可强烈感受到当地美食的原生态特色，但除体验价值外，当地原生态食材在营养健康、文化、生态保护等方面的突出价值也不容忽视。例如，以传统方式养殖的清水鱼所含氨基酸是普通鱼的7 倍以上；接待户夏季用以待客的山野菜马齿苋能提高人体免疫力、荠菜有明目益胃作用、扁蓄和玉竹可很好地向人体补充维生素 C 等（叶建军等，2008）；红花山茶油不但可以抗衰老，其种植还可为国家一级保护动物白颈长尾雉提供较好的生境。但访客对这些了解得很少，接待户不会做系统介绍，也未发现有相应标识对此进行解说。在此背景下，对相应价值进行显化有重要意义。钱江源国家公园管理局、相关村集体有必要针对接待户开展培训，使其具备向食客做相应介绍的知识水平；也需加大相应解说展示系统的投放力度，使之成为生态文明宣传的重要内容。

6.2.3 基于公众意愿的主体生态文明感知提升与优化

在 2015 年 9 月中共中央、国务院发布的《生态文明体制改革总体方案》中，建立国家公园体制被作为重要内容，国家公园已成为生态文明建设的重要空间载体和展现窗口。根据习近平总书记的系列讲话，实现人与自然、人与人、人与社会和谐共生是生态文明建设的根本宗旨（晓荣，2016）。因此，实现人、自然、社会和谐共生是生态文明建设的核心内容（见图 6 – 11）。生态文明理念的提出也是为了优化人与自然、人与人、人与社会的关系。例如，在人与自然关系日趋失衡的背景下，实现人与自然的和谐便成为社会主体的强烈意愿，回归自然生态有助于使社会主体追求人地和谐的心理诉求得到一定补偿。根据阿德勒补偿理论，当社会个体的内心出现失衡时，其就会寻求补偿，目的是调整内心的缺失和失衡感（翟贤亮等，2012）。在钱江源国家公园内，原生态自然环境、优美的自然景观，可使现代人（尤其是大城市居民）与自然关系失衡的心理得到很好的补偿，获得人地和谐感。其不仅能在国家公园内感受到人与自然的和谐，还可在当地传统的人文氛围中感受人与人的和谐，以及在国家公园的公益化运营环境中感受人与社会的和谐。公园内淳朴的民风使访客念念难忘，可使访客感受人与人之间的真实与亲切；访客在国家公园内，获得志愿者提供的志愿服务，或自己向别人提供志愿服务，可使其感到自己是社会的一员，得到了社会的关心或认可，从而可产生人与社会的和谐感。

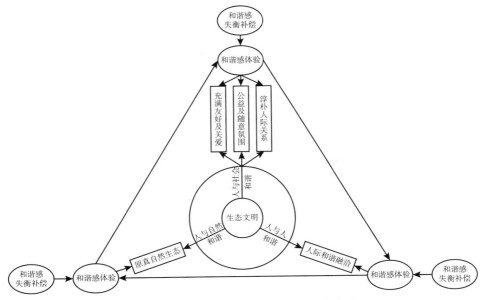

图 6 – 11　访客对国家公园生态文明的感受

本研究基于与钱江源国家公园相关的 115 篇游记，从中摘录与访客生态文明感知（即访客对上述 3 种和谐感知）诉求、感知内容及感知影响相关的内容。然后，采用扎根理论的编码分析法（具体分析方法与过程前文已详述，此处不再赘述）来识别访客寻求"人与自然、人与人、人与社会相和谐"的心理补偿意愿、其在国家公园所形成的相应和谐感知，以及访客生态文明感知所产生的影响（编码参考点数量如图 6－12 所示），以为进一步提升及优化国家公园内主体的"人与自然、人与人、人与社会和谐感"提供相应依据。访客在游记中对其生态游憩中的生态和谐感知进行了较充分的描述，虽然游记中对其获得生态和谐感的意愿，以及对生态和谐感知对其产生的影响描述得较少，但从这些有限的描述中同样也能获得其在对国家公园生态文明感知前后的一些心理状态。

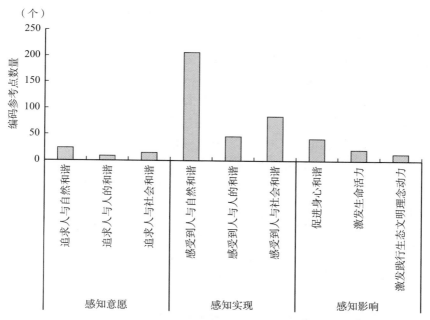

图 6－12　访客生态文明感知意愿、实际感知及感知影响编码参考点

6.2.3.1　访客生态文明诉求下的心理补偿意愿

在访客到访国家公园之前，会形成对国家公园生态文明的想象，这些想

象也体现了其在"人与自然、人与人、人与社会和谐"方面的心理补偿诉求（见图6-12）。其相应心理补偿诉求源于其现实生活中焦虑、失落、孤独等所造成的和谐感匮乏，其现实生活中所经历的人与自然、人与人、人与社会的紧张关系与生态文明理念相悖，进而使其形成追求生态文明的意愿，而国家公园所营造的生态文明意象恰好可迎合社会主体的这种心理诉求。第一，现实中，人与自然和谐感失衡驱动主体产生相应心理补偿意愿。城市里"缺失自然元素的环境、受污染的空气及水体"等造成了人与自然之间关系的不和谐感，如访客在游记中提及的"让人压抑的高楼大厦、城市中常见的雾霾天、浑浊的河水"等激起了其对国家公园和谐自然的向往。第二，现实中人与人和谐感失衡驱动主体产生相应心理补偿意愿。访客游记中提到的"紧张的人际关系、各种规矩的束缚、严重的攀比心态"等造成了人与人之间关系的不和谐，对其造成人际压力、身心失衡、精神烦恼，这些激起了其对和谐人际关系的向往，如其游记中所述，使其想要"远离烦人的人际关系""释放压力""发展自我"。第三，人与社会和谐感失衡驱动主体产生相应心理补偿意愿。访客游记中提到的"激烈的社会竞争、过于商业化的社会环境、快节奏的社会生活、利益化的关系网络"等造成了人与社会之间关系的不和谐，激起其追求相应和谐感的心理补偿诉求，向往国家公园内的"和谐生活场景、慢节奏环境、本真及自由自在的生活"。第四，在各种因素驱动及主体向往和谐的心理作用下，其将国家公园想象成了人与自然、人与人、人与社会之间非常和谐的"桃花源"。在其想象中国家公园拥有"万物欢歌的山水自然、邻里相睦的淳朴乡情、朴素简单的乡村生活"。也正是在这种心理补偿诉求下，社会主体产生了对国家公园的到访意愿。

社会主体对国家公园形成的"人与自然、人与人、人与社会和谐"的生态文明想象，其本质上体现了社会公众相应精神追求，而国家公园所形成的生态文明形象可激起社会公众的这种精神追求。从这个角度来说，国家公园的生态文明形象也是一种社会精神产品，可迎合社会主体对生态和谐的精神追求，可使社会主体在联想到国家公园所承载的生态文明时心存一丝向往和处于想象层面的精神慰藉。因此，国家公园的生态文明形象塑造与宣传也具有重要的社会意义，也应将其作为国家公园运营的一项重要内容，其有助于形成更多关于生态文明的文化符号、丰富社会的生态文明精神产品，引起社会主体更多的生态文明想象，以及引发其对生态文明建设的更多关注和支持。

6.2.3.2 访客心理补偿意愿下的生态文明感知

访客对国家公园生态文明的现场感知,是在其对相关物质和文化元素的真实体验与感受中形成的。访客在钱江源国家公园内体验和感受到的物质元素主要包括生态环境、生态景观、服务设施、生态美食等,其感受和体验到的文化元素主要包括当地的人际交往、民俗风情、文化精神等。访客在其体验和感受中,形成真切的人与自然、人与人、人与社会的和谐感。①访客在国家公园内的人与自然和谐感知。国家公园的原生态特征可契合访客期望获得人与自然和谐感的心理补偿意愿。公园内"原始和谐的氛围""老水车与小溪流的和谐搭配""与城市截然不同的环境"等,使访客在园内"产生返璞归真的感受""享受自然的宁静""感受诗画般的和谐意境"等。这种人与自然的和谐感使访客产生"置身于世外桃源之感受",进而非常"喜欢这里的自然生态和美丽景观"。访客在心理补偿意愿中,将国家公园想象为"桃花源",在其切身感受国家公园内人与自然和谐关系后,也将其视为"世外桃源""人间天堂",反映出访客体验后的实际心理感受完全契合其预期的心理补偿诉求,也反映出钱江源国家公园的自然环境可非常好地契合访客感受人与自然和谐的意愿。②访客在国家公园内的人与人和谐感知。国家公园内的人际互动可弥补访客都市生活中纯真、和谐人际关系的短缺。公园内"亲切和有人情味的村民""热情的老板娘""和访客分享内心世界的房东"等使访客"产生家的感觉""感到轻松、自在""打消了心理防线"等,使其感受到人质朴的本性,与城市中粉饰、失真的人际交往感受形成较明显对比,这种体验在一定程度上满足了访客感受人与人之间和谐关系,补偿生活中人际和谐失衡的愿望。③访客在国家公园内的人与社会和谐感知。国家公园内和谐融洽、默契度高的社区氛围可满足访客感受人与社会和谐关系的愿望。公园内"和谐友爱的社会氛围""安逸的生活气息""与世无争的环境""和谐的邻里关系""慢悠悠的生活格调",营造出一种非常和谐的社会氛围,根据游记内容,这同样使访客获得了"桃花源"般的意象,使其心境发生积极转变。这反映出访客在研究区的社会和谐体验感受也非常好地契合了其获得人与社会和谐感的心理补偿意愿,符合其预期形成的"桃花源"想象。

生态文明包括人与自然、人与人、人与社会和谐这 3 个方面,而钱江源国家公园可很好地展现这 3 种和谐,因而其对生态文明的体现是全面的。国家公园内人与自然、人与社会的和谐感共同支撑其在人们心目中"桃花源"意象的形成，而人与人之间的和谐感是"桃花源"意象下不可缺少的一种感受（尔虞我诈的人际生态绝不应出现在桃花源中）。国家公园是展现生态文明的重要载体，因此其建设运营也应遵循"三位一体原则"，维护和体现上述 3 种和谐，使其展现完整的生态文明。同时，上述分析也表明钱江源等国家公园完全具备展现完整生态文明的物质和文化条件。但现实中对维护和展现国家公园内人与人、人与社会和谐关系的重视程度不够。例如，在钱江源国家公园，虽然访客游记内容对公园内的上述 3 种和谐关系均进行了充分描述，但公园官方网站对园内人与自然的和谐关系进行了非常充分和生动的展示，却几乎未对公园内人与人、人与社会的和谐关系做展现。这反映出相关管理机构未充分认识到后二者在体现生态文明方面所同样具有的重要意义，对维护和展现公园内人与人、人与社会和谐关系的重视程度还不够。因此，关注国家公园生态文明建设的学者、社会评论者、其他相关机构和个人应在此方面积极进行呼吁，使具备条件的国家公园所维护和展现的生态文明更为全面。

6.2.3.3 访客生态文明感知的积极影响

（1）通过生态文明感知促进访客自身的身心和谐。访客在国家公园内感受人与自然、人与人、人与社会和谐的直接结果是促进其自身的身心和谐。第一，人与自然的和谐可使访客身心畅爽，形成真切的自我身心和谐感。国家公园内极其丰富的负氧离子、清新的空气、满眼的绿色等自然元素本身具有身心调谐作用，如公园内的天籁之声能缓解访客的焦虑感（黄清燕等，2022）。访客游记充分表达了公园内和谐的自然生态对其身心状态的影响，例如，"树叶的摩擦声、婉转的鸟叫声，使内心不再浮躁和焦虑""湿润和清新的空气，让人感到很是舒服和放松""置身自然美景中，心情自然变得愉快"等。另外，访客在国家公园内产生的自然融入、天人合一感可为访客带来精神上的畅爽与升华（杨洋等，2022），例如，访客所述"灵魂得到大自然的洗涤，感到心情明朗、很有精神""大自然让我体悟生命的价值"。第二，国家公园内的人与人、人与社会和谐感对访客的身心调谐作用虽然被提及得相对较少，但其也同样存在。例如，访客提到了公园内人际和谐对其心理的积极影响："人很亲切，让人心里暖暖的""老板家人都很淳朴，让人心里感到非常踏实"；其同样也提及了园内社会关系和谐对其心理的正影响："古村落祥和宁静、人们自得其所的氛围让人的心态也变得平和""鸡犬相闻、邻里相亲、心情怡然"。但同时也可看出，公园内的人与人、人与社会和谐感主要作用于访客心理，主要对其心理和谐有积极影响。

（2）通过生态文明感知激发个体的生命活力。在充分感受国家公园的生态文明之后，访客可获得一定生活动力、生命活力与精神能量，如其所述"此次游览使我感到世界其实很精彩，要珍惜我们的生活""使我对人生有了新的思考，平常那些烦心事又能算得了什么呢""生命也就像那山中绽放的花朵，没有理由不热爱自己的生活啊"等。因此，访客在国家公园内所获得的生态和谐感可转化为其生活动力与能量，根据访客游记可看出，相应动力与能量源于其对自然生态的深入体验，使其从自然中获得了启迪与美好的感受，也源于其对国家公园内人与人、人与社会和谐关系的感触，使其感受到了社会中的真与善，受到了相应正能量的影响。这也正是国家公园生态游憩与其他景区旅游不同之处，其是展现生态文明的窗口，是使访客体验人与自然、人与人、人与社会和谐的空间，并使访客在生态和谐中感受真、善、美，激发其更多的生活动力与能量。与其他一般性旅游景区相比，国家公园所体现的生态和谐感更为全面和深厚，因而其通过生态和谐所传递的真、善、美也更为丰厚。对于国家公园而言，其丰厚的生态和谐元素本来就客观存在，相关管理运营者只需将其维护好并充分展现出来。假如在国家公园植入太多一般性休闲娱乐项目，反而有可能干扰公园内固有的和谐感，进而使国家公园与其他景区无异，并削弱国家公园生态和谐感对个体更深层、更久远的正影响。

（3）通过生态文明感知激发个体践行生态文明理念的动力。访客在国家公园内所形成的生态和谐感会强化其对生态文明的认同，会进一步推动其成为生态文明理念的践行者。如访客提到"要保护伟大的自然""一定得保护好这滋养生命的水源""要教育小孩爱护自然界的生命"。进行环境教育是国家公园所承载的重要公共服务功能之一，从访客的陈述可看出，国家公园面向访客发挥了较好的环境教育功能，使访客在生态和谐体验中自发产生了更多保护环境的意愿。因此，需将国家公园游憩视为开展环境教育的契机，将充分展现生态和谐作为实现国家公园环境教育功能的重要手段。

6.2.3.4　访客生态文明感知的提升与优化模式

基于以上分析，以提升和优化访客生态文明感知为目标，需在国家公园内实行"全感受、深体验、多载体"的生态文明体验模式。

（1）全感受。平衡访客在国家公园内感受各类生态和谐的机会，使其在人与自然、人与人、人与社会和谐方面获得"三位一体"生态和谐体验。将国家公园自然环境中的"原始、自然、多彩、神奇"特色，以及其人文环境中的"原真、质朴、平和、友善"特色充分呈现给访客，即让访客获得较全面的生态和谐体验。为实现这一目标，需使访客的游憩线路尽可能串联分别体现人与自然、人与人、人与社会和谐的不同类型场景，消除干扰生态和谐感的干扰项（如店铺门口不停大声叫卖的扩音喇叭），使国家公园内体现生态和谐的各类元素均得到维护和呈现等。

（2）深体验。国家公园内的生态游憩应体现深生态旅游特征，实现访客对自然、人文生态的充分接触和感受。如上文所述，访客在国家公园内所感受到的生态和谐对其身心有调谐作用，其所获得的生态和谐感越充分和深刻，其身心所受到的调谐作用也会越明显。而访客充分性和深刻性生态和谐感的获得有赖于其在国家公园内体验的充分和深入程度。为了实现访客对国家公园生态和谐的深入体验，一是在限定访客接待量的前提下，为访客提供绿色交通工具（如环保电瓶车、自行车），将访客快速投放到国家公园内自然及人文沉浸感突出的区域（如神龙飞瀑所在区域），延伸其与相应自然及人文要素的接触时间，使其获得相对充分和深入的自然及人文和谐感受；二是改变以看为主的游憩模式，利用公园内条件，设置听泉音、闻花香、趟流水、触水雾（瀑布的水雾）等体验点，以提示标识调动访客的不同感官及体验方式以进行多元化体验，使其通过"看、听、嗅、触"等多种感触，以及通过"了解、融入、体会、想象、思考、感悟"等多种途径来感受国家公园内的生态和谐；三是发布国家公园的游憩建议，使一些到访者预先安排足够的游憩体验时间。

（3）多载体。以钱江源国家公园为例，目前公园内的自然保护对象非常明确，例如，黑麂、白颈长尾雉、亚洲黑熊等珍稀动物，以及长柄双花木、金钱松、南方红豆杉等珍稀植物等，但其传统人文方面的保护对象并不明确，也缺乏相应保护举措。如上文所述，钱江源国家公园传统人文环境所体现的人与人和谐、人与自然和谐也是生态文明的构成内容，国家公园作为建设生态文明的重要空间，也有必要对体现生态文明的人文要素予以保护，也应明确人文环境方面的保护对象，使其也成为展现和传承生态文明的重要载体。

另外，除发挥物质性载体在展现生态文明方面的作用外，也需发挥相应非物质性载体的作用，如一些诗词在营造生态和谐意象，引起人的生态和谐联想方面具有重要作用，如元代诗人吴师道描写开化的《德兴开化道中三首》等就会引起人们对生态和谐的美好想象。在自然及人文生态情景中植入诗词、传说、故事等体现生态和谐的非物质性载体，可起到调节访客审美取向，强化其对生态和谐感知和想象的作用。因此，国家公园也应挖掘其传统文化中体现生态和谐的传说及故事，整理及呈现相关诗词作品，使其也成为公园内展现生态文明的重要元素。另外，也可以生态和谐为主题，举办诗词及歌曲创作比赛，遴选一批展现生态文明的优秀作品，以进一步丰富展现国家公园生态和谐的非物质性载体。

6.3 契合公众意愿的国家公园公益化运营方式采用

6.3.1 管理运营方式

6.3.1.1 生态保护的统一化运营模式

（1）实现国家公园内部空间的统一化保护运营。如前文所述，公众具有从国家公园获得环境、游憩、康养等公共服务的强烈意愿。相应服务是由国家公园的整个生态系统所提供的，生态保护是实现其相应功能的前提。但按生态要素形成的多部门管理可能会影响生态系统整体功能的发挥，以及会对国家公园内的整体和有效保护造成一些不必要的管理混乱（见表 6 - 2），例如，农业、水利、林业部门会分别管辖渔业、水文、动植物方面事宜（陶广杰等，2021），均未针对整个生态系统实施管理。当前国内国家公园实行的是中央委托地方（省）进行代管的模式，据此来看，省级政府应是国家公园的实际管理者，国家公园管理机构为其派出机构。根据当前钱江源、武夷山、海南热带雨林国家公园管理局的设置情况来看，省级政府又会将国家公园交省林业局进行代管（经费由省财政投入），因此省林业管理部门便成为国家公园的具体管理者。钱江源国家公园与武夷山、海南热带雨林国家公园有所不同的是其管理局党组书记、局长分别由省林业局副局长、当地县委书记兼任，因而形成省林业管理部门和当地（开化县）政府成为钱江源国家公园具体管理者的状况。跨省国家公园管理局虽由全国国家公园管理局下设，但由于地方辖区内资源管理权主要归省政府（赵鑫蕊等，2022），因此对于跨省国家公园，也主要由各省具体管理其辖区内相应空间。对国家公园内生态系统实行统一管理是必要的，但目前部门分割管理现象尚未得到彻底解决，以钱江源国家公园为例，其目前执法权仍分散在各个职能部门，且各职能部门所遵循的执法依据不同（陈真亮等，2019）。这些现象在其他国家公园也不同程度地存在，虽然三江源国家公园对多头管理问题解决得比较彻底，但也仍有遗留问题，如许多保护工作人员归县里管（杨凯奇，2021），而各县之间的要求可能会存在差异，同样会影响到生态系统的统一保护。

表 6 - 2 保护地多部门管理所带来的问题

多头管理的消极影响	消极影响的具体表现
目标与标准不统一造成管理混乱	建设目标不同（陈曦，2019），造成目标混乱（罗金华，2016）；多头指导造成建设要求和方向的不统一（张颖，2018）；各职能部门的立场有很大不同（郑月宁等，2017）；标准不一致（罗金华，2016）；造成管理资源浪费（李吉龙，2015）；增加协调工作（王夏晖，2015）；等等
权利和责任不清晰造成管理混乱	权属和责任不清晰（周武忠等，2014）；对权利与责任缺乏明确界定（殷培红等，2015）；相互推诿责任（汉源县马烈乡，2021）；部门之间争夺权益（王兆平，2015）；各行业主管机构的利益较难协调（郑月宁等，2017）；导致部门间的内耗（陶广杰等，2021）；等等
分要素管理影响了生态的完整性	单要素管理忽视了生态完整性（罗怀秀等，2021）；各部门管理职能狭窄（陈曦，2019）；使生态碎片化（张晨等，2019）；执法难形成合力（杨朝霞，2007）；削弱综合效益（王夏晖，2015）；基础数据分散（石欣，2010）；投入资金分散（张晓哲，2013）；等等

基于以上情况，为进一步实现对国家公园生态系统的统一化保护运营。省级相关部门需针对国家公园进行"立法增权、行政赋权、统一投入"。第一，立法增权。基于上文所述，对国家公园管理机构进一步进行增权是实现对园内生态系统进行统一保护的需要，但增权需有相应法律依据。省人大需通过立法，专门针对国家公园出台地方性法规，使国家公园遵循统一的执法

依据；增加国家公园管理机构的管理权限，使其有统一的执法权。第二，行政赋权。对涉及国家公园相关要素管理的职能部门的管理权限进行整合，将整合后的管理权赋予国家公园管理机构，使其具有统一的执法权限，对国家公园范围内的林、草、水、田、俗（地方文化习俗）等要素实行统一管理；跟国内的大部分国家公园一样，钱江源国家公园管理局局长由省林业局副局长担任，为正处级单位，难以有效整合省级层面各职能部门（厅级）的管理职权，提升其管理级别也是必要的。若短期内提升国家公园管理机构级别难以实现，可考虑设立级别比较高的领导小组（如省级领导任组长），以便能整合各职能部门权限，以实现对国家公园相关要素的统一化保护运营管理。第三，统一投入。目前国家公园仍存在资金来源分散，资金投入合力不足的问题。以三江源国家公园为例，种草、舍饲、禁牧补贴分别来自农业、林草、发改等职能机构，但资金投入均较少，且覆盖广，难以在保护方面产生明显效果（毛江晖，2020）。省级财政也有必要整合与国家公园相关的涉林、涉水、涉农等本来分属于各行业条线上的资金，然后将其统一拨至国家公园管理机构，由相应管理机构根据保护需要进行统一和集中使用。对于中央下达到各职能部门的涉林、涉水、涉农等项目资金，相关职能部门也需直接按比例分拨给国家公园，由国家公园管理机构统一支配使用。另外，为了提高保护投入，国家和省级财政也需扩大针对国家公园专项投入的规模。

目前国内所设立的国家公园内均有社区分布（见图 6 - 13），为了实现对公园范围内土地用途及资源空间的统一管理，国家公园也需将与社区相关的空间（如农田、村落用地、村民的园地等）纳入管理范围，或与地方联合对国家公园内的社区空间进行管理。由于社区相关空间不同于自然生态空间，其管理也具有一定特殊性，因此国家公园管理机构也需专设管理社区空间的科室，并要求有社区居民代表参与该科室工作，但事实上各国家公园目前均未设置相应科室，国家公园对社区空间的管理力度还很弱，相应管理职责主要由地方政府承担。同时，国家公园以生态保护及公益化服务为主要职责，其在应对社区的社会事务（如司法、教育、社区文化服务等）方面会有些力不从心，因此国家公园内的社区事务须交由地方政府管辖，现实中，除神农架国家公园设社会事务科（这也与林区本来有许多职工有关）之外，钱江源、三江源、湖南南山等国家公园管理机构也均未设专门负责社会事务的科室。因此，在国家公园社区管理方面，国家公园管理机构需与地方管理部门进行合理分工与合作，生态资源管理方面的事项归公园（或由公园与地方共同管理），社会事务管理归地方，以使社区空间的存在与国家公园的总体建设目标相一致，同时也使社区得以发展和有序运行。

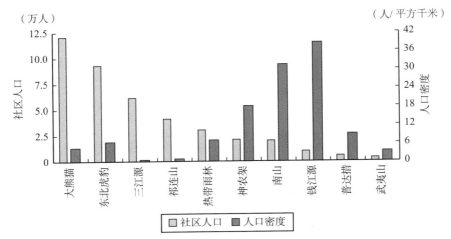

图 6 - 13　国家公园（含国家公园体制试点区）内人口分布状况

资料来源：根据国家发展改革委的国家公园体制试点进展情况相关资料整理，https：//www.ndrc.gov.cn/fzggw/jgsj/shs/sjdt/。

（2）实现不同国家公园之间的统一化保护运营。目前国内所设置的国家公园虽然具有"中央直管、地方（省级政府）代管"的特征，但仍具有浓厚的属地管理色彩（邓毅等，2021），很多事项尚需要地方政府代为确定，中央直管还基本停留在指导层面（毛江晖，2020）。国家公园要面向全民服务，而地方在当地发展、民生、资金等各种压力下，可能会出现偏离全民利益、社会公益的现象。因此国家公园运营离不开国家层面的强力参与，以确保国家公园空间的全民公益用途。因此，需加强国家层面对国家公园的统管力度。第一，用法统管。从国家层面为国家公园立法，统一规定国家公园的体制机制、建设要求、主体责任、资金投入、公共服务内容等，为各具体国家公园管理提供统一的法律依据，用统一的法律尺度实现全国范围内国家公园的统一化管理。当前社会层面对出台"国家公园法"的呼声也较高，其也已被列入立法规划，应很快能够完成相应立法工作。第二，用人统管。目前钱江源国家公园、武夷山国家公园、海南热带雨林国家公园、湖南南山国家公园等管理局局长由公园所在省的林业局局长或副局长兼任，对国家公园由国家直管这一特性体现得尚不充分。国家层面负责对全国国家公园实行管理的机构可以考虑向每个国家公园管理机构派出驻地专员（目前仅跨省国家公园有国家机构派驻的专员），或派出长期驻地工作组，在对全民所有生态资源的保护管理方面体现国家事权。另外，国家层面管理机构需通过定期及不定期向各国家公园派督查组的方式加强对各国家公园的督查，及时发现和纠正国家公园内资源保护与管理方面存在的问题。第三，用项目统管。国家公园的建设与管理需体现国家事权，但实际上许多项目的审批权仍在地方，如城步县对南山国家公园主入口建设所作出的审批等，针对国家公园内涉及全民生态资源管理与利用的项目，对其审批权限上移是有必要的。另外，国家层面管理机构可设置一批国家公园社会公益项目，例如，国家公园内中小学生自然教育项目、公民健康促进项目、公益旅游项目等，在各国家公园内以统一的模式、标准开展，统一促进全国的国家公园公益化运营水平。第四，用平台统管。国家层面管理机构可建设全国各国家公园可共享的平台，例如，碳交易平台、社会监督及曝光平台、志愿服务平台、教育培训平台等，每年定期举办各国家公园之间的交流活动，创设不同国家公园工作人员到其他国家公园进行挂职交流的平台等，提升全国各国家公园的统一化管理运营水平。

6.3.1.2 价值实现的融合化运营模式

根据《国家公园管理暂行办法（2022）》，国家公园面向公众发挥游憩、教育、科研等服务价值。但这些价值需要在对国家公园进行一定经营与管理的基础上方能得以充分实现（张玉均，2022），因此国家公园的运营模式和理念会影响其综合效益实现情况。在实际运营中有效兼容国家公园的各种公共服务功能，是最大化发挥其公共服务价值的需要。为此，管理运营机构可在国家公园实行"一个核心、多重服务"的融合化运营模式。

（1）以环境价值为核心进行融合化运营。如前文所述，公众对国家公园环境价值的认可程度、需求意愿均最为突出。国家公园环境价值与其独特的生态环境相伴而生，也是其游憩、康养、科研、教育等公共服务价值得以存在的前提条件。国家公园在生态环境方面有其独特性，根据国家公园管理局设置国家公园的初步构想，其拟在全国每个典型的生态环境类型区（每个省、区、市所拥有的典型生态环境类型区的数量如表 6-3 所示）设置 1 个国家公园。每个国家公园需以其特色生态环境为基础，在维护和体现其环境价值的前提下，实现其环境、游憩、康养、科研、教育等方面的公共服务价值。为了维护好国家公园环境价值这一核心功能，园内的公共服务运营需注重以下方面。第一，以生态友好型活动为融合化运营的切入点。对国家公园环境价值有促进作用，或对环境影响微乎其微的人文活动都可被视为生态友好型活动。如秦岭国家公园（"秦岭国家公园创建方案"已得到国家批复）内的中华蜜蜂养殖就对生态环境保护有积极作用，中华蜜蜂通过传粉来进行生物基因转移，对于维持和促进植物多样性具有重要意义，生态好的地方一般蜜蜂也很多。秦岭蜜蜂养殖这一生态友好型人文活动既可向访客提供特色旅游商品，向园外社会公众提供环境标志绿色物产，又可促进公园环境价值，是国家公园以保护环境价值为前提进行融合化运营的成功范例。另外，访客的一些亲生态游憩活动所产生的环境影响很小，具有生态友好特征。包括客流量受限制的观鸟及赏花等野生动植物观赏、自然胜景游赏、动植物鉴别、访古树名木、户外徒步、植树、亲水、摄影及绘画艺术创作、夜间观星、科普及环境教育、科学考察、环境质量监测体验、自然声景观欣赏等，以及依托社区村落开展的客流量同样受限制的生态村落度假、社区农事活动体验、田园采摘、动物造型工艺品购物、木工文创、社区家访、乡村文艺欣赏等。国家公园应在既定范围内通过融合化运营来开展这些活动，实现其在游憩方面的公共服务功能。如前文所述，访客接触与了解自然环境的意愿最为突出，这些活动也有利于其充分感受园内的自然及人文环境。在开展这些活动的服务运营时，各个国家公园需根据自身情况制定活动参与者的行为规范，以将相应活动限定在生态友好框架内。第二，以生态友好设施为融合化运营提供保障。为避免活动设施置入干扰国家公园的核心价值（环境价值），置入园内的活动保障设施也须符合生态友好标准，如对生态基底影响很小的木栈道、木质休憩亭、帐篷露营地等。全国层面的国家公园管理局可制定"国家公园生态友好设施配置指导意见""生态友好设施类型推荐目录"，以提升各个国家公园基本设施的生态友好水平；同时也需鼓励各个国家公园根据自身实际创新性设置生态友好设施，并将其中一些好的做法纳入"国家公园生态友好设施类型推荐目录"，向全国的国家公园进行推广。

表6-3　　　我国各省（自治区、直辖市）典型生态环境类型区数量　　单位：个

省（区、市）	典型生态环境类型区数量	省（区、市）	典型生态环境类型区数量
辽宁	1	江西	3
吉林	2	上海	1
黑龙江	4	福建	1
内蒙古	6	广东	3
北京	1	广西	1
天津	1	海南	2
河北	2	陕西	2
河南	1	甘肃	3
山西	1	宁夏	2
湖南	2	青海	3
湖北	1	新疆	5
重庆	1	四川	2
山东	2	云南	3
江苏	1	贵州	2
浙江	2	西藏	4
安徽	1	—	—

注：跨省（区、市）的典型生态环境类型区：大兴安岭北部落叶针叶林（黑、蒙）；长白山针阔混交林（吉、黑）；大小兴安岭针阔混交林（辽、吉、黑、蒙）；燕山温带针阔混交林草原（京、津、冀）；太行山落叶阔叶林（晋、冀、豫）；秦岭大巴山混交林（鄂、渝）；长江中下游平原丘陵湿地（徽、赣）；浙闽山地常绿阔叶林（闽、浙、赣）；长江南岸丘陵盆地常绿阔叶林（湘、赣）；东海（沪、浙）；南海（粤、桂、琼）；鄂尔多斯高原荒漠草原（蒙、宁）；黄土高原森林草原（宁、甘）；祁连山针叶林高寒草甸（甘、青）；南横断山针叶林（滇、藏）；青藏高原东部森林高寒草甸（川、陕、甘）。统计未包含港澳台地区。

资料来源：根据网络资料整理，http：//www.360doc.com/content/21/0923/22/71010559_996830214.shtml，2021-09-23。

（2）以功能融合实现国家公园多重服务。如前文所述，公众对国家公园的价值需求意愿是多元的。如前文针对访客的调查显示，其在国家公园内感受自然生态、获取康养及教育服务的意愿强度均值分别为6.66、6.71、6.51，相应意愿均较为强烈，且相互之间差异不明显，体现出国家公园的各项公共服务功能在满足社会需求方面均比较重要。通过功能融合，可利用国家公园内有限空间向社会提供多重服务。表6-4反映了国家公园各项功能之间的相融合性，其运营管理的一个重要任务就是将其各种功能之间的相融性充分体现出

来。可通过如下方式来体现国家公园各项功能之间的相融性。第一，以功能复合为基本运营管理要求。在设置国家公园运营内容时，需对相同类型的各种运营活动进行比较，优先开展功能兼容性强，综合价值突出的相应活动，如就钱江源国家公园内戏水和野生动植物鉴别这两项游憩活动而言，后者可兼具生态游憩和科普教育服务功能，且是更具深度的生态旅游方式，可将其作为优先内容。为实现国家公园的多重价值，在确保其环境功能优先性的基础上，也可在国家公园内优先开展其他能很好兼容其不同服务功能的活动，如国家公园环境教育可与其游憩、科研服务功能实现很好的兼容，应在功能融合基础上重点促进其该项功能的实现。第二，选择进行功能融合的理想空间。实现功能融合也需一些必要的功能设施做支撑，如实现游憩与教育功能融合的自然科普馆、实现游憩与康养功能融合的康养度假住宿设施，而基于保护目的，在纯自然生态空间内配置这些设施的可能性非常小。国家公园内都分布着一些社区村落（见表6－5），可利用这些社区村落即有的建成空间条件，并将村落公共文化、体育设施的建设与上述国家公园服务设施的配置相结合，将国家公园内即有社区村落打造成对国家公园各种公共服务价值进行融合体现的重要载体。第三，通过功能的适度叠加实现融合。在不影响生态的前提下，可实现一些功能的适度叠加。如钱江源国家公园内有一些供访客休憩的凉亭，实地调研发现，一些凉亭周围的生态环境非常好，但使用率很低，可在其中设置各种放音装置播放各种对人体健康有益的鸟鸣声，促进森林游憩与康体养生这两种功能的融合；如黄莺的声音对心脏有好处，金丝雀的声音可调节心律不齐，黄雀的声音有助于调节神经官能症等。另外有一些访客怕爬山，只会在山下平缓的地方游憩，可在林木掩蔽的地方设置一些简易而有趣、有助于增加访客呼吸量的运动设施，使访客通过适量运动增加森林氧吧的洗肺效果（人在运动时的肺通气量比安静时多10倍左右），促进国家公园游憩与康体功能的融合。再如，可鼓励国家公园内的科研工作站点对外开放，以实现科研与科普教育功能的融合。第四，为主体获得多种价值创造条件。以钱江源国家公园为例，许多访客在公园内的游憩深度不够，导致其在公园内获得的价值有限。还有些访客有深度游的意愿，但由于山上缺乏必要的补充物资供应，也使其在山上游憩的时间不能过长，而实现生态游憩与负氧离子养生的融合，需要访客在负氧离子富集区停留更长时间，且就目前的客流量来看，让访客在负氧离子富集区停留更长时间是完全可行的。

为此，有必要在山上适当设置向访客补给饮用水、成品食物的物资补给点（可使用太阳能供电或蓄电池供电自动售货机），以为访客在山上停留足够时间以获得更多相互兼容的价值创造条件。

表 6－4   国家公园各主要功能之间的融合性分析

功能	游憩功能	康养功能	科研功能	教育功能
科研功能				☆ ☆ ☆ ☆
康养功能			☆	☆
游憩功能		☆ ☆ ☆	☆ ☆	☆ ☆ ☆
环境功能	☆ ☆ ☆ ☆ ☆	☆ ☆ ☆ ☆ ☆	☆ ☆ ☆ ☆ ☆	☆ ☆ ☆ ☆ ☆

注：①其中一项功能是另一项功能的前提和基础☆ ☆ ☆ ☆ ☆；
②其中一项功能可自始至终伴随另一项功能而存在，或其中一项功能的实现可为实现另一项功能创造重要支撑条件☆ ☆ ☆ ☆；
③其中一项功能可成为另一项功能的重要构成部分☆ ☆ ☆；
④其中一项功能可对另一项功能产生一定的丰富和拓展作用☆ ☆；
⑤两项功能在一些方面有一定相关性☆。

表 6－5   国家公园所涉及的乡村数量   单位：个

国家公园名称	乡镇数量	行政村数量	国家公园名称	乡镇数量	行政村数量
钱江源国家公园	4	21	东北虎豹国家公园	22	107
三江源国家公园	12	53	祁连山国家公园	17（青海）	60（青海）
武夷山国家公园	9	29	南山国家公园	7	36
神农架国家公园	5	25	海南热带雨林国家公园	43	175
大熊猫国家公园	152	305（雅安70、绵阳99、陇南136）	普达措国家公园	2	23（村民小组）

资料来源：根据国家发展改革委的国家公园体制试点进展情况相关资料整理，https：//www.ndrc.gov.cn/fzggw/jgsj/shs/sjdt/。

6.3.2 服务运营方式

6.3.2.1 国家公园服务运营的主要模式

受运营基础、条件以及管理运营者理念等因素影响，不同国家公园的服务运营模式会有所差异。同时，由于管理模式、各主体间利益关系的相似性、国家公园相互之间的借鉴与模仿等原因，不同国家公园的服务运营模式又会具有一定相通性。本研究以钱江源国家公园为案例来进行分析，总结出其服务运营模式主要分为四类：一是政府建设运营＋农户分散经营；二是集体统一建设＋企业承包经营；三是集体统一建设＋企业与农户协同经营；四是政府建设运营＋企业主导下农户参与。

（1）政府建设运营＋农户分散经营。这种服务运营模式以钱江源国家森林公园和里秧田村为代表。其生态优势突出，为全国首批森林氧吧，是钱江源头莲花尖所在地；分布着许多国家公园的核心景观，吸引力较强。作为离钱江源头最近的村落，生态旅游业是其村民重要收入来源。其在服务运营方面有如下特点。第一，总体呈现"政府建设运营景区向访客提供生态游憩空间，众多分散的农户提供食宿接待"的格局。第二，农户参与程度高，收入可观。全村120家农户中有39户从事旅游接待，每晚可接待590人住宿；接待户平均年收入可达20万元以上。第三，公益性较强。政府建设运营的景区星期一至星期五完全面向社会公众免费开放。第四，农户的服务水平正在提升。少数接待户已率先提升改造其接待空间，产生了示范效应，使大部分接待户萌生了提升服务的念头。第五，生态和谐度高。未有其他开发建设干扰自然环境，使其保持原生面貌。旅游富民效应使封山育林行动得到村民高度配合，已连续多年无盗伐现象，山洪也逐年减少。

（2）集体统一建设＋企业承包经营。这种服务运营模式以丰盈坦村为代表。村集体统一建设了"丰盈茶舍""幸福食堂"用于住宿和餐饮接待，目前承包给企业经营。其具有以下特点。第一，自然生态景观吸引力不强，客流量不大，接待规模较小，仅有10间客房，餐饮接待能力为每次100人。第二，实行精品化运营模式，每间客房特色不同，被浙江文旅厅评为银宿级民宿；收费较高，每间房每晚200元以上，约为其他农家乐的2倍。第三，周围生态环境及观景视野好，适于休闲度假。第四，由于自发而至的访客少，旅行社在客流引入方面扮演着重要作用；同时幸福食堂也更适合接待团队用餐。第五，运营效果并不差，5～10月份约1/3的时间可实现饱和接待。

（3）集体统一建设＋企业与农户协同经营。这种服务运营模式以隐龙谷和龙门村为代表。首先，村集体筹资开发打造了国家3A级景区——九溪龙门景区，且全年免费开放，成为吸引访客的重要载体。其中隐龙谷瀑布群（由9个气势壮观的瀑布组成）游览观赏价值尤为突出。同时，村集体鼓励、动员农户经营农家乐，并在保留各接待户店号前提下推出了"龙门客栈"统一化品牌，对接待户实行统一管理（统一标准和标价）；在村集体统一组织下，一个接待户还同多个非接待户结对，优先向其采购食材，使 57 家接待户带动 192 家农户间接参与旅游服务，实现共富。其次，以村集体与农户入股方式引入企业建设运营山地滑道，以向村集体及村民返利分红方式引入企业建设运营高空玻璃桥。接待户普遍认为，企业在引入客流方面有重要作用，同农户之间互利性强。该模式具有以下特点。一是企业进入提供了多元体验，使其综合吸引力更强。二是相应地点为非核心保护区，企业的项目建设对景观环境有一定干扰（见图 6 - 14）。三是集体及农户均从中受益，在提升服务水平方面目标一致。四是在对企业非环境友好行为进行监管约束方面存在一定风险。

（a）龙门村玻璃滑道　　　　（b）龙门村玻璃滑道　　　　（c）龙门村玻璃天桥
（2022年1月24日摄于龙门村）（2022年1月24日摄于龙门村）（2022年1月23日摄于龙门村）

图 6 - 14　龙门村旅游项目建设对景观环境造成一定干扰

（4）政府建设运营 + 企业主导下农户参与。这种服务运营模式以暗夜公园及高田坑为代表。开化县政府对高田坑 44 处闲置的传统民居进行了收储，由开化县新农村建设投资集团有限公司进行开发建设，并引入"过云山居、未迟、锦上云宿"等品牌企业来经营；项目运营后，相应农户会得到一定分红。同时，在尚未完全搬离的农户中，有 4 家也正在自发性地经营农家乐。另外，由国家公园管理局投资，由长虹乡政府具体负责正在建设天文科普馆、暗夜公园、观星露营地，其将在向社会提供公共服务、引入客流方面发挥重要作用。该模式具有如下特点。第一，接待运营尚未成规模，当地农户对发展前景缺乏信心。如居民所说："我不相信会有很多人来这里。""一年在外做泥瓦工能挣十多万，不打算回来搞农家乐，如果大家都搞哪会有生意？""辛辛苦苦挣不到钱不合算，不打算搞（接待）。"在访客尚未成规模时，居民缺乏信心是常见现象，龙门村就曾如此，当时其村集体在动员农户方面发挥了重要作用。第二，现有的接待服务质量尚偏低。本课题调研组5位同行者均表示不愿住在当地接待户家中，不能接受相应住宿条件。第三，对传统民居改造中存在明显的风格变异现象。由于用泥土夯筑、石块砌筑的传统屋舍的居住舒适感较低，开发企业在民居改造中为了追求屋舍内部空间高度、宽度及采光效果，对一些传统民居风格做了很大改变（见图6–15）。这虽然会提高起居舒适感，但也在一定程度上破坏了古村落风貌，已受到当地居民及访客的较多质疑，例如，"这还哪像是个古村落嘛！""这样就失去特色了，那游客为什么还要来这里。""古村落改造成这样，很让人费解。"第四，存在受益不均衡、不合理倾向。已举家外迁农户可将屋舍使用权出让给企业并获得收益，尚未外迁的农户由于房屋要自住，几乎都无多余房屋出让，其接待容量非常有限，也会在与品牌企业的竞争中处于弱势。但实际上尚未外迁的农户却最需要从访客接待中受益。第五，由于大多数居民已举家外迁并不再返乡，少数还住在村里的大都是老年人，这就导致开发中当地居民作为监督与制衡的一方力量很弱，从而也增加了企业越界开发经营的风险。在此情形下，加大政府监管职责，或引入第三方进行监管就较为必要。

（a）局部改造后的民居　　　（b）正在改造中的民居（A）　　（c）正在改造中的民居（B）
（2022年1月19日摄于高田坑）（2022年1月19日摄于高田坑）（2022年1月19日摄于高田坑）

图6–15　局部改造后及正在改造中的民居

6.3.2.2　各种服务运营模式对公众意愿的契合性

（1）各种服务运营模式对访客意愿的契合性。

访客游记可反映其感兴趣的内容，而兴趣会催生访客产生相应体验意愿。笔者以源于携程、马蜂窝、搜狐等网站上115篇1200字以上的钱江源国家公园游记为质性材料，用NVivo 12 Plus软件进行编码，从中总结访客的体验兴趣点。游记所显示的访客所关注主要内容如图 6-16 所示。其中，前 12 项内容的被提及次数占各项内容被提及总次数的 95.02%，平均被提及次数为 147.92 次；其余 10 项内容的平均被提及次数仅 9.30 次。前 12 项内容也体现出访客的体验兴趣主要集中在 12 个方面，依次为"感受自然生态、感受当地文化、享受惬意环境、旅游设施体验、感受当地美食、愉悦放松心情、感受艺术意境、体验休闲项目、增长知识见闻、旅游住宿体验、旅游费用支出、促进身心健康"，相应体验兴趣使访客在这些方面的体验意愿也较强。

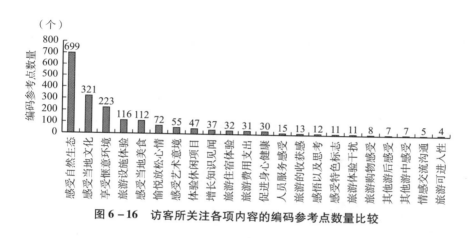

图 6-16　访客所关注各项内容的编码参考点数量比较

通过对钱江源国家公园的实地调研，发现各种服务运营模式都会形成一些与访客意愿不相契合的现象（见表 6-5）。

表 6-5　　　各种运营模式对访客意愿的非契合现象及非契合程度

访客意愿指向	服务运营模式			
	政府建设运营+农户分散经营	集体统一建设+企业承包经营	集体统一建设+企业与农户协同经营	政府建设运营+企业主导下农户参与
感受自然生态		存在干扰生态风险 ——	存在干扰生态风险 ——	存在干扰生态风险 ——
感受当地文化		地方文化体现不够		地方文化体现不够
享受惬意环境		存在干扰生态风险	存在干扰生态风险	存在干扰生态风险
旅游设施体验		设施投资能力较弱 ——	设施投资能力较弱 ——	

续表

访客意愿指向	服务运营模式			
	政府建设运营+农户分散经营	集体统一建设+企业承包经营	集体统一建设+企业与农户协同经营	政府建设运营+企业主导下农户参与
感受当地美食		美食特色体现不够 − −		美食特色体现不够 −
愉悦放松心情				
感受艺术意境				
体验休闲项目	建设相对滞后 − − − −			
增长知识见闻				
旅游住宿体验	服务质量偏低 − − −		服务质量偏低	服务质量偏低
旅游费用支出		旅游费用支出偏高	旅游费用支出偏高	旅游费用支出偏高
促进身心健康		存在干扰生态风险	存在干扰生态风险	存在干扰生态风险 − −

注：访客意愿的非契合程度由低到高划分为 6 个等级，分别用符号"−""− −""− − −""− − − −""− − − − −""− − − − − −"表示。

根据相应非契合现象发生情况，可对其与访客意愿的非契合程度进行评级，按照特定非契合现象所对应的 6 种情况，即"有发生倾向但尚未发生、已很小程度地发生、已较小程度地发生、已中等程度地发生、已较大程度地发生、已很大程度地发生"，将其与访客意愿的非契合程度由低到高划分为 6 个等级，分别用符号"−""− −""− − −""− − − −""− − − − −""− − − − − −"表示。综合比较可发现，各种运营模式对访客意愿的契合程度由高到低依次分别为"政府建设运营＋农户分散经营""集体统一建设＋企业与农户协同经营""政府建设运营＋企业主导下农户参与""集体统一建设＋企业承包经营"。究其原因如下。第一，感受、体验原生态自然及人文生态环境，是国家公园访客的主要意愿。政府是生态保护的关键责任主体，并可对原生态环境实行强有力的保护；提供公共服务是政府主要职能，其可使国家公园的公益性得到充分体现。第二，由于农户对行业的了解程度及服务的专业化水平偏弱，使其服务质量目前仍偏低。但农户是地方原生态文化的承载主体，可在旅游服务中很好地展现地方特色文化。其依托自家屋舍及食材开展服务，具有成本低、收费低的运营特征，且相应服务质量也正在逐步提升。另外，社区参与也是国家公园生态旅游的核心理念，理应发挥其在服务运营方面的积极作用。第三，集体也可较好地贯彻政府保护意图，可在农户接待服务方面产生促进、组织、引导、管理等重要作用。地方发展愿望及村集体之间的竞争也赋予其提升服务的内在动力。但集体会产生群体利益诉求，其公益化属性并不突出，而国家公园以向社会提供公益服务为重要目标。因此，一方面应发挥集体在组织、引导、管理农户方面，以及在优化旅游服务方面的作用，另一方面也需将其约束在国家公园的既定框架内。第四，企业在休闲项目运营、高标准服务方面有一定优势，可同政府及集体在功能方面形成一定互补，但其利益诉求强烈，不以保护生态、传承文化为根本目的。因此，基于国家公园的公益化属性，可将企业作为服务运营的补充力量，而不宜使其居于主导地位。

（2）各种服务运营模式对农户意愿的契合性。

本研究通过对钱江源国家公园范围内 50 家农户进行访谈来了解其主要意愿。同样用 NVivo 12 Plus 软件对访谈材料进行编码，提炼反映农户意愿的概念节点。若特定被访谈者针对同一个概念以不同表达方式多次提及，则其每提及该概念一次，就对其相应陈述在该概念节点处编码一次。图 6 - 17 反映了农户 17 个方面的意愿。其大部分意愿是对政府、集体所寄予的期望。

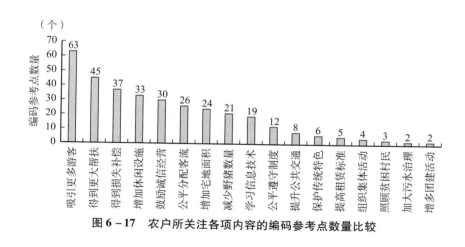

图 6 - 17 农户所关注各项内容的编码参考点数量比较

农户许多意愿都是在特定背景下产生的。第一，其中，"得到更大帮扶"

主要指在接待经营相对困难时（如新冠疫情时期）能得到政府的补贴，以及一些农户希望政府对接待设施提升改造的补贴力度更大一些，以达到所期望的改造目标。第二，"得到损失补偿"是受"野猪破坏庄稼面积达2分地以上才能得到赔偿"这一规定限制，大多受损农户都得不到补偿的情形下，许多农户所表达出的意愿。第三，"增加休闲设施"指其希望政府或集体能在村中设置一些休闲场所，以"免得夏季来避暑的客人感到无聊"；还有一些农户未充分考虑国家公园的生态保护要求，希望政府或集体能在周边开发一些休闲项目。第四，"鼓励诚信经营"主要指不能让诚信经营者吃亏，如"我们用的是正儿八经的土猪肉，而别人家说是土猪肉，但实际情况就不好说了。照这样下去，老实做生意的人就越来越少了"，因此，管理者负有鼓励诚信经营，纠正不诚信行为的责任。第五，"公平分配客流"主要指：许多农户在"马路边的农家乐把大部分客人都接待走了，位置不好的人家能接待到的客人很少"的情形下，希望村集体能出面统一进行接待分配。第六，"增加宅地面积"则是一些农户认为"政府规定的户均120平方米的宅基地面积对于搞民宿的家庭而言有些紧张"，希望提高宅基地面积标准。第七，"学习信息技术"指一些年龄偏大的民宿运营者想学习刷抖音、网上接订单，像年轻人一样利用网络扩大宣传、对接客人。第八，"公平遵守制度"主要指一些被访谈者对"有些关系户却能占用更多宅基地，建更多房屋"的现象表示不满，希望能做到制度面前人人平等。第九，"提高租赁标准"是在企业主导接待运营的模式下，一些农户希望能得到更多房屋租赁费用。第十，"照顾贫困村民"是少数相对贫困者认为在当地建设项目招工、其他接待户雇佣服务人员方面并未对本村贫困户予以照顾，进而产生的意愿。

图6-17中，前10项内容的被提及次数占各项内容被提及总次数的91.18%，平均被提及次数为31次；其余7项内容的平均被提及次数仅4.29次。这说明农户的主要意愿依次为"吸引更多游客、得到更大帮扶、得到损失补偿、增加休闲设施、鼓励诚信经营、公平分配客流、增加宅地面积、减少野猪数量、学习信息技术、公平遵守制度"这10个方面。

在实地调研中发现特定接待运营模式与一些农户意愿同样存在非契合现象。同样按上文所述标准将非契合程度由低到高划分为6个等级，并同样用"-"号的多少来表示级别高低（见表6-6）。综合权衡发现，各种运营模式对农户意愿的契合程度由高到低同样依次分别为"政府建设运营+农户分散经营""集体统一建设＋企业与农户协同经营""政府建设运营＋企业主导下农户参与""集体统一建设＋企业承包经营"。由此可得到如下启示。第一，在国家公园服务运营中，政府及村集体积极发挥作用更有利于契合农户意愿。基于钱江源国家公园实际，政府实行的公益化运营有助于引入更多游客，增加农户从事接待的机会；其可为设施建设投资、农户损失补偿、对经营服务者培训等提供较强资金支撑；同时，政府和村集体有较强的组织动员能力，可使农户的接待运营更为有序、服务质量更高。村集体能动员农户形成发展合力，在项目引入、农户服务引导监管方面可发挥重要作用。第二，企业在服务运营方面的地位越突出，则对契合农户意愿所产生的不利影响越大。这主要由于企业在服务运营方面专业水平更高、软硬件设施投入能力更强，会挤占农户的接待运营机会。同时，地方民生诉求、农户之间的公平与和谐，也并不会成为企业所关注的根本事项。第三，为农户参与服务运营创造条件，并对其运营进行有序化管理、品质化提升，解决对地方民生有影响的现实问题，有利于更好地契合农户意愿，构建国家公园同地方社区间的良性关系。

表 6 - 6　　　　各种运营模式对农户意愿的非契合现象及非契合程度

农户意愿指向	接待运营模式			
	政府建设运营+农户分散经营	集体统一建设+企业承包经营	集体统一建设+企业与农户协同经营	政府建设运营+企业主导下农户参与
吸引更多游客				
得到更大帮扶		缺少帮扶切入点		获帮扶机会减少
得到损失补偿				
增加休闲设施		公共投资动力偏弱		
鼓励诚信经营	有非诚信经营风险	有非诚信经营风险	有非诚信经营风险	有非诚信经营风险
公平分配客流		农户缺少相应机会		农户处于竞争弱势
增加宅地面积				
减少野猪数量				
学习信息技术		缺少相应培训		相应培训偏少
公平遵守制度				群众监督偏弱

注：农户意愿的非契合程度由低到高划分为 6 个等级，分别用符号"－""－－""－－－""－－－－""－－－－－""－－－－－－"表示。

总之，国家公园在服务运营方面可采用各种模式，而在契合公众意愿方面，"政府建设运营＋农户分散经营"是一种最为理想的模式，其次依次为"集体统一建设＋企业与农户协同经营""政府建设运营＋企业主导下农户参与""集体统一建设＋企业承包经营"。

6.4 实现国家公园公益化运营的保障

6.4.1 通过增强公众支持意愿来保障国家公园的公益化运营

6.4.1.1 影响公众对国家公园支持意愿的主要因素

国家公园的公益化运营离不开政府投入和社会支持，而政府投入最终也源于社会支持，如社会主体的纳税能力及缴纳更多税收的意愿会最终影响政府的投入能力。因此，增强社会公众对国家公园的支持意愿，可为实现国家公园公益化运营创造更好的社会保障环境。如前文所述，公众支持国家公园的方式主要包括"经费支持、深层行动参与、浅层行动参与"这3个方面，其中从事志愿活动是社会主体对国家公园建设进行深层行动参与的主要方式。前文已述及，绝大部分社会个体对于国家公园建设都有浅层行动参与意愿。本研究主要针对个体对国家公园建设提供经费支持，进行深层行动参与的意愿，通过访谈法，了解影响社会个体相应意愿的因素。首先，笔者以"哪些因素影响您为国家公园建设提供经费支持（以多交税费、捐赠等形式）的意愿？"为访谈问题，随机对身边50名社会主体进行访谈。图6－18反映了影响社会主体对国家公园进行经费投入意愿的因素，以及各种因素的被提及状况。其次，笔者以"哪些因素影响您参与国家公园相关志愿活动的意愿？"为访谈问题，同样针对以上50名访谈对象进行访谈。图6－19反映了影响社会主体参与国家公园相关志愿活动意愿的因素，以及各种因素的被提及状况。

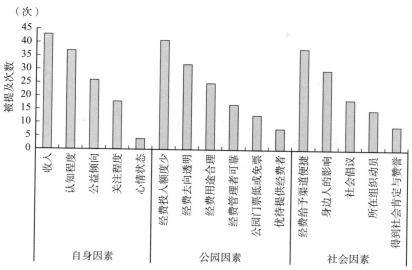

图 6-18　影响主体对国家公园经费支持意愿的主要因素

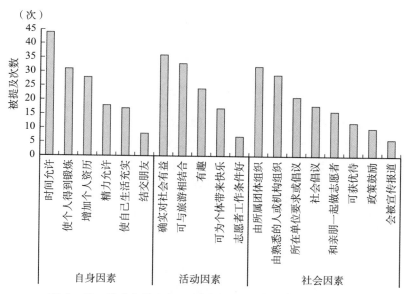

图 6-19　影响主体参与国家公园志愿活动意愿的主要因素

　　基于对访谈结果的归纳总结,本研究分别梳理出影响主体对国家公园经费支持意愿、志愿活动参与意愿的因素。第一,影响主体经费支持意愿的因素可分为3个方面，分别为"自身因素、公园因素、社会因素"。其中，自身因素包括"收入、公益倾向（热衷于公益的程度）、认知程度（对国家公园的了解程度）、关注程度、心情状态"；公园因素包括"经费用途合理、经费去向透明、经费投入额度少、经费管理者可靠、公园门票低或免门票、优待提供经费者"；社会因素包括"身边人的影响、便捷的经费给予渠道、所在组织动员、社会倡议、得到社会的肯定与赞誉（如被宣传报道）"。第二，影响主体从事志愿活动意愿的因素同样可分为3个方面，分别为"自身因素、活动因素、社会因素"。其中自身因素包括"时间允许、精力允许、使个人得到锻炼提升、使自己生活充实、增加个人资历、结交朋友"；活动因素包括"相应志愿活动有趣、相应志愿活动确实对社会有益、相应志愿活动可为个体带来快乐、志愿者工作条件好、志愿活动可与旅游相结合"；社会因素包括"和亲朋一起做志愿者、熟悉的人或机构组织志愿活动、会被宣传报道、所属于团体组织志愿活动、所属单位的要求或倡议、政策鼓励、可获得优待（如减免门票）、社会倡议"。

6.4.1.2 增强公众对国家公园的经费支持意愿的相关举措

如图6-18所示，在影响公众对国家公园经费支持意愿的相关因素中，少部分因素具有突出客观性及短期内很难被改变的特征，但其中大部分因素属于可变性因素。可变因素中"个体对国家公园的认知程度、国家公园可接收的社会个体经费投入额度、经费去向透明度、经费用途合理性、社会个体经费给予的便捷性、身边人的影响等"是影响个体向国家公园经费投入意愿的较重要因素（见图6-18）。基于此，可采取如下措施来增强公众对国家公园的经费投入意愿。第一，实行国家公园知识普及工程。目前许多个体对国家公园的认识程度不够，对社会主体的经费投入意愿造成负影响，如有被访谈者说"为什么要我捐钱，这跟我一个平民百姓有啥关系"。国家公园管理局可通过多投放与国家公园相关的电视节目，编写青少儿国家公园读物，对国家公园进行网红直播等方式，以提高社会公众对国家公园的了解和认可程度，为国家公园公益化运营创造良好的社会环境保障条件。第二，实行灵活便捷的经费投入方式。推行"顺手捐"，在官方发布的国家公园宣传、介绍、报道资料中植入接受社会捐赠的二维码，在博物馆、文化馆、科技馆、客流量大的机场及高铁站等一些公共场所设置国家公园接受社会捐赠的二维码，使对国家公园有经费支持意愿的个体可以"顺手捐"。宣传及赞扬小学生为国家公园捐赠 1 元钱的事迹，引导社会个体对国家公园进行随意表达心意的"顺手捐"，打消一些个体"捐多我没有，捐少又尴尬，干脆就不捐"的心理。第三，实行经费使用阳光计划。有些个体对国家公园所募集经费的实际用途和去向表示出不信任，降低了其向国家公园投入经费的意愿，如有受访者说"捐的钱谁知道会到哪里去，凭什么要捐"。因此，国家公园在募集经费时，需对其用途、具体使用计划做出详细的公开说明；对其所募集到经费的使用去向，需通过网络渠道向社会详细公布，做到能经得起社会的监督和质询，通过消除相关主体的不信任感来增强其对国家公园的经费投入意愿。第四，实行公众捐赠行为宣扬行动。他人行为（尤其是特定主体身边人行为）对社会主体的经费投入意愿有重要影响，同时也有少部分个体希望其捐赠行为能得到社会的赞誉（见图 6-18）。因此，国家公园可通过在网上发布公开感谢信、向一些表现较突出者所在单位或社区写感谢信，以及利用社会媒体进行宣传报道、授予表现突出者荣誉称号等方式，加大对社会主体对国家公园经费支持行为的宣扬力度，从而激发更多相关社会主体的经费投入意愿。

6.4.1.3 增强公众参与国家公园志愿活动意愿的相关举措

如图 6-19 所示，在影响主体参与国家公园志愿活动意愿的可变因素中，"志愿活动本身的社会意义、对旅游休闲的兼顾性，志愿活动组织者与社会主体的关系，以及个体自身可从志愿活动中得到锻炼、增加资历的情况"等是相对重要的因素。基于此，可采取"专业化运作模式"来组织和开展国家公园的志愿活动，以增强公众参与国家公园志愿活动的意愿。第一，公园内设置专门机构，针对国家公园内需要解决的具体问题，如进行树木虫害调查、水土流失隐患点排查、公园内兽夹清除、生态环境影像资料采集、访客感知调查、庄稼地防野猪护栏设置、人工林幼苗补植等，制定志愿活动计划并向社会公开发布，使相关学校、公益组织、其他企事业单位及社会团体和个人根据其自身进行专业实践、开展社会公益活动、组织单位团建活动等需要，与相应志愿活动的发起者积极对接，经相互沟通协商初步达成一致后，由志愿活动的具体组织和开展者制定更为详细和专业的志愿活动方案，并按照计划和要求开展相应志愿活动。如此，可使相应志愿活动在解决国家公园具体问题方面确实产生益处（现实中有些志愿活动仅是为了宣传，甚至有作秀之嫌），使志愿活动的参与者获得专业实践或深度参与社会实践活动的机会，增加其资历与阅历；同时，也可使更多社会机构和团体根据自身需要、发挥自身特长，组织其成员及其他社会主体参与国家公园志愿活动，并对其他社会机构和团体产生示范带动效应，扩大社会公众对国家公园志愿活动的参与程度。第二，对国家公园内的志愿活动专门进行科学和规范化管理。国家公园应建立志愿活动电子档案，在特定志愿活动结束后，由相应志愿活动的组织和实施者向公园方提交"活动计划与方案，活动实施情况，预期目标达成度"等相关材料，公园方对活动开展过程及所取得的成效做出相应评价，形成完整的志愿活动档案资料，对之予以保存，并根据情况在网上发布相关信息。这即可为日后国家公园相应志愿活动的开展提供参考，又可逐步丰富国家公园开展志愿活动的专业经验，提升其此方面专业水平。另外，这也有助于寻找和培育可长期在特定国家公园从事志愿活动的社会组织和个人，并使其在长期志愿活动实践中形成解决国家公园某方面问题的专业优势。第三，在对志愿活动进行专业化运作基础上，也需满足志愿活动参与者在旅游休闲、社会交往、享受优待等方面的一些附属需求，因为这些也同样会影响社会主体参与国家公园志愿活动的意愿。根据一些社会个体一边旅游一边参与志愿活动的意愿，并基于国家公园的社会公益属性，公园管理机构可与"多背一公斤""亦旅义行""青野益行"等公益旅游组织开展长期合作，根据国家公园实际共同制定志愿活动方案，使这些团体长期组织一些社会个体在前往国家公园旅游观光的同时参与相应志愿者公益活动，并形成长效机制；另外，到访者受国家公园优质生态环境触动，会产生参与环境保护志愿活动的冲动，可鼓励相关组织（如钱江源国家公园所在地的开化阳光公益）在国家公园所在地对访客进行现场转化，将其转化为相应志愿活动的参与者，以进一步扩大国家公园志愿活动的社会参与度。

6.4.2 通过有偿生态环境服务来保障国家公园的公益化运营

如上文所述，目前国内国家公园仍具有突出的属地管理特征，当国家公园所在地为保护生态环境而放弃一些发展机会，一味付出而不能得到回报时，其保护环境的动力必然会减弱。有偿生态服务能从根本上调动国家公园所在地保护生态环境的积极性。本研究此处所说的国家公园有偿生态环境服务主要是指区域之间的有偿，即主要由国家公园受益区对国家公园所在地所做出的生态保护贡献进行补偿，其本质上是由相应生态环境受益区政府与国家公园所在地政府（国家公园管理机构为当地政府派出机构）共同向相关社会公众提供公益性生态环境公共服务，而不是由国家公园所在地政府单独向主要受益人群提供相应公共服务。因此，此处所说的生态环境有偿服务与国家公园的公益性并不矛盾。可通过如下途径来促进有偿生态环境服务的实现。

（1）形成有偿生态环境服务的资金保障长效机制。实现有偿生态环境服务的关键问题是资金问题。为了形成跨区域生态环境有偿服务的长效机制，可由国家层面进行组织和动员，由国家公园生态环境的主要受益区注资成立由国家公园管理局负责管理的国家公园生态补偿基金，按期对该基金提供补充，并由国家公园管理局负责对各个公园进行统一补偿；或在"国家公园法"中明确规定以征税的方式从生态环境受益区筹集经费用于国家公园生态补偿支出；也可将在受益区所征收的环境保护税（其应税产出增加、应税范围扩大将具有必然性）的一部分用作国家公园生态补偿基金；也可尝试以其他方式扩大相应税收来源，如可在体现社会公平的基础上，采用消费税的形式，通过向生态环境受益区的中高消费能力者适当征税的方式来筹集到更多的国家公园生态补偿基金。由于生态环境保护任务是紧迫的，一些生态屏障区的环境遭受退化后就较难被恢复，为了解决国家公园生态环境保护的资金缺口问题，也可通过发行国债的形式来快速充实国家公园生态补偿基金。若遇到受益区为贫困地区的情况时，可经国家公园管理局核定后，由国家通过转移支付的方式代其缴纳生态补偿金，或对其应缴费用予以减免。另外，也需鼓励生态环境受益区同国家公园所在地之间以协议的形式开展定向补偿，如受益区可同国家公园所在地之间签订造林协议，由受益区支付补偿金，国家公园按协议要求进行造林，提升其生态环境服务功能。

（2）以专业的生态环境价值评估为生态环境有偿服务的实现提供支撑。在实施生态环境有偿服务过程中，付费一方享有对国家公园生态环境质量进行监督的权利，并可根据相应生态环境质量对其付费额度进行调整，以避免发生国家公园所在地既得到了生态补偿，又通过发展其他产业破坏生态之现象。在付费一方实施生态环境监督过程中，需要进行生态环境服务价值评估，以作为其衡量相应生态环境质量变化情况的依据。为了推进有偿生态环境服务的实施，应加强对生态环境服务价值评估的研究，并需尽可能统一评估标准和方式，且应使相应评估方法便于操作。国家公园管理局需鼓励第三方评估机构的设立，培育一些专业性和责任感强的生态环境价值评估工作者，为生态环境有偿服务的实现提供技术支撑。例如，通过评估核算国家公园生态建设所增加的固碳量，为国家公园同相关经济活动主体的碳排放权交易提供依据，并通过相应交易来增强国家公园所在地进行生态环境建设的积极性。国家公园管理局也有必要设立相应奖励基金，并基于生态保护绩效评估来实施奖励，如评估国家公园生态环境保护中的生物多样性提升幅度、珍稀动植物增加的数量、人工林恢复为自然林的面积等，以对在上述方面取得卓越成效的国家公园予以奖励。

（3）塑造更有利于实现生态环境有偿服务的社会大环境。进一步扩大绿色 GDP 考核范围，将生态补偿付费方做出的环境建设贡献纳入其地方政府绩效考核。目前，部分地方政府在生态环境价值突出的一些地方尝试进行绿色 GDP 考核（如浙江省对钱江源国家公园所在地开化县的考核），即只考核其创造的生态服务价值，而不再考核其国民经济生产总值。在实行跨区域生态环境有偿服务的背景下，国家公园所在地的生态建设成效不仅仅是当地的贡献，付费方也是生态环境建设的重要参与者，因此，也需将付费方所贡献的绿色 GDP 纳入对其政府的绩效，在政府绩效考核中予以体现，这样也可调动付费方的相应积极性。同样，对于不缴纳或拖欠补偿金的受益区地方政府，也应将其作为政府绩效考核的扣分项，并通过新闻媒体予以曝光。同时，需在全社会倡导有偿享有生态环境服务的理念，使社会公众形成对生态环境服务供给者进行补偿的思维习惯，并对一些社会不良现象（如获取生态环境服务时无视服务供给方的付出，甚至态度傲慢）自觉进行谴责，形成生态环境有偿服务赖以存在的社会大环境。

6.4.3　构建完整公共服务体系来保障国家公园的公益化运营

国家公园是建设、展示、传承生态文明的重要空间载体，如前文所述，生态文明体现"人与自然、人与社会、人与人之间的和谐"。生态文明的社会作用在于其可使自然与人文生态环境更好地服务于社会公众，产生更多社会福祉。生态文明建设水平高的地方，也是生态环境公共服务价值比较突出的地方。国家公园即属于这样的地方，其通过向社会提供"环境、游憩、康养、科研、教育"等方面公共服务来为社会创造福祉，如前文，社会公众对国家公园的上述各类公共服务均有一定需求意愿。充分实现国家公园对社会公众的各种公共服务价值，是国家公园通过公益化运营，向社会创造更多福祉，充分体现生态文明的需要。其中公共环境服务是国家公园最为突出的服务功能，公众在此方面的需求意愿也最为强烈，社会各界对其环境价值也给予了足够的重视。但目前也存在一些国家公园对其游憩价值体现得不够全面，对其康养、科研、教育价值体现得不够充分的现象。这些在前文已有所述及。针对当前国家公园建设运营实际，可通过以下途径来使国家公园的各项公共服务功能均得到较好的发挥，使其公益价值实现得更加充分。

（1）在国家公园管理机构中专设展现和传承生态文明的部门，对生态文明要素进行全面保护和展现。目前国家公园的具体管理职权主要归口于林业部门，其在生态环境、生物资源保护方面实行了有效举措，但对国家公园人文要素中所蕴含生态文明的重视度不够。以钱江源国家公园为例，如前文所述，其未很好体现当地传统人文生态中人与人和谐、人与社会和谐这两种生态文明要素。而这两种和谐也是游憩体验、人地关系研究、生态文明教育的重要内容。可在国家公园管理机构中专设一个展示和传承生态文明的部门（如生态文明办公室或生态文明科），专门负责对国家公园内的生态文明元素进行挖掘、梳理、保护、展示和传承，尤其应将传统人文生态中的生态文明元素也纳入考虑范畴，展现与生态文明相关的地方传统智慧（如钱江源的杀猪禁渔习俗）；同时负责收集、整理与生态文明建设相关的人文事迹，制作相应国家公园的生态文明教育读物、宣传资料等，积累更多与生态文明相关的内容。与美国国家公园的"荒野"精神（叶海涛，2017）不同，国内许多国家公园同时也有着体现生态文明的深厚人文积淀，例如，许多国家公园内都分布着一些已与自然形成较融洽关系的生态村落，或分布着一些体现天人合一思想的道观、寺庙（而国外的教堂主要分布在城镇及其他人口密集的场所）。因此，生态文化也应成为国内国家公园生态文明的重要构成元素，国家公园在保护自然环境的同时，也需重视对生态文化的保护、传承与建设，以使国内国家公园形成自然与人文生态和谐相融的鲜明特色。由于生态文明会涉及生态文化，所以国家公园管理机构中专门负责展现和传承生态文明的部门也需加强与地方文化部门的联系，通过对体现生态文明的生态文化进行保护、传承、创造，使国家公园所展现的生态文明更为生动，产生更大社会影响力，同时也使其发挥更大的社会公共服务功能。

（2）在国家公园管理机构中专设社会服务部门，负责对接社会公众对国家公园的价值需求意愿，实现国家公园的多元化公共服务价值。生态环境保护无疑是国家公园最重要的任务，但根据《建立国家公园体制总体方案》，其同时也向社会提供科研、教育、游憩等公共服务，在国家公园管理机构中专设社会服务部门，就是为了让国家公园在提升、捍卫其环境价值的同时，也考虑如何向社会更好地提供游憩、康养、科研、教育等其他公共服务功能，使国家公园的社会公益价值得以更充分地发挥。但就国内国家公园管理局的部门设置情况来看（见表6-8），仅钱江源国家公园设置了与其社会综合服务功能密切相关的"社会发展部"，而其他国家公园均未设置相关机构。这也反映出当前国家公园具有重管理、轻服务的特征，对社会公众对国家公园公共服务价值诉求的对接尚不够充分。且钱江源国家公园所下设社会发展部的职能也主要为管理，其在积极对接社会功能需求，提升国家公园游憩体验社会产出等方面所做的工作仍然不够。国家公园内设置的社会服务部门可采用"内运筹、外联通"的模式来进一步充分实现公园的社会公共服务功能。

表6-8　　　　　　　　　部分国家公园管理局的内设部门

国家公园	管理机构内设部门
三江源国家公园	党政办公室、规划财务处、生态保护处、自然资源资产管理处、执法监督处、国际合作与科技宣教处、人事处、直属机关党委、机关纪委、三江源生态保护基金办公室、生态监测信息中心、生态展陈中心
钱江源国家公园	综合办公室、综合保障部、资源管理部、规划建设部、社会发展部、科研合作交流部
武夷山国家公园	办公室、政策法规部、计财规划部、生态保护部、协调部
大熊猫国家公园	综合管理处、资源和林政监管处、自然资源资产管理处、政策法规处、濒危物种进出口管理处
东北虎豹国家公园	综合管理处、资源和林政监管处、濒危物种进出口和专项业务监管处、项目资金管理处、生态保护处
湖北神农架国家公园	党政综合办公室、保护区行业管理科、公园行业管理科、政策法规科、规划建设科、计划财务科、林业管理科、国际合作办公室、社会事务工作科、宣传教育科、组织人事科、群团事务办公室、局纪委、综治办
南山国家公园	综合处、规划发展处、自然资源管理处、生态保护处

资料来源：相关国家公园官方网站。

①内运筹。对国家公园游憩、康养、教育等服务功能进行深度融合，以"深化游憩体验、拓展访客收获"为目的，筹划"深耕"游憩服务内容。图 6 - 20 可反映出，国内生态游憩呈现非常快的发展态势，访客量的增加也必然给国家公园游憩接待造成压力。对于国家公园而言，其访客接待量是有限的，为了保护环境，其也应倡导"低密度旅游"及"小众旅游"。因此，其不能主要通过多接待访客来向社会提供更多服务价值，而需进行内涵化建设，通过深化其生态体验来增加访客收获，以达到提升其服务功能的目的。以钱江源国家公园为例，其游憩服务不能仅停留在让访客翻山越岭走一圈的层面，而需设置诸如"声景观体验区、彩虹欣赏及其形成机理科普点（瀑布的水雾与光照相互作用形成彩虹）、空气及水环境质量探测体验点、苔藓微生态系统科普教育点、森林浴静念调身心区"等更具深度和广度的体验内容。另外，生态康养将成为社会的重要需求，根据国家的《林草产业发展规划（2021—2025）》，至"十四五"末期，每年从林地康养中受益者将不少于 6 亿人次。国家公园康养服务在促进国民健康方面的社会意义突出，但国家公园对此方面的重视尚不够，公园的社会服务部门也需进行此方面的积极谋划和运营。

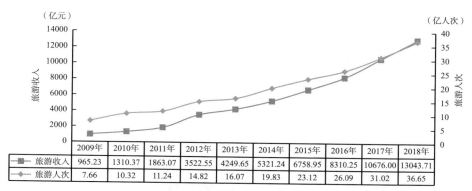

图 6 - 20　国内林地生态旅游发展趋势

资料来源：历年《中国林业年鉴》。

②外联通。其在环境服务方面需"吸纳反馈、促进保护"，即积极了解、征集社会反馈，及时与公园内其他部门沟通，维护和提升公园的环境服务价值。为了充分释放国家公园的社会服务价值，公园的社会服务部门也需积极

与相关教育、科研、健康部门进行沟通与合作，合理引入一些社会服务项目。如可与地方科技局合作，使其设置与国家公园生态环境、康养功能相关的科研课题（如浙江科技厅 2022 年就设置了森林康养课题）；与科研院所合作，结合公园内的人工林改造、乡村区域的林木补植需求，进行康养林营造试验和功能优化。总之，可通过与公园外部相关机构的沟通与合作，寻求获得更多社会支持来进一步增强国家公园的社会服务功能。

6.4.4　通过地方生计方式转型来保障国家公园的公益化运营

当地社区在国家公园内的生计活动以及当地的产业运营是威胁国家公园公共服务价值基础的主要因素。因此使国家公园所在地的政府和居民采取环境友好型的生计方式，是保障国家公园充分实现其社会公益价值的需要。可从以下方面促进地方生计方式转型。

6.4.4.1　以要素双向循环促地方生计方式转型

国内国家公园内一般都分布着许多社区人口（如图 6 - 13 所示）。从长远看，国家公园范围内的人口流出是大趋势，例如，根据 2012～2021 年开化县每年新增城镇就业人口（见图 6 - 21），其平均每年新增城镇就业人口 5355 人。根据开化县当前农村户籍人口（约 17.22 万人）计算，钱江源国家公园内的农村户籍人口约占全县的 5.66%，即每年会有约 303 人从国家公园范围内流出。若再考虑到由开化县到各大中城市去就业的人口，每年流出的人口会远多于此。但就当前情况而言，社区居民及地方政府需要考虑生计改善方面问题。目前，国家公园的当地居民生计尚无法完全摆脱对地方资源环境的依赖，会或多或少与生态保护产生冲突。在传统思维中，国家公园所在地也一般单纯为木材等原材料、农林产品等初级产品输出地。但国家公园也完全可以利用其中的农户院落、废弃校舍、农作物堆场等空间发展绿色加工制造产业，并可实行来料加工模式，变单纯输出为进出双向循环，以参与整个区域的绿色产业分工，通过转变生计方式，使社区居民摆脱对国家公园范围内土地及生态资源的依赖。以钱江源国家公园为例，其就可与所在地的特色物产相结合，发展蜂蜜糖制作、竹刻文创产品制作、茶叶炮制等绿色产业，并冠以钱江源国家公园的品牌标志：依托公园内社区空间，以公园内外的野蜂蜜为原料，培育蜂蜜糖制作绿色产业；培育竹刻文创品制作业态，以园外的竹子为原材料，制作与人们生活关联性强的竹刻文创用品，如学生用的竹刻文具盒、生活中经常使用的杯垫、筷筒，乃至竹制座椅等；以及以园内外的优质茶叶为原料，培育茶叶炮制产业等。

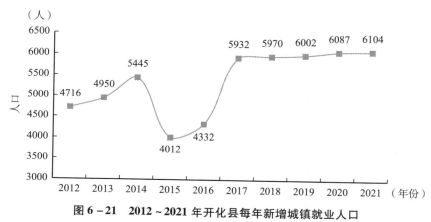

图 6 - 21   2012 ~ 2021 年开化县每年新增城镇就业人口

资料来源：开化县历年国民经济和社会发展统计公报。

6.4.4.2   以内外双向公益促地方生计方式转型

相关主体需形成国家公园不仅是社会公益提供者，也是社会公益享有者的思维。国家公园是社会公益事业，其建设目的即向社会输出公益价值。如前文所述，当前致力于公益的社会主体越来越多，也可吸引相关社会公益力量为国家公园内居民的生计方式转型做相应贡献。当前社会上已出现了"全国公益企业联盟委员会、河北公益企业联盟委员会、杭州公益金融联盟、扬州企业家公益联盟"等一批致力于社会公益的企业联盟组织。可由全国或省级层面的国家公园管理局牵头与相关公益企业联盟沟通，将国家公园作为实践"公益经济"的重要空间。以钱江源国家公园为例，相关企业可优先订购公园内出产的有机茶、野蜂蜜、竹刻文创产品，以保障国家公园内的绿色产业得到发展并实现可持续，帮助公园内社区实现生计转型，既促进国家公园生态环境保护，又让园内居民在为社会公益付出的同时也分享社会公益红利。或由一些致力于公益事业的国有及私营企业在国家公园内的社区设绿色环保的公益性企业，以为社区居民提供就业岗位，改善社区居民生计条件，改善国家公园内人地关系为主要目的，并将其所产生的额外收入投入到国家公园生态环境保护之中。例如，相关企业可在钱江源国家公园内设置绿色环保的花卉（观赏及食用）栽培、药用苔藓繁育、生态树生石斛种植等公益产业。

6.4.5 以现代信息技术促进国家公园公益化管理运营水平

国家公园的公益化管理运营水平也决定着其向社会公众提供公共服务的能力，现代信息技术在提升国家公园公益化管理运营水平方面十分有益，可为国家公园的有序和高效公益化运营提供一定技术保障，如其可为国家公园的环境教育、公众参与提供重要保障手段。

6.4.5.1 以数字化展示方式保障国家公园环境教育及生态体验功能的充分实现

野生动物科普教育及观赏应是国家公园环境教育及生态游憩体验的重要内容。但由于保护分区、访客行为限制、安全管理等原因，钱江源国家公园的即有运营模式并不能很好满足访客了解和欣赏野生动物的意愿（目前访客主要通过图片来了解野生动物）。根据钱江源国家公园的官方资料，园内常有"熊出没"，红外相机也监测到了许多"熊出没"的镜头。但由于安全等因素，访客基本不可能遇到熊，而许多访客对熊、黑麂、中华鬣羚等野生动物充满了好奇，想要了解和观察到这些野生动物。再如公园内的白颈长尾雉非常漂亮（见图6-22），十分有观赏性，但由于其比较稀少（在钱江源国家公园内仅约有500只），且胆小怕人，访客难得一见，而布设在国家公园内的红外相机也同样会经常捕捉到白颈长尾雉的活动。可契合访客想要了解和观赏公园内野生动物的心理，利用红外相机捕捉到野生动物影像资料（可同时从多个角度进行捕捉），制作VR体验虚拟场景，使其承载科普教育、原生态环境体验功能。也可专门制作表现钱江源国家公园野生动物分布及活动情况的多媒体互动电子地图，植入红外相机所拍摄到的各种野生动物活动视频，使访客根据自身兴趣对公园内的野生动物进行全面、详细的了解和欣赏，以应对访客无法在游憩过程中观赏到野生动物的弊端。

（a）亚洲黑熊　　　　　　　（b）黑麂　　　　　　　（c）白颈长尾雉

图 6 - 22　钱江源国家公园内的珍稀动物

资料来源：钱江源国家公园官方网站，http：//www.qjynp.gov.cn/news/jicui.aspx? page = 2&sortId = 13。

6.4.5.2　以数字化平台为国家公园公益化运营管理中的公众参与提供保障条件

管理部门可开发钱江源国家公园的 PPGIS（公众参与地理信息系统）平台，访客、社区居民及其他相关主体可通过该平台提供针对具体地理空间的建设、管理及游憩体验建议，供管理者及其他访客参考。管理者也可通过该平台发布与地理空间相关联的信息，如某条游道暂时关闭的信息等。相关主体在提供相应地理空间信息时，可根据情况标明信息的重要和需紧急传递的程度，以便管理者及其他相关主体能及时做出响应，如访客在某处发现较严重的落石现象，可通过 PPGIS 平台进行反馈，并将相应信息标注为特紧急信息，经系统自动识别并处理后，相应管理人员便可立即收到提示信息，以使其快速做出反应，以避免发生安全事故。对于相关主体所提供的一般性地理信息，管理机构人员可定期查看和梳理，并根据实际情况做出响应，如清除倒落的树木，维护存在安全隐患的游道，更换存在信息错误的标牌（笔者在对钱江源国家公园调研过程中发现公园内有许多标牌上的英语书写有误），在访客感兴趣的资源点补设解说牌，在许多访客需要休息的地点设置休憩设施等。总之，信息科技手段可在提升国家公园公益化运营效率方面提供重要保障。

| 第7章 |

国家公园公益化运营管理的
国外实践及启示

国家公园公益性的实质体现为以全民利益为目标，维护和增强其正外部效应的各主体间关系（见表7-1）。因此，在国家公园公益化运营中，运营者需协调各主体间关系，维持和增加相应生态资源的正外部效应，并尽可能减少或消除相关主体获益时形成的负外部效应（Quaas et al.，2008），以充分实现国家公园公益性。因此，国家公园公益化运营管理的主要内容为：以维持和扩大国家公园正外部效应、减少或消除其负外部效应为目标，促进其公共服务功能的充分实现，并对各相关主体行为进行规定、引导、激励和约束。国外国家公园建设运营已有100多年历史，相关研究可反映其运营中在实现公益目标方面所积累的经验与教训。本研究即通过梳理国外相关研究文献，从中总结对国内国家公园公益化运营有启示意义的相关内容。

表 7-1　　　　　　　　　　相关研究对国家公园公益性的表述

公益性本质	公益性表现	公益性实现
多利益主体间形成的以"保护第一、全民公益"为特征的利益关系（苏杨，2019）	向全民提供作为公共福利的休闲、教育及审美等机会（杨锐，2017）	生态保护、社区共管、公众参与、保障全民参访权；规范利益相关者权利、义务（杨锐，2017）
当代及未来公众，当地及外地居民平等分享其生态福利（黄锡生等，2019）	低廉收费（陈耀华等，2018）；公共利益共享（黄锡生等，2019）	可持续化管理（肖练等，2017）；通过共同体规则实现公共利益（黄锡生等，2019）
利益相关者博弈的结果；国家公园所产生的所有正外部效应（陈耀华等，2018）	为公众利益而设，为准公共物品；以保护为前提（陈耀华等，2018）	公众参与；一方应为其他各方带来正外部效应，并尽可能减少或消除所产生的负外部效应（陈耀华等，2018）
全民共享国家公园生态系统所产生的福祉（陈涵子，2015）	生态、游憩、教育等公共服务（陈涵子，2015）	若其生态能得到进一步保护，则其公益性便会进一步增强（陈涵子，2015）

7.1　公共生态资源保护管理

7.1.1　基于各类主体意愿，多渠道进行保护投入

资金投入状况影响着国家公园生态环境保护成效，国家公园管理运营的一个重要任务是为保护筹集充足的投入资金。

（1）加大政府保护投入。许多公众愿意为国家公园生态保护而多付一定税费，如根据调查，美国公众每年愿意为国家公园额外支付 620 亿美元的税费（Haefele et al.，2016），美国国家公园管理局的年财政预算仅约为 30 亿美元（Sutton et al.，2019），说明加大政府对国家公园的保护投入有较好群众基础。

（2）由于大部分社会公众都愿意为国家公园生态保护做一定贡献，因此社会捐赠（Alpizar et al.，2008）是筹集保护资金的一种重要途径。恰当的捐赠方式可促进公众的捐赠意愿。研究表明，非匿名情况下个体平均捐款额比

匿名状态下高 25%；在设定捐款参照标准后，非匿名捐款者的平均捐款额又高出 19%。为筹集更多募捐，可采用非匿名并设参照标准的捐款方式。还有一些社会个体愿以其他方式对国家公园保护进行投入。例如，购买国家公园旁的土地，并将管理权委托给国家公园，以扩大保护地面积（Bingham et al.，2017）；为保护林地免遭砍伐，在国家公园旁购买土地建私人保护区（Thomas et al.，2012）；等等。

（3）许多访客也有参与国家公园保护的意愿（Ramkissoon et al.，2018），可考虑向访客收少量环境保护费，这既可增加保护投入，又可使相应到访者产生环保责任感，且其大多数情况下对增加访客的旅行成本微不足道（Groulx et al.，2016）。另外，当访客地方眷恋感增强时，其实施环保行为的意愿也会更强，公园管理者可提高访客满意，进而强化其地方眷恋（Tonge et al.，2015），进一步激发其环保投入意愿。

（4）社区居民在国家公园生态保护中的角色重要，若能将生态保护与居民生计相结合，就会较好地激发出居民的保护参与和投入意愿。例如，在政府及各种社会力量支持下，设立相应基金，支持居民种树、进行生态巡护（Harada et al.，2015），以及拆除牧场围栏以保护野生动物（Davis et al.，2017）等，就可使居民参与到国家公园生态保护之中，使其为国家公园保护做出贡献。另外，也可通过开展集体行动等来强化社区居民参与环境保护的意愿（Ramkissoon et al.，2018）。

（5）许多非政府组织在国家公园生态保护方面有着浓厚的兴趣，一些非政府组织经费规模在快速扩张，如野生动物保护组织的运营预算在十年间翻了一番，应充分吸纳其资金用于国家公园保护（Hardin，2011）。

7.1.2 调节相关主体意愿，进行系统性生态保护

管理机构对国家公园保护意愿的实现程度常受到保护整体性、连续性的影响，相应管理者应基于系统性管理来应对生态保护中的整体、连续性问题，维护及增强国家公园面向全民的正外部效应。

（1）对国家公园外部区域相关主体意愿进行调节，从空间尺度上进行系统保护。为实现保护的整体性和系统性，国家公园管理者需将公园同其外部区域纳入一个整体进行系统性保护管理（Fortin et al.，1999），因而其面临的

一大挑战便是需在其管辖范围之外开展相应行动来实现保护（Petersen et al.，2017）。因此其管理不仅是当地政府，也是更高层级政府的事。首先，相应管理主体需管理生态价值需求方所在地的生态服务需求意愿，控制对国家公园内资源的利用，降低生态足迹较高地点的利用压力等（Palomo et al.，2013）。其中，管理城市区域的需求意愿尤为重要，例如，美国已有 1/3 的国家公园管理机构在城市设了分支办公地（O'Dell，2016）。其次，相应管理主体需采取措施应对外部干扰。国家公园保护面临的许多挑战源于公园外部，例如，在美国，其国家公园野生动物保护所面临问题中仅 42% 来自园内，其他均来自园外，包括外部受污染水流、火灾、病虫害、入侵物种的冲击（Shafer，2012），以及周边地下水过度开采等高强度供给服务所引起的园内生态退化（Palomo et al.，2013；Schwartz et al.，2019）等。因此，需增强国家公园外部区域管理者同公园方的合作保护意愿，通过国家公园同其外部区域的合作来应对周边生态干扰对其保护所形成的挑战（Petersen et al.，2017）。

（2）使国家公园管理者形成动态保护意愿，从时间尺度进行系统保护。尽管许多人秉持减少对国家公园人为干预以保持其自然状态的保护意愿，但国家公园的自然状态也并非一成不变，例如，气候变化正在改变一些国家公园原生状态，使物种灭亡速度加快等。为在国家公园生态系统动态变化中维持其可持续性，在一些阶段中适当进行人为干预是必要的（Schwartz et al.，2019）。例如，为了保持生态系统弹性，可降低林分密度以减少树木死亡风险、灌溉来保护濒危植物等；或在预测生态变迁会使一些物种消失的情况下引入所期望非本土物种，通过人为干预使公园过渡到新的生态系统状态等（Biber et al.，2016）。

7.1.3　增强科学保护意愿，实现科学化生态保护

提高国家公园生态保护效率是各相关主体的共同意愿，科学技术是提升相应保护效率的重要手段。

（1）国家公园管理者需强化其支持科研的意愿，动员各科研主体积极投入，用科研成果为国家公园生态保护提供强力支撑。例如，提供国家公园内道路干扰野生动物的科学证据来支持管理者反对林务员要求多设置道路的观点；论证与设置多条游道，但每条游道上游客扰动频次较低的情形相比，仅设置一

条通行流量大的公路的干扰是更多了还是更少了等（Dupke et al.，2019）；为避免人为干预国家公园生态系统所带来的非故意后果风险，需采用科学的分析方法来衡量拟采取的干预行为是否必要（Biber et al.，2016）；为了判断现行管理措施对生态保护的有效性，需对国家公园的构成要素、结构、功能等进行科学监测和分析（Oh et al.，2016）；为采取措施保护野生动物免受洪水威胁，需利用遥感数据来科学评估洪水风险（Lakhimpur et al.，2016）；等等。

（2）管理者需形成应用科学手段进行保护的强烈意愿。例如，引入基因驱动等新技术，驱动不期望其在国家公园内存在的物种性别向雄性转化，最终使该种群自动崩溃（Schwartz et al.，2019）；使用 LED 闪光灯减少狮子对家畜的袭击，进而减少相关主体对狮子的报复性猎杀（Lesilau et al.，2018）；使用统计分析及 GIS 手段定位森林中存在火灾风险的区域并评估其风险级别，提高森林防火的效率和针对性（Mirdeilami et al.，2015）；等等。

（3）通过科学分析，强化公众保护意愿，调节其干扰行为。例如，显性量化揭示国家公园对社会的贡献，增加社会公众的保护投入动力（Sutton et al.，2019）；科学揭示在国家公园短期停留的访客每吨碳排放对当地经济贡献更小、大量短期停留者对国家公园造成的环境承载压力更大、与减少碳排放影响相比个体保护生物多样性的热情更高等现象（Groulx et al.，2016），以科学引导相关者的行为意愿，使之行为更有利于国家公园生态环境保护。

7.2　公园管理的公众参与

让社会公众参与管理可为国家公园规划决策提供充分依据、增强公众对国家公园建设的支持意愿（Schwartz et al.，2019），提升相应管理的科学性（Voyer et al.，2012），从而更好地体现国家公园正外部性。

7.2.1　基于公众意愿促进其对国家公园管理决策的有效参与

国家公园管理者需对公众的参与意愿及行为进行引导、促进和调适，以达成其为全民提供公共服务的公益化管理目标。

（1）由于当地居民、社会公众、访客、服务运营者等各种利益相关主体可能只会从自身利益出发表达其意愿，因此公众参与经常存在使国家公园运营同其保护目标相背离，转而为利益相关者服务的倾向（Dupke et al.，2019）。因此，在涉及与保护相关的管理问题时，可减少或不纳入公众参与，而加强国家公园管理机构决策权威，充分体现管理者的保护意图；在生态游憩规划、公园收益分配决策等方面则引入公众参与。

（2）针对各类主体设计不同参与方式，引导不同主体形成切合其实际的参与意愿，使"直接受影响主体"参与共同决策，使"有业务关联主体"在决策方面给予技术协助，赋予"普通公众"知情权，使各利益相关者均有提建议的渠道（Brescancin et al.，2018）。但现实中由于相应能力的缺乏、主观意愿的不足等，"直接受影响主体"常未能参与共同决策（Strickland-Munro et al.，2013）；针对此，应增强相应主体的管理参与意愿，并设立正式联系机构来构建其参与共同决策的能力和渠道（Ahebwa et al.，2012），使其参与意愿得以实现。

（3）国家公园所在地社区居民属"直接受影响主体"，需通过宣传引导、渠道构建，提升其参与国家公园管理的意愿；同时，国家公园管理者应加强同社区交往，组织社区会议，并尊重和依靠当地知识，了解本土社区居民的意愿，独特的决策方法、思想观念，使本土公众有足够机会表达其意愿，参与共同决策（Gibson et al.，2019；Strickland-Munro et al.，2013）。

（4）当不同相关主体参与共同决策时，应针对不同主体采用单独会谈、小组讨论等双向交流方式，以有效界定关键问题，找到折中各主体意愿的最终方案（Brescancin et al.，2018）；若各类主体需同时参与决策，则应在了解利益相关者诉求意愿的基础上，设计合理的公众参与流程，确定有能力的组织领导者营造利益相关主体之间互相信任的氛围，以促成意愿的统一和共识的达成（Webler et al.，2004）。

（5）在公平决策方面，不能主要体现文化占优势地位群体的需求意愿和价值观念，而应同时听取弱势群体的意愿表达，以体现国家公园的全民公益属性（Loukaitou-Sideris，1995）。

7.2.2　用信息科技手段收集公众意愿来为管理决策提供参考

信息技术可为社会公众的意愿表达，以及为管理者收集公众意愿提供便利，因而可扩大社会公众对国家公园管理运营的参与（Evans-Cowley et al.，2010）。例如，在相应个体充分了解国家公园的情况下，可利用地理信息系统做支撑来让公众表达其与地理空间相关的诉求，使管理者充分获取源于社会公众的信息资源（Brown et al.，2011）。

（1）可请部分公众根据其意愿将 100 个分值分配给国家公园的各种生态服务价值，并将所分配的价值标注在地图空间点上，利用软件在地图上生成每种生态服务社会感知价值核密度表面（Van Riper et al.，2017），以揭示社会公众对国家公园服务价值感知的热点区、普通区同其生态服务功能实际分布状况的交叉重叠关系，为资源管理决策提供参考（Van Riper et al.，2012）。公众对国家公园价值感知热点区也预示着该区将承载公众较多的价值需求意愿，即其也将是公众价值需求意愿热点区。若一个区域既为公众价值需求意愿热点区，也为生态功能重点分布区，则应采取强管理策略（Bagstad et al.，2016）；在价值需求意愿热点区分配更多保护投入，或设置标识将一些访客分流到有较高景观质量，但尚未被识别的区域等（Van Riper et al.，2012），以减轻对价值需求意愿热点区的利用压力。

（2）当公众在国家公园内发现相应问题后，其也期望能将相应问题反馈给相关管理运营机构，但受反馈渠道缺乏及便捷性不够的影响，其反馈问题的意愿也往往不会被实现。而现代信息科技手段可为这种反馈提供便利，有助于将相关个体的问题反馈意愿变为现实。例如，由了解国家公园者在网站地图上标注所观察到的环境影响、发生退化的生态服务点及退化原因（Palomo et al.，2013）。再如，使访客在一些偏远区或特定方面（如观鸟）发现管理人员尚未发现的环境问题，形成国家公园环境影响地图，为针对性生态保护提供重要信息；或由相应到访者将其在园内体验、软硬件服务需求、所观察到的服务设施变化连贯性地定位在指定网站中地图上，形成游憩反馈地理信息，以为游憩管理及服务决策提供依据（Brown et al.，2011）。

（3）让访客用户外软件记录其活动的时空数据，形成不同时间访客游憩活动热点区地理信息，以反映访客的游憩意愿，为管理者分配管理资源提供依据，使其通过提前预告拥挤区来提高访客体验质量；比照园内安全隐患点空间分布与访客在不同时段活动意愿热点区信息，为国家公园安全预警管理提供依据（Kim et al.，2019）。

7.3 公共服务的企业参与

7.3.1 引入企业来更好地满足公众受益意愿

完全公共化是实现国家公园公益性的理想模式（More，2005）（见表 7 - 2），可较好地满足公众享受国家公园公益服务的意愿。但实际中，由于经济不景气所导致的政府公共投入缩减（Barrett et al.，2017）等，完全公共化模式很难实行，管理者需想办法应对经费不足对国家公园公共服务所形成的挑战。其中，私营者的补充资金变得很重要，被鼓励参与国家公园公共服务（Kwiatkowski et al.，2020），来满足公众获取国家公园公共服务的需求意愿。这使生态保护方面的新自由主义开始盛行，倡导基于市场来实现保护，增加了国家公园服务运营对私营企业的依赖（Fletcher et al.，2012）。以特许经营为代表的合同制私营参与是企业参与国家公园公共服务的主要有效模式（Dinica，2017）。特许经营企业通过向访客提供配套服务来满足公众的服务需求意愿，并向公园管理机构付费用于生态保护，为维护国家公园公益功能做相应贡献，例如，2016 年美国国家公园共收了 970 亿美元特许经营费，成为保护资金的重要来源（Slocum，2017）。另外，"私有土地公共化管理及私营参与"也是企业参与的较常见模式，也有助于满足公众对公共生态服务的需求意愿，完全私营模式则较少（见表 7 - 2）。

表 7 - 2　　　　　　　　　国外国家公园主要运营模式

国家公园运营模式		特征	优点	缺点
无企业参与	完全公共化	完全向公众开放、由税收支持	有利于实现保护	有税收压力；管理者缺乏控制成本、响应公众需求的动力
	使用者合理付费的公共事业	公共监督下适当收费；税收及收费共同支撑或自负盈亏	减轻税收负担；促使公园提高服务效率、考虑需求变化	过分注重收益会导致过分商业化；会妨碍低收入者的利用；访客减少会造成经费危机

国家公园运营模式		特征	优点	缺点
无企业参与	非营利组织管理	致力于公益；主要靠捐赠提供经费	不依靠财政；一些组织购买土地来保护	不像政府一样透明；经济来源脆弱；存在保护立场不坚定、只注重组织自身发展等现象
有企业参与	合同制私营参与	公共部门投入必要资金，私营公司通过竞争获取经营权	可低成本和灵活运营；减少财政支出	私营方须获取利润，经常依赖低工资及福利运营，可能导致一些社会问题；局部过度商业化
	私有土地公共化管理及私营参与	私有者将土地交公共部门统管、向公众开放，分享收益	政府不需购买土地；可扩大保护地及游憩地面积	存在国家公园管理部门权威性较低，统筹协调难度较大的问题；需同时兼顾经济目标
	完全私营	私营者以营利等为目的保护和运营自然区域	运营效率高，无税收负担	小块迷人且进入性可控的可营利区会被保留，很难大面积保护；会出现高度商业化盈利点；会阻挡不付费者

资料来源：基于相关文献整理（Bingham et al.，2017；More，2005；Ly et al.，2016；Pitas et al.，2018；Bell et al.，2015）。

7.3.2 引导企业来更好地满足公众受益意愿

7.3.2.1 公有化背景下的企业参与引导

根据调查，社会中大部分公众对企业参与国家公园服务运营持肯定态度（Pitas et al.，2018）。在国家公园建立在公有土地之上，主要由政府管理与保护的背景下（Sutton et al.，2019），为更好地满足公众需求意愿，管理者会纳入企业以特许经营等方式向访客提供配套服务，并与其订立合适的特许经营合同（见表7-2），以引导企业的运营，使其更符合公益性目标（Slocum，2017），公园空间则以免费或适当收费（Ostergren et al.，2005）形式向公众开放。在有些地方，国家公园所创造的旅游收入已成为其不可或缺的经济来源，为更好实现社会公众的生态保护意愿、访客的游憩意愿、地方的发展意愿三重使命，一些国家公园采用公私共存模式，将少部分游憩区直接交给私营企业管理，以使其旅游产品更有竞争力和服务效率（Ly et al.，2016）。在此情形下，更需加强管理机构、社区及非政府组织等对企业的监管与引导，减少或消除其负外部效应，并使之能产生正外部效应。许多非政府组织主张在国家公园内实行可持续化的生态旅游方式（Duffy，2015），可被引入以对国家公园内企业的运营方式产生引导和约束作用，以及协调企业同居民间的冲突（Hardin，2011）。其他被认可度较高的企业参与途径还包括"与赞助者合作""服务外包"等，其中"与赞助者合作"是非常受公众肯定的一种企业参与方式（Pitas et al.，2018）；也可通过这些方式引入相关企业参与国家公园服务运营，来更好地实现社会公众保护国家公园生态环境，从国家公园中获取公共服务的相关意愿。

7.3.2.2 私有化背景下的企业参与实现

一些私营主体在私有土地上的旅游运营行为会同生态保护之间产生矛盾，为了协调相应矛盾，在各私营主体参与下，相关管理机构设立国家公园由政府部门对相应私有土地实行统筹管理（见表 7－2），使其发挥公共职能、实现生态环境保护目标。例如，爱尔兰莫恩和苏格兰凯恩戈姆山国家公园（Bell et al.，2015）等便属于此类情况；再如，在日本，国家公园中有 26% 的土地属私人所有，各私营者自愿同意设立国家公园来统一保护自然景观，自愿共同遵守相关约定，并委托国家授权的当地国家公园管理机构实施统一管理，作为回报，相应私营者则可以享受一定税费减免（Tanaka，2019）。在此背景下，各私营主体需服从基于公共目标的统一管理（事实上，各主体也已具有一定服从统一管理的主观意愿），同时可开展相应经营活动（Bell et al.，2015）；但国家公园管理机构对私有土地管理的权威性较低，统筹协调难度较大（Tanaka，2019），因此在此情形下，也需强化对私营主体的引导，使其严格遵循国家公园目标来开展运营活动。也有少数完全私营的国家公园，例如，荷兰的"费吕韦边境国家公园"（Kuiters et al.，2006），其占地 50 平方千米，1930 年由私人建立，按政府对国家公园的公益化要求进行管理。南非等国家设立了一种私有性质的"协议型国家公园"，其运营模式为：国有国家公园旁的土地所有者通过协议将相应土地一定期限管理权委托给国家，以使其被统一保护和管理（Bingham et al.，2017）。一些私营主体在国家公园旁设置了私人保护区，相应私人保护区也在一定程度上以公共利益为目标进行管理（Fletcher et al.，2012），其同国家公园一起共同形成受保护生物的栖息地等，面向社会发挥着公共服务功能（Thomas et al.，2012）。由此可见，引导有关私营主体形成使其私人所经营生态资源发挥社会公共服务功能的意愿，并将其纳入国家公园体系，或按照国家公园的标准对其进行管理，有助于进一步促进国家公园建设，进一步扩大国家公园所产生的社会公共服务功能。

7.4　公众游憩活动管理

7.4.1　访客游憩需求意愿管理

在访客游憩需求意愿旺盛时减少其相应意愿，以减轻游憩活动造成的生态压力。减少游憩需求意愿的策略包括提高游憩服务收费标准、让大型游憩团队额外付费、将旺季的部分游憩需求转移到淡季、进行准入时间控制、规定访客的最低通行车速、减少对部分步道的养护、开发园外吸引物（Beeton et al.，2002），以及实行到访的预约许可、根据访客停留时长收费、使用大船以减少对小船的需求量（Magalhães et al.，2017）等。提高收费标准可减少访客的游憩需求，但所引起的社会公众享有游憩机会的不公平会影响国家公园公益性（Medway et al.，2010），因而其也备受争议。相对而言，预约许可则是一种更为主要的游憩需求意愿管理方式（Beeton et al.，2002），例如，访客到美国大峡谷国家公园进行徒步的需求旺盛，公园管理方即通过提前交费预订的办法来管理到访需求，且每年针对 3 万多份申请只发放 1.3 万份许可（Schwartz et al.，2012）。也有一些国家公园根据其访客承载量，通过摇号，以一种更加公平的方式来分配有限游憩许可（Rice et al.，2019）。即使在特定国家公园内部，也需对访客游憩需求意愿进行调配，如可针对曾经的及潜在的访客，开发替代性体验区来减少其对园内标志性区域的游憩需求（Weiler et al.，2019）等。游憩需求意愿管理也包括国家公园客流量较少时游憩需求的激发和培育，以使公园游憩福利能为更多公众所获。如美国发起了一个"国家公园处方"项目，即医生为了让病人康复，开出让其到访一个国家公园的"处方"，激发了相应主体对公园的新需求（O'Dell，2016）。也包括适应游憩需求意愿变化来保障社会公众利益。例如，相关研究表明，在气温较高的年份，公众对国家公园的使用率会更高、使用时间也会更长；年平均温度每增加 1%，公园系统每英亩需增加 11.51 美元的运营投入来响应公众所增加的游憩需求（Smith et al.，2019）等。增强国家公园对弱势群体的可接触性和适合性，使相应群体进入国家公园游憩，以体现国家公园公益特征，也是游憩需求意愿管理应包括的内容。例如，理解相应群体的需求和偏好并在规划设计中体现这些需求；制定能将弱势人群运送至国家公园的交通规划；在相应社区事务中植入一些国家公园元素来创造国家公园可亲近性；等等（Gibson et al.，2019）。

7.4.2 访客游憩行为意愿管理

7.4.2.1 访客游憩行为监测

通过监测获取访客行为信息是通过引导访客行为意愿来减少或消除其行为负外部性的重要基础，常用的传统性访客监测手段包括摄像监控、人为观察、调查访谈等，但有效获得可靠数据比想象中难度大（Cessford et al.，2003）；而新型信息技术为国家公园访客监测提供了很多便利。例如，可依托地理信息系统，设相关监测指标，形成更科学、完整、有效的监测方案，分析访客资源利用行为及环境影响结果，为游憩管理提供指导（Monz et al.，2006），引导访客形成合理的游憩意愿。分析访客发布在社交媒体上的内容已成为访客监测的另一种有效手段（Toivonen et al.，2019）：可通过其分析国家公园内访客不恰当行为类型及哪类不恰当行为较可能发生，有助于管理者采取阻止措施（Liang et al.，2020），通过对访客不恰当行为意愿进行引导和干预，防范相应不恰当行为发生；相应信息浏览者的线上接受及附和会诱发其实际中实施不恰当行为的意愿（Selwyn，2008），了解社交媒体用户对线上不恰当行为内容的反应，可使管理者对可能发生的不恰当行为保持警觉，增强管理适应性（Hausmann et al.，2018）。包含地理信息的社交媒体内容可反映访客在国家公园活动的时空特征及其变化（Heikinheimo et al.，2017），特定时期网上所上传的关于某个国家公园的照片数量、上传者地址信息可反映公园访客量及客源地状况（Sessions et al.，2016），对这些信息进行监测均可为访客游憩意愿管理提供依据。

7.4.2.2　访客行为意愿引导

引导访客行为意愿，使之所实施行为与公园公益化管理目标一致（Rice et al.，2019）。第一，更多学者认为访客的行为意愿是理性的（Hanley et al.，2002），应通过标识等引导其进行符合管理目标的理性选择。如用标牌告知访客园内哪些是问题或敏感区域，并通过标识引导其选择别的区域进行参观（Dupke et al.，2019）；加强宣传教育，减少访客由于疏忽、不懂行、不知情所引起的不恰当行为（Manning，2003）；设置奖励系统来引导访客内在意愿，使其形成环境友好行为习惯等（Zhang et al.，2018）。第二，大部分访客具有实施环境友好行为的基本道德认知（Harland et al.，1999），但相应认知不一定能充分转化为其行为意愿，实际中其往往会寻找借口对相应道德准则进行抵消和中和，将其不恰当行为合理化（Zhang et al.，2018）。因此，应尽可能引导访客消除其实施环境不友好行为的借口，如提供便捷化公交系统，减少访客以公交系统不健全为借口形成使用私家车的意愿；提供充足的垃圾箱，减少访客以找不到垃圾箱为借口而乱丢垃圾等。第三，改进标识系统等，利用信息管理访客意愿，对其体验结果进行引导和塑造（Manning，1986）。如用较强的情感提示和国家公园对个体意义的说明来使访客感到更多和相应国家公园的情感联系，使其产生较强地方眷恋（Ramkissoon et al.，2018），强化其体验意愿，提升其游憩体验结果。第四，在访客进入前，可让其进行虚拟现实（VR）体验，使其对国家公园形成更多认知和更切合实际的体验意愿，助其制定更合理、便利的游憩规划（Tom Dieck et al.，2018），使之更好地享受游憩福利。

7.4.2.3　强化运营者进行访客限制的意愿

（1）为维护公众长久利益及国家公园作为公共福利的游憩价值，根据承载力限制客流量是最基本要求，但许多国家公园并未实行之，因此管理部门需加强督管（Dupke et al.，2019），强化运营者根据承载力限制访客量的意愿，尤其应加强对旺季客流量的控制（Sriarkarin et al.，2018）。

（2）管理运营者应将游憩活动限制在国家公园的特定范围内及边缘区域，且要求访客开展生态影响小的高质量游憩活动（Cunha，2010），以尽可能减少生态干扰。

（3）限制到标志性区域进行游憩的人数（Weiler et al.，2019）以保护景观、维护体验质量。

（4）在濒危物种憩息季或安全防护季，对到访点实行时空限制；如可采用门票系统设限，使接触敏感区更加困难（Dupke et al.，2019）等。

（5）管理者也需根据国家公园自身特征采取不同游憩限制措施，包括限制游憩团队规模及其停留时间（Schwartz et al.，2012）、限制使用特定种类的机动交通工具（McCool et al.，2001）、将访客限定在公园内的既定路径上（Gundersen et al.，2015）、限制园内露营点数量及其在某一个区域内的大量聚集（Marion et al.，2018）等。

7.4.3 基于付费意愿的收费管理

7.4.3.1 门票收费体现国家公园公益性

国家公园的大部分访客愿意付门票（Lal et al.，2017），统计数据也显示，门票对人均到访国家公园的次数影响较小（Stevens et al.，2014），也没有明显影响访客数量（Buckley，2003）。在政府财政投入有限及地方经济较依赖旅游收入的情况下，公园方可收取门票费（Van Zyl et al.，2019），以支撑国家公园公益化运营、获取生态保护经费（Kaffashi et al.，2015）、维护公园内游憩设施（Abdullah et al.，2018）、为当地社区提供生计来源（Lal et al.，2017）等，如在美国国家公园中，有34.93%收门票费（Ostergren et al.，2005）。同时收门票也有助于控制客流，对生态保护有益（Chung et al.，2011）；且相关观点认为收费反而合理，通过向资源使用者收费，可弥补那些没有使用园内资源的个体所分担环境成本（Schwartz et al.，2012），更有助于社会公平。但与此同时，针对公众的调查也表明，有相当一部分社会个体认为门票会影响其到国家公园内游憩的意愿，如在美国持这种观点的人甚至占到76.9%；而社会公众应该被鼓励进入国家公园感受自然及人文生态之美，尤其应让那些从未或较少到访者进入国家公园（Ostergren et al.，2005；More，2005）。因此，更多研究基于大众利益和社会公平考虑，主张国家公园应不收或少收门票费。甚至有些学者不赞同提高国家公园需求热点区的进入许可收费，认为较高的收费可能剥夺低收入者的到访机会，使国家公园内体验价值高的旅游线路只为那些收入较高者所获得（Schwartz et al.，2012）。综上所述，为更好体现公益性，国家公园总体上应实行低门票或免门票费运营策略；可对从未进入及进入国家公园次数较少的访客给予不同幅度门票减免。

7.4.3.2　针对单列项目合理化公正收费

调查表明，公众愿意为国家公园内增值服务、新游憩体验、有吸引力的服务和设施多付费用（Mika et al.，2016），例如，在美国大峡谷国家公园，大部分申请进入者愿意为设置和运营一个实时查看园内营地状态的在线预订系统而额外付费（Schwartz et al.，2012）。对国家公园内一些服务实行收费运营，可提升其对公众的服务效率，增强公众满意度，例如，有的国家公园内曾提供的水上摆渡等免费服务被证明缺乏效率，收费运营后其服务水平及访客满意度大大提升（Suntikul et al.，2010）。因此，管理者设置相应收费项目既可更好的服务大众，又可为保护筹集资金。例如，在1995～2010年，加拿大安大略湖的访客量只增加10%，但旅游收入增加了257%，大大增强了其保护投入能力，开展新的收费型服务项目为增加收入做出了重要贡献（Eagles，2014）。但收费确实会影响低收入者对相应游憩活动的参与意愿，为体现公益，国家公园在进行相应项目收费运营的同时也需设置一些免费体验项目（Lamborn et al.，2017）。另外，社会公众也愿意为国家公园的生态保护而付费（Haefele et al.，2016），例如，澳大利亚大堡礁海岸公园在1993年引入环境管理费后，每年增加的收益逾700万美元，但并没有造成访客量减少，所增加费用也直接被用于公园环境巡护等（Groulx et al.，2016）。国家公园该如何收费也是一个很有讨论价值的问题，公众较支持"低门票而额外付费获取有关服务"的收费策略，而不太赞同把服务费都包括在门票之中（Ostergren et al.，2005）；收费额度需根据访客付费意愿及能力来确定（Kaffashi et al.，2015）。在收费过程中，若使收费公正、合理、透明，使收费意图明确、公开，则可增强付费者的付费意愿（Chung et al.，2011）。因此，在实行低门票或免门票费、提供必要免费服务的基础上，首先，可向访客提供增值服务、新的体验等，并针对相应服务单独进行公正收费，以为公众创造更多价值，并为国家公园公益化运营筹集更多经费；其次，可公开单列资源保护费来筹集保护资金；最后，应明确告知访客相应收费的理由、意图、使用程序等。

7.5　地方社区共管共享

7.5.1　畅通及强化社区意愿表达，推动社区参与管理

保障社区利益是维护国家公园公益性的重要方面，而社区表达其意愿主张，参与国家公园管理是实现其自身利益的重要途径。

（1）建立能真正代表社区意愿、有实质作用的强有力本土化组织，形成社区凝聚力（Bauman et al.，2007）。许多国家公园由于缺少代表社区利益的正式联系机构，造成社区在参与管理方面被边缘化，使其意愿无法得到充分表达，设代表社区的相应组织可增强社区话语权及沟通能力、收集利益相关者的意见和意愿，并可通过相应组织的执行委员会审阅有关提案、表达主张等，将当地利益充分纳入考虑（Ahebwa et al.，2012；Haukeland，2011）。

（2）实施可兼顾保护与社区发展的项目，可促进居民参与保护管理的意愿，例如，实施"REDD＋"项目（保护森林来减少温室气体）（Awung et al.，2018）等，在项目经费支持下，使居民参与森林巡逻管理（Yoshikura et al.，2018），或使其从事物种识别和统计等保护管理相关工作（Awung et al.，2016），为其提供收入来源；并推广碳信用（通过减少碳排放获得补偿），使碳信用所带来的货币收益支持相应项目持续开展（Gibbon et al.，2010）。有些国家公园动员当地农民在生态修复区内种树并义务管理这些树木，同时允许其进行林下种植来获取相应收入，并按生态修复贡献大小对参与者给予不同经济支持（Harada et al.，2015），极大地调动了居民的参与意愿。可借鉴此经验将周边一些需要修复的土地纳入国家公园范围，采用上述模式进行管理，既修复生态，又可增加一些居民的收入。

（3）将当地社会经济与国家公园自然生态共同纳入管理责任范围（Haukeland，2011），畅通社区意见和意愿反馈渠道，使管理者识别和减轻国家公园对社区的负面影响，实施对社区更有利的管理方案（Fortin et al.，1999）。

7.5.2 保障和促进社区利益共享，消除居民消极意愿

在国家公园建设运营实践中，由于社区居民利益受损而未得到补偿，或社区居民未能公平分享公园运营收益，使其出现消极情绪，进而会影响其参与国家公园保护及管理的意愿。因此，应保障和促进社区利益共享，以消除居民消极情绪，增强其参与意愿。

（1）对社区居民给予公平补偿。一些国家公园确实促进了当地的经济发展，为本地及周边区域产生了收入（Mayer，2014；Akyeampong，2011）、为社区中妇女创造了从业机会（Ashley et al.，2001）等。但国家公园的首要目标是保护（Haukeland，2011），国家公园的保护战略优先于地方发展战略，一些国家公园对当地经济受益所产生的正影响远没有预想得那样重要，地方经济并未得到很大改观，甚至还会出现衰退，例如，加拿大沙格奈河国家公园的 Rivière-Éternité 社区（Fortin et al.，1999），当地居民将土地交给政府来设立国家公园，社区则被定位为主要旅游中心，但设立国家公园后，当地居民的失业率相对增加、家庭收入也相对减少，而旅游业却提高了其生活成本。一些国家公园旅游吸引力并不突出，对地方经济的促进作用较为有限（Mika et al.，2016），且即使像德国巴伐利亚森林国家公园这样的旅游胜地，在访客减少时也未能规避旅游业的亏损（Mayer，2014）。事实表明，在许多国家公园建设运营中，当地社区居民是主要利益牺牲者（Ahebwa et al.，2012），对其给予公平补偿及扶持，既是体现社会公平的需要，也是增强社区居民支持、参与国家公园建设意愿的需要。

（2）使社区居民公平分享收益。让社区居民分享收益是国家公园体现其对当地正外部效应的需要（Strickland-Munro et al.，2013），而收益分配不公造成的居民不满又常带来负外部效应。决定经费分配额度及规则的相关权力部门常不能很好代表社区利益，甚至会为居民获取收益设置条件，使受教育程度较低者获得收益困难（Ahebwa et al.，2012），以及使社区分享的收益与其所负担的成本不相称等（Mariki，2013），造成不公正。基于此，需针对社区居民设置用途明确的专项资金，使需惠及的对象具体而明晰，以提升收益分配的精准和有效性（Rodriguez et al.，2012），在居民的实际奉献和收益之间建立明确联系，简化收益分配手续和要求（Ahebwa et al.，2012），让真正需要被惠及、有贡献者得到益处。例如，可采用专项补贴方式来抵消居民庄

稼等遭受野生动物侵袭所形成的损失（Watve et al.，2016）；对从事养蜂等生态友好产业的居民给予资金支持，设经费用于雇用当地人挖沟来阻止大象破坏庄稼，或作为巡护者护卫庄稼地、控制虫害，以及植树造林来固碳等（MacKenzie et al.，2017）。另外，也需体现收益分配的普惠性，例如，利用相应收益改善当地的教育、交通、医疗条件等（MacKenzie，2012）。缺乏必要的启动资金、缺少相应技能、受教育程度低等因素是影响当地社区居民参与国家公园旅游并从中受益的主要因素（Strickland-Munro et al.，2013），因此可利用相应收益对当地居民给予普惠性的旅游投资引导，开展具有普惠性的教育培训等。当社区居民实现对国家公园所创造利益的公平共享后，其参与国家公园建设的意愿也会得到提升。

7.5.3 为社区参与共享增权赋能，实现社区参与意愿

由于话语权的薄弱，技能水平的相对滞后，制约了国家公园运营中一些社区居民参与意愿的实现。因此，需对社区居民进行必要的增权赋能。

（1）给社区居民一定优先权。国家公园会创造巡护员等生态保护就业岗位（Sarker，2011），以及在公园相关部门直接就业及在旅游业中间接就业的机会（Fortin，1999）。许多社区居民具有获得这些岗位的强烈意愿，但由于外来者具有知识水平等优势，国家公园内一些报酬高的就业机会常被其所获（Michael et al.，2017）。为此，一方面需赋予社区居民一定就业优先权，另一方面公园管理机构、非政府组织等应采取行动，合作提升居民相应从业能力（Bello et al.，2018）。

（2）国家公园需为弱势群体赋能。在一些社区，妇女在就业、参与决策等方面处于弱势（Panta et al.，2018），而为弱势者赋能是国家公园生态旅游的基本原则之一（Moswete et al.，2015），可鼓励手工艺品、地方美食、旅馆等非资本密集型且能提供较多从业机会的旅游企业发展（Strickland-Munro et al.，2013；Bello et al.，2018），培训社区妇女手工艺品制作等技能，增强其旅游从业可能性（Michael et al.，2017）。

（3）可利用现代新技术拓展社区居民提供服务的空间，例如，有些国家公园开发了互动媒体解说系统，让当地群体通过该系统提供相应解说内容等（Gibson et al.，2019）。

总之，为社区居民增权赋能，可使其充分实现分享利益的意愿，有助于进一步实现社会公平和增强社区居民对国家公园的支持。

7.6 实现国家公园公益化管理的路径

国内学者根据实际情况分析了我国国家公园公益化管理需完成的任务（见表7-3），勾勒出实现国家公园公益化管理的路径：理顺权属关系→扩大社会参与→实现公益服务→保障社区利益。其中，理顺权属关系是基础，扩大社会参与是保障，实现公益服务是目标，同时也需要保障社区利益。为实现上述目标，需解决当前国家公园建设中尚存在的一些关键问题（见表7-3），国外的国家公园管理运营实践可在此方面提供一些启示。

表7-3　　　　　　　我国国家公园管理需应对的主要问题

重点任务	目标	需应对的问题	国外相关研究的主要启示
理顺权属关系	实现统一管理、整体保护	(1) 土地权属复杂（杨锐等，2019） (2) 多部门及多行政单元分割管理（钟林生等，2016）	(1) 通过合约依托非国有土地设国家公园 (2) 赋予管理机构更高层级、更系统性管理权限等
	明确各级政府事权	(1) 政府资金投入不足（苏杨，2016a） (2) 地方统筹协调权力不够（苏杨，2016b）	(1) 政府保护投入责任制度化 (2) 更高层级政府介入等
	管理、经营、监督权分置	(1) 政企不分、垄断经营（黄宝荣等，2018a） (2) 特许经营机制不健全（高燕等，2017） (3) 公众知情、监督权未得到有效保障（黄宝荣等，2018b）	(1) 引入企业并监管经营 (2) 实行特许经营，以合适的合同约束经营者 (3) 信息公开，设代表公众的组织参与管理等
扩大社会参与	获得更多投入、让社会力量参与保护与管理	(1) 社会参与不足、社会资金介入机制不健全（黄宝荣等，2018b） (2) 多方参与渠道尚未形成（钟林生等，2016） (3) 各方利益协调难度较大（肖练练等，2017）	(1) 社会募捐常态化 (2) 向访客收少量环保费 (3) 充分利用非政府组织资金 (4) 设置社区参与的保护项目等

续表

重点任务	目标	需应对的问题	国外相关研究的主要启示
实现公益服务	实现保护以提供公共生态服务	(1) 科学性保护薄弱（杨锐等，2019） (2) 保护资金投入不足（苏杨，2016a） (3) 生态监测力度不够（王宇飞等，2019） (4) 气候变化对保护带来挑战（肖练练等，2017）	(1) 用科学论证、科技手段支撑保护 (2) 利用多方保护投入 (3) 用新技术、手段、渠道提升监测效率 (4) 针对气候变化影响进行适度人为干预等
	在保护前提下提供游憩等服务	(1) 门票价格高（苏杨，2016a） (2) 未很好体现教育服务（陈耀华等，2018） (3) 保护和游憩间矛盾突出（张朝枝等，2019）	(1) 公益优先，低门票或免门票运营 (2) 突出标识系统教育功能 (3) 对访客进行监测、引导和限制等
保障社区利益	体现社会公平	(1) 国家公园内居民多，对自然资源的生计依赖性强（杨锐等，2019） (2) 对社区利益保障不够（黄宝荣等，2018b） (3) 对社区损失未进行有效补偿（苏杨，2016a） (4) 社区参与不足（高燕等，2017）	(1) 公平补偿社区居民 (2) 社区居民公平分享收益 (3) 为社区参与增权赋能 (4) 组织社区参与管理等

7.6.1 理顺公共生态资源的权属关系

第一，管理者可采用灵活模式来对不同权属土地实行统一保护和管理，使其发挥公益作用，如实行"土地信托（高燕等，2017）、地役权模式（王宇飞等，2019）"等。第二，为了对国家公园各构成部分、内外部区域进行统筹管理、整体保护，需赋予管理机构更多统筹协调管理权限（见表 7-3）。第三，以"国家公园法"等制度形式明确政府（中央或地方政府）保护投入责任，形成保护的资金投入保障。第四，采用特许经营等方式，使一些优质企业参与国家公园服务运营，实现管理权与经营权分离；公园同企业签订合适的特许经营合同，以最大限度降低或消除企业经营所产生的负外部效应。第五，为保障公众知情、监督权，需构建信息公开及意见反馈渠道，使国家公园更符合公共利益。

7.6.2 扩大保护与管理的社会参与者

通过以下方式，扩大进行保护投入的社会力量。第一，扩展募捐动员方式、受捐办法、联络渠道等，使更多公众为国家公园捐赠保护经费，支持公益事业。第二，设置既有助于保护、又有助于社区发展的"激励相融"性项目，使社区居民参与国家公园保护。第三，制定合适的企业参与制度，选择负责任的企业参与国家公园服务运营，使之产生既有效服务访客，又为生态保护赚取投入的正效应。第四，响应访客的保护投入意愿，让访客通过付环保费等方式对国家公园生态保护进行投入等。

应对社会公众对国家公园管理参与不充分的问题。第一，为了构建"直接受影响主体"参与国家公园共同决策的渠道和能力，需设立代表这部分公众的相应组织。第二，科学设计相关主体参与国家公园管理的流程、选择有能力的公众参与组织领导者，促成各方达成共识，使国家公园综合负外部效应最小、正外部效应最大。第三，利用现代信息技术的便利性，拓宽公众参与国家公园管理的渠道及空间，为国家公园的公益性决策提供充分信息资源。第四，当公众参与导致国家公园同其保护目标相背离现象发生时，应在生态保护管理决策中体现管理机构的决策权威。

7.6.3 充分实现国家公园的社会公益价值

各相关主体积极维持和增强国家公园生态服务功能，使其向社会公众产生更多生态福祉。第一，在生态保护方面加大科研投入及技术应用，使科研主体积极为保护提供科学依据和手段等，应对当前存在的科学性保护薄弱的问题。第二，通过科学人为干预来应对气候变化带来的生态退化，维持生态系统的可持续。第三，创造条件、鼓励动员，使更多社会力量成为国家公园生态公益服务的维护者。第四，在生态监测的基础上对国家公园进行系统性管理，尽可能消减其生态所受到的干扰。

向公众提供公共福利性生态游憩及接受环境教育的机会，提升游憩及教育服务质量。第一，管理机构对国家公园实行低门票费或免门票运营，针对从未进入及进入次数较少的访客进行门票减免，增强国家公园对一些社会弱势群体的可接触性和适合性，以体现公平。第二，在保护国家公园生态环境的前提下，面向访客开展增值及专项游憩体验服务，并进行公正、透明的专项收费，既优化国家公园的游憩服务及访客体验，又为保护筹措资金。第三，管理者加强对科研的支持及与科研机构的合作，动员科研机构、非政府组织等积极参与国家公园相关科学研究，并依托科研为生态科普及环境教育积累素材。第四，设置更多教育载体，增强解说系统的教育功能等。

管理者从公共利益出发，对国家公园的访客活动进行引导和调控。第一，当社会游憩需求旺盛时，管理者需采取相对公平的办法（如预约许可等）限制访客量，避免对资源的过度利用。第二，采用适当策略进行需求转移、培育及响应，以应对游憩需求时空分布不平衡问题，既避免对特定时空中的生态资源形成高强度干扰，又使国家公园不同时空的社会公益价值得到充分实现。第三，在国家公园内实行环境友好型游憩方式，引导访客实行环境友好行为，制定访客监测方案，约束其非环境友好行为。第四，利用标识系统、VR 情景等对访客进行引导，用人性化服务消除访客实施不恰当行为的借口，使其行为与国家公园的公益化管理目标相吻合。

7.6.4 切实保障国家公园的地方社区利益

管理者需通过制度设计及实际行动来保障社区利益，在体现社会公平的同时，获得社区对国家公园建设运营的更多支持。第一，通过社区从业优先、能力提升、劳动密集型产业扶持等系列举措，为社区参与共享增权赋能。第二，将地方社区的社会经济也纳入国家公园管理的责任范畴，收集并重视社区反馈，吸纳社区居民参与管理，使相关决策能保障社区权益。第三，补偿社区在国家公园建设运营中的损失；在社区居民的奉献和收益分配之间建立明确联系，并增加收益分配对社区的普惠性，使当地居民公平分享收益。第四，对社区参与国家公园管理进行组织和引导，构建保障社区参与管理的强有力本土化组织，增强社区通过参与管理来实现其自身利益的能力等。

| 第 8 章 |

国家公园公益化运营管理国内实践主要启示

8.1 引导与响应公众对于
国家公园的意愿

8.1.1 公众积极意愿的激发

如前文所述，目前尚存在社会公众对国家公园投入意愿不强、对国家公园建设运营的深度参与意愿不够、维护国家公园公益价值的意愿相对滞后等问题，须采取相应措施来进一步激发公众对国家公园的积极意愿。

（1）以国家公园形象激发公众积极意愿。使公众对国家公园产生更加积极和正面的形象认知有助于激发其对国家公园的更多积极意愿。可通过如下方式来提升及强化国家公园在社会公众心目中的形象：通过科学评估揭示并展现国家公园公共服务价值，通过门票减免及举行社会公益活动（如进行公益性森林养生指导）来塑造和展现国家公园的公益形象，通过代表性生态景观展现及生态胜境 VR 体验来展示国家公园优质原生态环境，通过特色生态体验活动（如在钱江源国家公园开展负氧离子探测活动）的设置来塑造特定国家公园的特色形象等。

（2）以社会宣传动员激发公众积极意愿。在设立国家公园的初期阶段，针对社会公众对国家公园建设运营支持意愿还不够突出的现状，有必要安排专门用于进行国家公园宣传的经费，制作与国家公园相关的通俗性电视节目、出版介绍国家公园的通俗性读物、制作介绍国家公园的 VR 影像资料并在一些大型的博物馆及展馆投放，甚至可考虑创办专门介绍国家公园的期刊，设置相应电视及广播频道等。通过官方媒体、学习强国平台、在校学生的学习读物、知名社会评论者的自媒体等渠道，引领社会公众与国家公园生态保护和公益运营相关的价值观念。各国家公园需创作内容生动或美感突出，社会传播力强的宣传内容，以提升国家公园宣传的社会影响等。

（3）以社会支撑条件激发公众积极意愿。社会公众活动空间中便捷化意愿表达及实现渠道的可获得程度既会影响公众的意愿表达，又会激发公众的内心意愿。如前文所述，当前社会捐赠渠道、志愿服务渠道的不够便捷与丰富对公众对国家公园捐赠意愿、志愿服务意愿的形成与表达有消极影响。因此，需从构建政府渠道和民间渠道两方面入手，来为公众相关意愿的形成与表达创造更多社会支撑条件。在政府渠道建设方面，设置有专门机构或专人负责的官方捐赠平台、志愿服务对接平台，并在社会公共活动的线上及线下空间广泛植入官方捐赠平台、志愿服务对接平台链接，增加相关渠道的可获得性。在民间渠道建设方面，鼓励、支持各相关非政府组织的设立，使其通过举办相关活动、吸纳组织成员、进行社会公关等方式激发公众为国家公园建设运营做贡献的意愿；同时，国家公园也需加强与一些社会团体的合作（如户外徒步协会、自然资源摄影家社会、观鸟协会等），使其在激发社团成员相关意愿方面发挥积极作用。

8.1.2 公众相关意愿的响应

8.1.2.1 响应公众投入意愿的关键举措

公众对国家公园的投入意愿主要包括浅层参与意愿、捐赠投入意愿、志愿参与意愿。如前文所述，公众的浅层参与意愿相对较突出，其次依次为其捐赠投入意愿、志愿参与意愿。

（1）响应公众浅层参与意愿的关键举措是制作和向公众提供其利用自媒体对国家公园进行宣传的内容素材，以及设置其向国家公园建言献策、提供信息的网络通道等，以扩大公众对国家公园的认知和关注，通过公众的建言献策、信息提供使管理者发现其未曾发现及疏漏的问题。尤其是在国家公园建设的初期阶段，可通过公众的宣传参与来营造国家公园广受关注的社会氛围；通过公众的意见反馈来了解社区诉求。

（2）响应公众对国家公园捐赠投入意愿的关键是实行"目的化、透明化、便利化"捐赠，即设置明确的捐赠项目使公众清楚捐赠用途、构建便捷及通畅的社会捐赠渠道、公布捐赠经费的使用情况和效果。利用社会捐赠经费推进社区生计转型、弥补当前生态补偿资金缺口、进行生态修复等。

（3）响应公众志愿参与国家公园建设及运营服务相关意愿的关键是各国家公园需形成长期稳定的志愿者招募机制及设置长期持续开展的志愿活动项目。如此，可使有参与志愿活动意愿的主体根据自身情况从容、有计划地提供志愿服务，也有助于形成一批经常性从事国家公园志愿服务的社会群体。当前与国家公园相关的志愿活动具有随意、临时、应景的特征，尚未形成稳定及长效机制，再加上当前公众志愿参与国家公园建设及运营服务的意愿本身就相对偏弱，使相应志愿服务未形成气候。因此，有必要通过上述方式促进国家公园志愿服务活动的开展。

8.1.2.2 响应公众受益意愿的关键举措

（1）响应公众强烈受益意愿的关键是设计让公众公平和有序受益的制度。如前文所述，公众除期望从国家公园公共环境服务中受益外，其对国家公园游憩、康养、教育价值的需求意愿均较突出，很多个体也具有通过付费获取相应服务的较强烈意愿。但由于国家公园以体现社会公益为目标，因此不能将其服务变为纯商品待价而沽，而需以免费或低收费形式向社会公众提供。同时，国家公园的客流承载量又是有限的，需要对公众的受益需求进行管理。在兼顾社会公平受益及公众有限度入园受益这两项要求方面，预约按序入园是一种较好的制度设计。同时也可依托现代大数据技术对预约入园制度进行相应创新，如可实行首次预约者优先制度，以进一步体现使公众公平受益这一原则；也可实行在一定时段内有国家公园志愿服务或经费捐赠行为者优先的制度，以倡导国家公园义利兼顾的受益理念。

（2）响应公众多元化受益意愿的关键是提升国家公园细分服务的专业化水平，使相关社会个体从其各类细分服务中均可切实受益。国家公园虽然具有突出的生态游憩功能，但其并不完全等同于普通旅游区，而还需向公众提供康养、教育、科研等公益服务。因此，其对公众的游憩、康养、受教育、科研等各项受益意愿均需予以响应。但从当前国家公园的多元化公益服务实现状况来看，由于其教育、康养公益服务的专业性不强，只是或多或少体现了一些教育和康养元素，而未专门开展相应活动，也尚没有专人提供相应服务，以致国家公园的相应服务功能不够明显和突出。因此，国家公园应与相关专业机构合作，或设置专业人员提供相应细分服务，使其各项公益服务功能均得到较好的体现，以更好地响应公众的多元化受益意愿。

（3）响应公众集中指向性受益意愿的关键是进行国家公园多元价值的呈现和服务内容的拓展。社会公众本质上具有多元化受益诉求，但对国家公园价值认知的局限性限制了其受益意愿的丰富程度，例如，钱江源国家公园内的原生态美食非常有特色，但许多访客对此并不了解，以致其在此方面并未表现出强烈的受益意愿。公众对国家公园生态游憩价值的认知程度较高，但对其他一些独特性及多元化服务价值的认知并不充分，致使其受益意愿呈明显集中指向特征。因此，需从更多方面和角度来呈现国家公园的价值特色；另外，国家公园应高度重视一些小众人群的受益意愿，如摄影及写生爱好者、户外运动爱好者、在森林环境中进行康复者的受益意愿等，使其从不同角度协助揭示和向大众呈现国家公园的多元化价值，并根据相应小众人群的受益需求来拓展出更加丰富多元的国家公园特色化服务内容，如生态艺术创作、户外运动、森林养生等，以提升社会公众在国家公园中的受益丰度。

8.2　国家公园访客游憩意愿的引导与契合

8.2.1　访客游憩意愿的合理引导

由于国家公园以生态保护为主要目标，同时向公众提供生态游憩机会，因此其生态游憩空间具有"生态原真性突出、娱乐休闲内容少、设施配置较有限、自然空间范围大、生态元素较丰富"等特征。国家公园访客的主观游憩意愿须与国家公园的实际特征相吻合，以使其获得较好的游憩体验效果。基于此，对一些访客的游憩意愿进行引导调适是必要的。

（1）引导访客进行生态友好游。访客实行生态友好行为的意愿及相应意愿所诱发的生态友好行动对国家公园生态保护具有重要意义。由于许多访客在国家公园内实行生态友好行为的自觉性还不够，因此应通过访客入园教育、访客行为劝导、访客行为监测、访客活动提醒、对访客非恰当行为处罚等方式，引导国家公园访客形成较强烈的环境友好行为意愿。

（2）引导访客进行深度游。由于国家公园游憩内容丰富，且自然生态对人的身心影响是一个持续产生作用的过程，因此，访客需进行深度游憩方可获得更多收获。但当前国家公园内许多访客仍采取浅尝辄止的浅游、快游方式。因此国家公园有必要制作纸质及电子版的访客游憩提示，告知访客该如何品位及感受国家公园内的自然生态景观及环境（如在钱江源国家公园内告知访客可在什么时间，通过什么样的角度可透过瀑布的水雾观赏到彩虹等），以强化访客的深度游憩体验意愿。

（3）引导访客进行主动游。访客在国家公园内的主动性游憩探索需要其付出一定的体能和精力，但一些访客不愿意付出相应体能和精力来主动扩大其在公园内的游憩体验内容，还有一些访客虽有扩大及丰富其游憩体验的主动性，但由于山地徒步需付出的体能太多而选择放弃。针对此，需在游前向访客充分介绍公园内各处景观及环境的宜人之处，强化访客进行游憩体验的主动性；因此针对访客进行游前预告和说明是有必要的。在访客游憩过程中，需在上一个游憩点以图文解说牌、智能语音解说、手机信息推送等方式介绍下一个游憩点的特色，以强化访客继续游览的主观意愿。提示访客采取合适的游憩节奏及进行必要的中途休息，使其保持在公园内继续游览的体力。同时，也需在保护生态的前提下设置一些相对平缓的游道、下山滑道等，降低访客主动拓展其游憩体验的难度等。

（4）引导访客获取实现感。国家公园在使访客产生实现感方面的优势更为突出，但许多访客在国家公园内追求实现感的意愿尚偏弱。国家公园需进一步优化其解说内容，除了一般性的景观及自然生态特征解说内容之外，也需介绍国家公园游憩对个体所产生的实现意义，如其可在"身心放松、自然生态知识获取、标志性景观点打卡、自然生态认知升华、人与自然深度接触实现、生命意义感知"方面获得的实现感等，甚至可通过量化方式让访客形成非常清晰的实现感，如告知访客森林游憩所带来的身体自然杀伤（NK）细胞（免疫细胞）活性增加量等。另外，可以有选择地推介一些与国家公园相关的"实现主义"游记，宣扬国家公园游憩的"实现主义"理念等。通过这些方式，可以引导访客在国家公园游憩中追求相应实现性元素，使其在获得快乐感的同时也获得更多实现感，增加其在国家公园游憩中的收获。

8.2.2 访客游憩意愿的有效契合

国家公园也需对其生态游憩内容进行合理化呈现、精细化配置、内涵化利用，以契合访客丰富、深化、升华其生态游憩体验的意愿。

（1）以扩大对自然的接触与了解来契合访客的自然生态体验意愿。国家公园访客在其游憩中接触与了解生态环境，并沉浸和享受于其中的意愿较强烈，因此，应通过人为植入要素的控制、游憩空间内访客密度的调控、自然审美引导等方式来充分体现国家公园的自然感。通过多节点（小容量休憩节点）、近自然、广融合（人文活动场所与自然生态环境的有机融合）的游憩空间设置方式，增加国家公园内访客对自然生态环境的接触面。在配置游憩服务设施时体现人性化，设置相对平缓的森林步道，为一些体力欠佳者实现其充分接触与了解自然生态的愿望创造条件。依托自然生态条件设置更生动有趣的游憩体验内容（如植物电流探测），以契合访客深入了解自然生态、深化其游憩体验的意愿。

（2）以资源的精细化管理来契合各类访客的游憩体验意愿。如前文所述，快乐感侧重者、实现感侧重者、共同追求快乐和实现感者等不同访客的游憩诉求不同。基于此，有必要基于公园内各游憩资源点的功能优势及体验特色对相应资源进行精细化的管理和利用，以使各类访客的体验意愿都得到较好的契合。例如，细致性剖析不同生态游憩资源点的最佳游赏和体验时间，在识别不同地点生态游憩特色的基础上赋予不同地点特色化生态游憩主题，并向访客介绍相应信息，以使不同访客形成契合其意愿的游憩重点和计划安排，同时消除访客在游憩中的体验雷同感，契合其丰富游憩体验内容和增加游憩体验收获的意愿。再如，对国家公园内的生态游憩资源进行精细化分析和管理，向访客呈现公园内不同游憩资源对游赏、科普、休憩、养生等各种体验的适应性等级，展示哪些生态游憩资源的接触与了解价值更高，而哪些资源点的自然生态沉浸感更强，并对相应游憩资源按其主要功能进行分类呈现和介绍，以契合不同类型访客的游憩体验意愿。

（3）以快乐与实现感二元并举来契合访客优化游憩体验的意愿。首先，不断挖掘新的游憩体验内容，采用新的生态游憩方式，诠释国家公园中新的游憩价值与意义，满足访客寻求获得更多快乐与实现感的意愿。如向访客展示新的生态发现（如海南热带雨林国家公园2020年发现的新物种海南小姬蛙、钱江源国家公园2022年新发现了若干棵50多米高的巨大树木），用新的科技手段对国家公园内自然生态进行展示，展示国家公园内新发生的感人事迹等。其次，根据访客游憩中追求快乐与实现感的时间变化特征，对国家公园内的生态游憩资源进行分阶段利用。根据访客先侧重获得快乐感，然后更侧重获得实现感的游憩体验特征，将所包含快乐元素更充分的地点（如生态环境较好，较容易抵达，地势较平缓的亲水空间）安排在访客游程的前段，而将所包含实现元素更充分的地点（如需付出一定体力方可欣赏到奇特景观的地点，以及环境教育功能较突出的生态资源点）安排在其游程的后半段。最后，加大对快乐与实现要素共生性较强的游憩体验内容（如夜间观星、山溪漂流、森林氧吧徒步等）的呈现及配置力度，以契合访客既期望获得更多快乐感、又期望获得更多实现感的游憩体验意愿。

8.3　国家公园公益化管理运营效率的提升

基于国内国家公园管理运营经验及需应对的现实问题，可从政府推动、边界优化、目标优化、投入优化、设施优化、专业运营、高标准管理等方面来提升国家公园的公益化管理运营效率（见图8-1）。

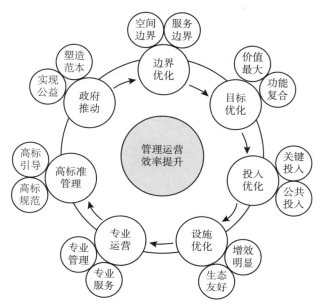

图 8-1 国家公园提升公益化管理运营效率的关键举措

8.3.1 以政府的推动与引导为基本保障

由于国家公园的公益属性，其需要政府在提供公共服务、促进社会参与、规范公园运营管理方面发挥重要作用。尤其在设立国家公园的初期阶段，政府的作用尤为重要，其需主要在以下 3 个方面发挥相应作用。

（1）在政府的支持与推动下实现公益。国内国家公园建设运营实践表明，当前社会中相关企事业单位、非政府组织、个人等对国家公园的投入还少之又少，且不具有稳定性，因此政府的作用至关重要。政府需加大对国家公园的投入力度，支撑国家公园以低门票和免门票的形式进行公益化运营，实现国家公园的公益目标。对于国家公园对公众的非即时获益型间接使用价值（如其环境及科研服务价值，选择价值等），社会主体的投入意愿相对较弱，在此方面尤其应加大政府的投入力度。在遇到需应对生态环境保护方面的紧急问题（如国家公园生态受到突发性地质灾害、自然灾害威胁而亟须消除生态安全隐患时），但又缺乏相应投入的情况下，政府可发挥其组织动员作用，号召企事业单位员工及其他社会主体向国家公园提供捐赠，以维护国家公园的公共价值。虽然政府的财政投入能力也是有限的，但政府可以通过跨区域生态补偿制度、生态定向服务制度、生态产品市场交易制度、生态保护税收制度（可通过国家公园法的形式来设定相应制度）的设计来拓宽国家公园的经费投入来源。就目前情况来看，相应制度设计还处于非常滞后的状态。因此，政府在推动国家公园建设运营方面的作用尚未得到完全体现，其作为空间还很大，因此需进一步发挥政府的作用。为切实推动政府发挥作用，有必要在国家和地方层面设置进行独立考核的国家公园管理机构，切实推动国家公园的制度建设和实践。当前一些管理机构一套班子、两块牌子的组织架构，可能会使其在推动国家公园制度建设方面的责任感弱于独立设置及考核的相应机构。因此，学术界及相关部门也需论证设置独立的国家公园管理机构的必要性和可行性，使政府对国家公园建设运营的推动作用更加充分和有效。

（2）在政府引导下塑造国家公园范本。由于国内的国家公园尚处在建设及运营探索的初期阶段，在此阶段应由政府强力介入和推动，塑造出国家公园的典型范本，使国家公园真正体现全民公益性、国家典型性和代表性，使国家公园确实不同于其他保护地，也不同于其他旅游区，形成社会认可度高的鲜明形象。首先，在国家公园建设初期，政府应尽快以相应标准和规范的形式明确国家公园的建设方向和目标，运营方法和内容等。其次，由于国家公园的空间范围通常较大，会涉及到许多方面，因此除国家公园管理机构之外，国家及地方政府也需动员各职能部门（农牧、水利、土地、司法、文旅、教育等）向国家公园提供专业化的指导和服务，协调各类主体间矛盾，提升国家公园的生态保护及社会服务水平，塑造出高运营管理水平的国家公园范本，以为后续的国家公园建设提供参照。最后，国家公园内大都分布着许多社区居民，国家公园与社区关系是否得当，对国家公园建设运营及生态保护有重要影响，有关政府部门（如国家公园所在地的地方政府）应通过立法及其他制度设计方式明确社区居民的法律地位、生计保障、管理参与、所应承担的保护责任等，为后续设立的其他国家公园处理同社区的关系提供范例。

（3）在政府作为下营造有利社会环境。在国家公园设立初期，社会公众对国家公园志愿投入的氛围和自觉性尚未形成，这时就要发挥政府的引导作用，促进社会相应氛围的形成，如在国家公园官方网站上发布志愿者事迹介绍材料，使相关社会个体了解从事相应志愿活动为个人所带来的意义感和实现感，使其对参与相应志愿活动产生兴趣。政府委托专门机构进行生态价值的评估和核算，向社会公布国家公园的生态价值及其生态建设成效，吸引社会公众对国家公园的关注和支持。在学生教材中植入国家公园相关内容，培养社会个体的国家公园情结，让其明晰可为国家公园做贡献的方式。设置官方的国家公园问题曝光和信息反馈平台，并提升问题处理和处理结果公布效率，提高社会公众对国家公园管理运营的信任感。针对公众在经费投入方面的顺势而为现象，需在政府支持下为公众对国家公园的捐赠创造更加便捷的条件，如在大城市的人流集中区设募捐箱，由政府组织面向国家公园的年度募捐活动等。为支持一些国家公园实现可持续运营，可以政府采购的形式使国家公园向一些社会群体提供康养、环境教育等服务。政府也需引导、鼓励与国家公园相关的公益组织的设立，使其在动员社会公众支持国家公园建设运营方面发挥重要作用。

8.3.2 在国家公园管理运营中设置边界

基于前文分析可知，公众对国家公园"公益化管理、原生态环境、品质化运营"等标准达成状况的认知程度影响其对国家公园建设的支持意愿。国家公园作为一种特殊的、具有国家代表性的保护地和生态游憩区，其生态保护和服务运营应体现出高标准。为了实现这种高标准，可在国家公园管理运营中划定边界，使其管理运营达到相应标准和要求。

（1）门票收费边界。就当前国内国家公园建设实践来看，其公益性还需得到进一步强化。低门票或免门票运营是国家公园公益性的重要体现，国内也有一些国家公园为体现社会公益性，调低了其门票价格。例如，笔者了解到普达措国家公园在 2018 年下半年对其门票和园内观光车票价分别下调了27.54%、33.33%；在 2021 年下半年，又分别对其门票和观光车票价下调了32.00%、12.50%；其调整后的门票及观光车票价合计为 138 元/人，仍然被认为处于较高水平。也有一些国家公园的门票价格尚处于相当高的水平，例如，神农架、武夷山国家公园的官方票价分别达 250 元、220 元以上。一些国家公园虽未有效调低票价，但在一定范围内实行了免费模式，例如，武夷山国家公园内主要景区在 2022 年 6 月下旬至当年年底免费入园，钱江源国家公园近年来一直实行周一至周五免费入园的运营方式。总体而言，国内国家公园呈现出一定的降门票、免门票趋势，但尚未达到公众所期望的标准，对国家公园公益性体现得不充分；不同国家公园之间的门票收费差异较大，未能统一体现国家公园的公益化形象。因此，国家层面的国家公园管理机构有必要制定统一的国家公园门票收费指导意见，为其门票设置划定边界，使其所确定的门票价格合理、有据，可体现国家公园的公益化特征。笔者在前文所提出以"访客人均需支付的资源使用费及旅游服务费"作为确定国家公园基本门票费的标准，可为国家公园合理门票价格的确定提供一定参考。

（2）空间范围边界。在公众期望中，国家公园应是生态环境非常好的地方。目前国内所设立的国家公园基本符合这一标准，但同时也存在需进一步优化之处。国家公园划界具有极为重要的意义，但实践中也存在设置国家公园之初，对公园划界论证不充分，划界较随意的现象，致使将一些本可不划入国家公园的居民生产生活空间纳入国家公园范围，但又不能从根本上消除当地生产生活所形成的生态干扰，使一些国家公园内尚存在许多生态景观破损斑块，也使国家公园在一些公众心目中的优质原生态形象大打折扣，与其所期望的标准不完全相符，这也会影响相应个体支持国家公园建设运营的意愿。按照预计，国内将继续增设数十个国家公园。在设立国家公园过程中，划界十分重要，会影响公众对其生态形象的认知，同时划界不科学也会为国家公园管理带来挑战，甚至使其不得不对国家公园的范围再次进行调整。因此，管理机构需高度重视国家公园划界这一问题，对其进行充分和科学论证。而国家公园界线一旦划定，就应对园内生态环境严格进行保护和修复。由于当前一些国家公园管理在本质上仍具有属地管理特征，地方政府在保护与经济开发之间存在一定摇摆性，甚至会为了兼顾建设需要而进行划界调整，而相应调整会在公众中造成误解，其会将划界调整前的生态不理想状况同国家公园形象联系在一起，使国家公园在公众心目中的形象受损。因此，国家公园划界经科学论证，并经地方政府确认后，就需保持稳定，并严格限制向国家公园范围内植入与生态保护有冲突的任何开发建设内容。国家公园界线划定后，管理机构应加强对公园内生态资源的巡查，确保做到高标准保护。

（3）游憩服务边界。如前文所述，公众对国家公园优质生态旅游寄予很大期望。同时，国家公园是国家的生态典型性和代表性区域，体现国家形象，这也要求国家公园提供与其形象相符的优质生态游憩产品。但就当前钱江源国家公园、南山国家公园、神农架国家公园等国家公园的生态游憩产品及服务来看，其并未与其他一些非国家公园旅游区形成太多差异，并未展现出国家公园生态游憩的特色和优势。为此，需从以下四个方面来明确国家公园生态游憩管理边界，确保其符合社会公众期望，向社会提供高品质的生态游憩服务。第一，明确国家公园生态游憩产品的边界。国家层面的国家公园管理机构可制定国家公园生态游憩服务标准，从生态沉浸感、生态可接触性、设施与环境相融性等方面明确国家公园生态游憩服务标准的边界，作为国家公园生态游憩管理的依据。第二，明确国家公园的客流量边界。三江源国家公园、钱江源国家公园、武夷山国家公园等均包含许多个相互之间有一定距离的景区，虽然整个国家公园会存在一个访客承载量边界，但公园内一些细分空间的游客承载量边界并不明晰，这可能导致虽然整个国家公园的访客量并未超载，但访客可能在某些区块内扎堆，导致这些区块内访客密度过高，从而影响生态游憩体验品质。因此，国家公园内访客承载管理应细化到每个景点单元，根据每个景点单元的访客容量边界进行访客分流，对客流进行时空调配和控制，以保障访客获得高品质生态游憩体验。第三，明确国家公园内的商业运营边界。明确商业点的空间配置地点、配置密度；对商业经营实行负面清单管理，明确商业点不宜提供的商业运营内容、不宜采用的经营推广模式；使商业设施的内外部装饰风格与环境相融，以避免访客形成商业氛围过于浓厚的印象。

8.3.3　以公共服务价值的最大化为目标

设置国家公园的目的即是向社会提供生态产品，向公众输出更多生态价值。在国家公园管理运营中，可通过以下方式来充分实现其公共生态服务价值。

（1）公共服务价值算总账。设立国家公园的目标是向全民提供公共服务，其中最重要的是向社会公众提供公共环境服务，因此对国家公园内生态资源的利用要"算总账"，如在国家公园所划定的游憩展示区内，也并不能随心所欲地进行游憩产品设置，而应对游憩利用所造成的环境服务价值减少及游憩服务价值增加状况进行比较，合计国家公园生态空间的综合服务价值是增加了还是减少了，如果相应游憩利用会使国家公园的综合服务价值减少，则应调整该游憩利用方案，使其所引起的服务价值变化综合为正。因此在国家公园管理运营中，应进行国家公园生态服务价值的精细化管理，将公共生态资源服务价值评价作为重要的管理手段，以之为依据进行游憩、康养、教育等项目设置的可行性论证，保护国家公园内全民所拥有生态资产的价值，使之不损失。

（2）服务价值实现充分化。当前，一些国家公园运营实践中存在的一个问题是其游憩、康养、教育价值的实现不够充分，主要体现为其服务对象非常少，许多服务空间及设施在很多时间内处于闲置状态。一方面，国家公园可向社会公众创造福祉，另一方面，社会公众却并未充分获得相应福祉。为此，国家公园可从供给优化和需求引导这两方面着手，来促进国家公园相应公共服务价值的充分实现。第一，供给优化。当前，一些国家公园的生态游憩产品并未形成自身特色和品质，与其他旅游景区并无太多区别，在生态游憩服务供给并不短缺的情形下，国家公园雷同化的游憩产品开发是一种重复建设行为。因此，国家公园需与其公益功能相结合，设置有别于其他景区的服务内容。以钱江源国家公园为例，其可针对青少儿设置自然知识及自然写生课堂，并在开化县中小学中培训一批兼职的自然课堂辅导员，大力开展面向亲少儿的自然课堂教育及实践活动，吸引家长带领小孩入园接受自然知识教育或进行自然写生，而不是一味地以山林徒步观光为主要游憩活动方式。第二，需求引导。目前，国家公园侧重于供给侧建设，而未进行社会需求的引导。而只有供需匹配，方可充分实现国家公园对公众的公共服务价值。国家公园需进一步通过降门票及免费来消除公众的进入门槛，以扩大社会需求；政府可号召动员相关企事业单位开展具有社会福利性质的国家公园生态游憩活动，使更多社会个体进入国家公园享受生态福利；近期可重点动员相关企事业单位到国家公园开展团建活动等。

（3）生态空间功能复合化。进行功能复合是实现国家公园公共服务价值最大化的一种有效途径。国家公园生态空间具有环境、游憩、康养、教育、科研服务等方面的复合功能。但当前国家公园建设对其生态空间功能复合性体现得仍不够，这主要体现在如下两方面：一是未进行功能复合，如生态游憩空间内未考虑其他功能的植入；二是虽进行了功能复合，但在相关功能实现方面的专业性不强，功能传输效果欠佳，致使功能复合并未产生实效。因此，如前文所述，在国家公园空间利用方案审定中，应将功能复合实现状况作为基本评价依据。在国家公园内开展森林健身游、观鸟游、花卉植物鉴赏游、生态环境研学游、科学考察游等具有较强功能复合性的专项生态游憩活动。引入专业性强的组织，例如，观鸟爱好者协会、户外研学教育机构、森林康养服务机构参与国家公园生态服务产品的设计及具体服务，从而更好地实现国家公园生态空间的更多服务功能，放大其公共服务价值。

8.3.4 遵循公益目标优化公园资金投入

国家公园的资金投入相对有限，其公益化管理运营的一个重要目标就是让有限的投入发挥尽可能多的公益作用。

（1）非竞争性公共服务方面的投入优化。如前文所述，环境服务价值是国家公园最具普惠性、受益人群最广的价值类型，目前国家公园的大部分投入也主要被用来维护其环境价值，这无疑符合国家公园的公益化建设目标。同时，前文也述及，国家公园在环保投入方面的资金缺口还很大。在当前环保投入方面，尚存在保护资金向国家公园内生态环境质量本来就比较好的地点集中的倾向（如在钱江源国家公园，保护投入有向古田山自然保护区、钱江源国家森林公园这两处生态环境本来就很好的地块集中的现象）。优质的生态环境自然需要保护，但国家公园是一个整体，要实现对整个生态系统和生境的整体性保护，消除整个国家公园内的生态干扰源、防治对生态环境有威胁的因素、解决生态破碎化的问题，方能实现整体化保护目标，使受保护物种的整个生境得到提升。而一些生态退化区块的生态修复对受保护物种整个生境的优化具有关键作用，在国家公园使用保护投入时，需对此方面的投入需求予以重视。事实上，国家公园内的一些保护投入事项具有紧迫性、全局性、关键性意义，例如，生态干扰源的消除（如面源污染的治理）、环境威胁因素的防治（如成规模地质灾害风险的防治）、树木虫害的防治等。国家公园应使用有限的保护投入来应对最为急迫和重要的保护问题。但现实中保护资金的使用具有很大随意性，并可能使最急迫的保护投入需求得不到满足。因此，国家公园需按保护需求的重要和紧急程度制定"环境保护任务顺序列表"，使重要的保护项目优先得到资金保障，使有限的投入发挥更大、更关键的作用。

（2）存在一定竞争性的公共服务投入优化。国家公园的游憩、康养、教育等服务为具有一定竞争性和排他性的公共服务。其中环境教育和科研服务是国家公园有突出优势的服务功能，同时也是国家公园区别于其他普通旅游区的重要内容。其他旅游区也可能会体现教育、科研服务功能，但其所依托的相应资源环境优势，以及对其教育、科研服务的重视程度可能会不及国家公园（其一般会更侧重旅游休闲服务）。而由于受相关设施配置、项目植入方面的限制，国家公园在游憩服务方面的优势可能并不明显，且其游憩服务内容与其他旅游区之间也可能会存在一定雷同性。同时，由于国家公园教育、科研服务事关国民的生态价值观念、知识水平，以及国家科研水平，因此与其游憩服务相比，国家公园教育、科研服务的社会长远意义及其对社会所产生的综合公益效果会更加突出。因此，在国家公园资金投入相对有限的情况下，应优先进行教育、科研服务方面的投入，以使国家公园所产生的综合公益价值最大。应在此基础上，与国家公园的自然生态观光相结合，重点发展科普、研学旅游等游憩服务，以引入相应受益人群。但笔者调研发现，国家公园投入仍存在一定游憩服务导向，对教育、科研服务投入的重视程度尚不够。国家层面的国家公园管理机构有必要制定相关指导意见，对国家公园内的投入侧重点进行引导。

8.3.5 植入必要性元素来提升服务效能

国家公园优质生态环境是其最核心的服务功能载体，在此基础上植入一些必要的人为因素对提升国家公园的服务效能也是十分必要的，如必需性设施、补充性设施，生态文化元素等。

（1）必需性设施的生态化和功能复合化。游道、厕所、垃圾箱等必需性设施在实现国家公园对访客服务功能方面是必不可少的。但为了提升国家公园内必需性设施的配置质量和效果，相应设施也需做到生态化和功能复合化。第一，所谓生态化是指设施的建造不动用大型机械、不大兴土木，采用加工好的木、石、塑木、钢材等构件在国家公园内组装完成。例如，钱江源国家公园内的绿云梯为钢材质栈道，其在区外加工好并刷绿漆后在公园内相应位置安装，具有跟周边景观的视觉观感融合度高，在公园内所实施的工程量小的特点。第二，还需尽可能体现公园内必需性设施的功能复合化。例如，在钱江源国家公园内，大部分游道段落都较为平淡，体验内容单调，有必要使园内必需的游道设施承载相应复合功能，以提升其服务效果。钱江源国家公园内共发现了 392 种苔藓，可利用园内的潮湿环境，在游道台阶靠内一侧或缝隙处以石块为承载物培植公园内拥有的各类苔藓（人为创造条件后自然生长，不需太多投入），在游道沿线开展苔藓知识科普教育及各类苔藓植物的观赏，既使相应游道发挥多种功能，又形成国家公园的体验特色。第三，尽可能使同一设施发挥多种功能。例如，在厕所外墙面及休憩亭支撑柱上设环境教育内容、在路面上设方向指示标志、将标识牌支撑杆同时做成免费登山杖挂杆等。第四，在相应设施中植入人文因素，可起到丰富访客体验、画龙点睛的作用。例如，钱江源国家公园内的百姓云梯就是在石台阶上写上了百家姓，其并不需要进行其他建设工程，就极大地提升了访客的体验感，增强了游道的服务效能。

（2）必要补充元素的创新及和谐性植入。国家公园内一些元素的植入不会干扰生态，但可提升相关内容的服务效能。例如，在民居的墙体上绘制反映当地文化的 3D 彩绘，在油菜花梯田中植入体现乡村意境的稻草人，在访客接待中心植入体现当地生态的 VR 情景，以及利用现有的聚落空间设置必要的科普教育馆等。在植入补充设施时应遵循"非必要不植入、非和谐不植入、无效果不植入"的原则。由于创新会形成新的体验模式、体验内容，也可提升服务效率，因此应尽可能从创新性的角度植入相应补充元素，例如，创新性植入植物电流探测体验、微型苔藓盆景培育及销售、在现有休憩亭中植入音量适中的鸟鸣放音设施等。国家公园内补充元素的植入不应简单化、盲目化、复制化，而需对其进行严密论证、创新性及和谐性设计。虽然国家公园以展现优质自然生态、传播生态文明、向访客提供生态游憩空间为主，但相应文化元素的植入也有助于提升其服务效能，如为促进访客对国家公园内自然生态进行深度接触和体验，可在公园入口区张贴"亲吻大自然"宣传海报，展现揭示公园内自然现象的卡通动漫，以倡导生态游憩文化，激发访客更加强烈的自然情结，使其获得更多亲生态体验；另外，许多国家公园以山地为主，许多访客不愿过多登山以充分领略园内自然生态，也可考虑在公园入口区设置"登出新高度"的宣传内容，将登山行为"文化符号化"，使更多访客通过登山形成更充分、深入的生态游憩体验，进而提升国家公园生态游憩服务效能。

8.3.6 进行专业化的公益性管理及服务

国家公园不同于其他保护地，其在保护的同时充分考虑公众需求，向社会提供多种公共服务，追求公益功能的最大化实现。同时，国家公园也不同于其他旅游区，其主要开展亲生态游憩活动，并向社会提供游憩、教育、康养、科研等综合性服务。因此，国家公园有其自身的特殊性，应进行专业化的管理、开展专业化的服务。

（1）以专业化管理来提升国家公园运营效率。第一，培训一批专业性强的国家公园管理人才，遵循高标准、严要求原则，对国家公园进行管理。目前国家公园管理者主要来自政府的其他行政部门，其对国家公园这一特殊对象的专业化管理水平尚存在一定提升空间。全国层面的国家公园管理机构可定期举办国家公园管理工作者培训班，以提升相应管理的专业化水平。第二，在国家公园与地方政府之间形成专业化管理分工，与生态资源相关的事项归国家公园管，不涉及生态资源的社会事务归地方政府管，并以制度的形式明确国家公园对地方社会发展的反哺机制（如明确将一定比例的生态旅游收益用于地方社会发展），形成权责明确的有序管理及发展促进格局。第三，在国家公园所在地扶持专业性协会的设立，如原生态美食服务协会、野蜂蜜生产协会、康养民宿协会等，使其拟定相应服务及产品的标准、对不达标运营者进行劝诫乃至处罚、对协会成员进行培训等，以提升对国家公园内一些专项运营内容的专业化管理水平，促进特色专项运营的发展。第四，在国家公园内设置开展志愿活动的专业化部门，以专门组织可在国家公园生态保护及公益运营方面产生实效的志愿活动，如帮助社区居民进行院落美化、吸纳美术院校学生做志愿者制作宣传国家公园的系列画册、吸纳外语特长者志愿进行外文解说词创作等。第五，构建征集社会反馈及信息资源的专业化平台（如设置 PPGIS，即公众参与管理地理信息系统等），并设专人负责，形成国家公园与社会公众沟通的专门渠道，积累处理源于社会公众信息资源的专业经验。第六，专业化的社会捐赠管理机构。通过全国层面的专业化国家公园社会捐赠管理机构，促进对社会捐赠的规范化、透明化、经费使用高效化管理水平，加强对各国家公园社会捐赠经费使用情况的监督，从全国层面统一对社会捐赠行为进行组织和动员，增强捐赠者对经费使用的信任感，促进社会捐赠氛围的形成。

（2）以专业化服务来提升国家公园运营效率。在国家公园设立及建设运营初期阶段，政府可通过经费补贴、项目支持、纳入采购目录等方式，支持下述企业的设立与发展，以使其为优化国家公园运营做出相应贡献。第一，支持国家公园生态资产价值评估专业化服务机构的设立，以为国家公园的生态补偿、运营绩效考核提供依据。为保证相应评估的客观性，可由 1 家机构做出评估，由另外 2 家评估机构对其评估结果进行复核和认定。第二，优先鼓励和支持与国家公园相关的专业性非政府公益组织的设立，如专门促进国家公园社区生计转型、专门应对国家公园内人畜矛盾、专门防治野生动物疾病的组织等，以防止各组织之间业务内容的雷同及所开展工作的重复，让各专业化组织应对国家公园管理运营中的专业性、具体化问题，提升国家公园的建设及运营效率。第三，应对当前国家公园康养服务相对滞后的状况，鼓励设立国家公园康养服务开发运营机构，提供森林养生、原生态膳食养生、中药材养生等服务内容，促进国家公园康养服务的发展。第四，鼓励设立专业性的国家公园生态游憩策划服务机构，设计有较好体验深度和丰度、可较好体现地方感、具有生态友好特征的生态游憩服务内容。第五，鼓励设立专业化的国家公园宣传服务机构，使其从生态文明角度（人与自然、人与人、人与社会和谐）收集和制作宣传素材，宣传国家公园生态文明，扩大社会认同。第六，鼓励设立与国家公园生态文明相关的艺术创作服务机构，设计与开发体现生态文明的国家公园文创产品，用艺术的形式弘扬生态文明、宣传国家公园。第七，支持设立展示国家公园的数字化平台、进行国家公园生态友好型设施设计及开发的服务机构、专门组织青少儿到国家公园接受教育的研学服务企业、专门销售国家公园土特产的服务商等。第八，如前文所述，公众对国家公园的教育、康养、科研服务也有着相应需求意愿，国家公园也应与教育、健康、科研等相关管理部门及服务企业进行合作。一是这些部门和机构在提供相应服务方面更为专业，可提升国家公园在这些方面的专业化服务水平；二是这些部门和机构在相应领域已形成一定的社会关系网络及影响力，可将真正有相应需求的人群引入国家公园，从而提升国家公园相应公共服务的有效性。

8.3.7　以高标准管理保障建设运营水平

（1）高标准统管与考核。第一，为了体现国家公园的国家标准，有必要从国家层面，以较高的标准对各国家公园进行统一考核。由于当前一些国家公园管理机构是地方政府的派出部门，地方政府对这些国家公园管理机构的考核必不可少（这关系到人员晋升、绩效奖励等），可将国家层面的考核结果作为地方对相关国家公园管理机构进行考核的唯一或重要依据。第二，将体现公益化及生态文明的一些内容纳入对国家公园进行考核的范畴，如国家公园的志愿服务开展情况、面向公众的环境教育功能实现情况、公共生态资产增值与维护情况、国家公园对生态文明的综合展现情况（即对人与自然、人与人、人与社会和谐的展现情况）等。以考核促进国家公园在公益化运营及生态文明建设方面取得一些根本性突破，以提升国家公园的总体运营水平。第三，由于在国家公园的建设运营中需重视社会参与，因此也应将社会公众（包括访客）的意见反馈纳入到国家公园考核之中。全国层面的国家公园管理机构可通过网评、舆情监测、随机调查等方式收集社会公众对不同国家公园的评价与反馈。第四，从国家层面进行制度设计，促进对国家公园生态补偿的实现。如国家通过资金调拨直接完成受益区对国家公园的生态补偿，以及将生态补偿实施情况是否达标纳入对受益区地方政府进行考核的内容等。第五，为了实现国家公园管理机构对相应生态资源的统管水平，需以立法、制度设计、管理级别高配等方式来为相应管理机构增权，使其在管理运营中不受其他部门、机构的牵制和干扰，有权按照国家统一要求、较高标准，以及遵循社会公益目标对国家公园进行管理和运营。

（2）高标准规范与引导。第一，国家公园应实行"政府强力主导、集体积极配合、企业有限参与"的管理运营模式，充分体现政府在公共管理和服务方面的主体地位，发挥村集体在贯彻政府意图及组织动员社区居民方面的作用，以在国家公园管理运营中充分贯彻体现国家标准的相关规范和要求，实现国家所期望达成的国家公园建设目标；对企业的参与内容及权利边界进行限制，防止代表私人及小团体利益的机构在国家公园运营中占据主导地位，以保障国家公园的公共服务属性。第二，从体现国家形象的角度对国家公园建设运营进行规范。在国家公园访客生态友好行为、生态设施配置、环境及科普教育载体设置、森林养生步道建设、环卫及安全设施配置等方面制定全国统一的高标准规范，树立国家公园的高品质形象，塑造国家品牌。第三，以实现高标准为目标对国家公园管理运营进行指导，以应对当前相关主体思想认识尚不统一、专业经验尚比较缺乏，以及国家公园之间差异不明显等方面问题，如从全国层面制定国家公园环境友好型游憩内容设置、社区生计转型促进、公共服务功能融合叠加、普惠服务等方面的指导意见，以促进国家公园管理运营水平的提升。

参考文献

［1］北青网.三江源腹地果洛治理黑土滩及退化草地改良百万亩［EB/OL］.https：//t. ynet. cn/baijia/32417750. html.［2022－03－17/2022－06－01］.

［2］北青网.雨林碳路!海南这样系统推进林业碳汇［EB/OL］. ht-tps：//t. ynet. cn/baijia/32727722. html.［2022－05－07/2022－05－12］.

［3］曹建军,杨书荣,周俊菊,等.青藏高原草地存在价值研究：以玛曲为例［J］.生态学报,2017,37（19）：6415－6421.

［4］曹世雄,李宇腾,鲁晨曦.生态系统服务净价值核算方法及其对北京市人工林项目的评估［J］.科学通报,2016,61（24）：2724－2729.

［5］曹元帅,郑云峰,尹准生,等.生态系统服务功能价值评价研究［J］.自然保护地,2021,1（4）：90－99.

［6］陈涵子.公共物品视角下中国国家公园公益性实现途径［J］.风景园林,2015（11）：90－95.

［7］陈朋,张朝枝.国家公园社会捐赠：国际实践与启示［J］.北京林业大学学报（社会科学版）,2021,20（2）：14－19.

［8］陈曦.海南国家公园体制试点建设管理模式难点问题与对策［J］.今日海南,2019（1）：63－64.

［9］陈晓艳,黄震方,汤傅佳,等.基于总体态度中介变量的事件旅游影响居民感知与支持行为研究——以第八届中国花博会为例［J］.人文地理,2016（5）：106－112.

[10] 陈耀华，陈康琳．国家公园的公益性内涵及中国风景名胜区的公益性提升对策研究［J］．中国园林，2018（7）：13－16.

[11] 陈真亮，诸瑞琦．钱江源国家公园体制试点现状、问题与对策建议［J］．时代法学，2019，17（4）：41－47.

[12] 陈卓，金凤君，杨宇，等．高速公路流的距离衰减模式与空间分异特征：基于福建省高速公路收费站数据的实证研究［J］．地理科学进展，2018，37（8）：1086－1095.

[13] 邓毅，盛春玲．国家公园资金保障机制研究［J］．中国财政，2021（10）：55－58.

[14] 董炯霈．浅析我国环境保护税法存在的问题与完善建议［EB/OL］．https：//www. fx361. com/page/2018/0514/6323923. shtml. ［2018－05－14/2021－12－21］.

[15] 杜金娥，周青，张光生．游客的生态权利和生态义务刍议［J］．中国农学通报，2007，23（2）：403－407.

[16] 杜丽君．森林自然疗养因子在疗养医学中的应用［J］．中国疗养医学，2000，9（4）：6－8.

[17] 樊轶侠，覃凤琴，王正早．我国国家公园资金保障机制研究［J］．财政科学，2021（9）：91－98.

[18] 樊友猛，谢彦君．"体验"的内涵与旅游体验属性新探［J］．旅游学刊，2017，32（11）：16－25.

[19] 方王皓明，苗元江，梁小玲，等．大学生实现幸福感初步研究［J］．中国健康心理学杂志，2012，20（9）：1433－1435.

[20] 冯艳滨，杨桂华．国家公园空间体系的生态伦理观［J］．旅游学刊，2017，32（4）：4－5.

[21] 付亚楠，侯国林，李欣存，等．境外公益旅游研究进展与启示［J］．旅游学刊，2016，31（9）：124－134.

[22] 高峰，苏超莉．推动志愿服务事业高质量发展［N］．光明日报，2022－02－25（06）.

[23] 高惠珠．价值论视域中的"劳动幸福"［J］．上海师范大学学报（哲学社会科学版），2019，48（1）：17－23.

[24] 高燕，邓毅，张浩，等．境外国家公园社区管理冲突：表现、溯

源及启示［J］. 旅游学刊，2017，32（1）：111-122.

　　［25］高杨，白凯，马耀峰. 赴藏旅游者幸福感的时空结构与特征［J］. 旅游科学，2019，33（5）：45-61.

　　［26］谷禹，王玲，秦金亮. 布朗芬布伦纳从褴褛走向成熟的人类发展观［J］. 心理学探新，2012，32（2）：104-109.

　　［27］光明日报联合调研组. "青"尽全力 一线有我——中国青年志愿服务专业化与创新发展调研［N］. 光明日报，2022-05-05（07）.

　　［28］郭楠. 他山之石与中国道路：美中国家公园管理立法比较研究［J］. 干旱区资源与环境，2020，34（8）：35-42.

　　［29］国家发展改革委. 国家公园体制试点进展情况之十——南山国家公园［EB/OL］. https：//m. thepaper. cn/baijiahao_12401169. ［2021-04-26/2022-04-25］.

　　［30］国家新闻出版署. 2017年全国新闻出版业基本情况［EB/OL］. http：//media. people. com. cn/n1/2018/0806/c14677-30212071-2. html. ［2018-08-06/2020-7-17］.

　　［31］汉源县马烈乡. 关于我国自然保护地体系建设存在的问题及对策建议［EB/OL］. http：//www. hanyuan. gov. cn/gongkai/show/b91788a33e2089a930f6a653a4035d57. html. ［2021-11-13/2022-3-28］.

　　［32］郝龙. 互联网会是挽救"公众参与衰落"的有效力量吗？——20世纪90年代以来的争议与分歧［J］. 电子政务，2020（6）：107-120.

　　［33］何思源，苏杨，王蕾，等. 国家公园游憩功能的实现——武夷山国家公园试点区游客生态系统服务需求和支付意愿［J］. 自然资源学报，2019，34（1）：40-53.

　　［34］胡海胜. 庐山自然保护区森林生态系统服务价值评估［J］. 资源科学，2007，29（5）：28-36.

　　［35］胡升华. 数字中国科学院［EB/OL］. http：//wemedia. ifeng. com/75064375/wemedia. shtml. ［2018-08-23/2019-05-04］.

　　［36］黄宝荣，马永欢，黄凯，等. 推动以国家公园为主体的自然保护地体系改革的思考［J］. 中国科学院院刊，2018b，33（12）：1342-1351.

　　［37］黄宝荣，王毅，苏利阳，等. 我国国家公园体制试点的进展、问题与对策建议［J］. 中国科学院院刊，2018a，33（1）：76-85.

［38］黄清燕，白凯，杜涛．旅游地日常生活的康复性意义研究——以丽江古城为例［J］．旅游学刊，2022，37（2）：13－30.

［39］黄涛，刘晶岚，张琼锐．旅游地文化氛围对游客文明行为意向的影响——以长城国家公园试点为例［J］．浙江大学学报（理学版），2018，45（4）：497－505.

［40］黄锡生，郭甜．论国家公园的公益性彰显及其制度构建［J］．中国特色社会主义研究，2019（3）：95－102.

［41］金华彪．博物馆客容量的计算与客流的管理［N］．中国文物报，2013－03－06（006）.

［42］景谦平，邵毅，吴栋栋，等．自然资源价值核算探讨——以祁连山国家公园（青海侧）生态价值评估为例［J］．中国资产评估，2020（12）：4－8.

［43］康晓光．义利之辨：基于人性的关于公益与商业关系的理论思考［J］．公共管理与政策评论，2018，7（3）：17－35.

［44］科学家在线．中国基础研究投入产出排行［EB/OL］．https：//2011. gdufs. edu. cn/info/1023/1074. htm．［2017－05－02/2020－05－04］.

［45］李伯华，李珍．国内公益旅游研究进展与展望［J］．辽宁师范大学学报（自然科学版），2019，42（2）：245－252.

［46］李芬，朱夫静，翟永洪，等．基于生态保护成本的三江源区生态补偿资金估算［J］．环境科学研究，2017，30（1）：91－100.

［47］李高飞，任海．中国不同气候带各类型森林的生物量和净第一性生产力［J］．热带地理，2004，24（4）：306－310.

［48］李海韵，王洁，徐瑾．我国国家公园理论与实践的发展历程［J］．自然保护地，2021，1（4）：27－37.

［49］李晖．江西九连山国家级自然保护区生态系统服务功能价值估算［J］．林业资源管理，2006（4）：70－73.

［50］李吉龙．基于森林管理视角的中国国家公园探索［D］．北京：中国林业科学研究院，2015.

［51］李兰英，邢红，吴英俊，等．基于MA的森林生态系统服务价值评价——以浙江省遂昌县为例［J］．林业经济问题，2012，32（4）：317－322.

［52］李鹏．国家公园中央治理模式的"国""民"性［J］．旅游学刊，

2015，30（5）：5-7.

　　［53］李庆雷. 基于新公共服务理论的中国国家公园管理创新研究［J］. 旅游研究，2010，2（4）：80-85.

　　［54］李维，秦玉友，白颖颖. 我国义务教育教师主观社会地位影响因素的实证分析［J］. 教育学报，2019，15（4）：80-87.

　　［55］李维星. 我国水资源费改税政策述评［J］. 中国物价，2018（8）：59-61.

　　［56］李向明. 自然旅游资源价值的来源、构成及其实现途径［J］. 林业科学，2011，47（10）：160-166.

　　［57］李延均. 公共服务及其相近概念辨析——基于公共事务体系的视角［J］. 复旦学报（社会科学版），2016，58（4）：166-172.

　　［58］梁嘉祺，姜珊，陶犁. 旅游者时空行为模式与难忘旅游体验关系研究［J］. 旅游学刊，2021，36（10）：98-111.

　　［59］梁学成. 对世界遗产的旅游价值分析与开发模式研究［J］. 旅游学刊，2006，21（6）：16-22.

　　［60］林丽婷，徐朝旭. 梭罗与莱易斯生态幸福观的比较及启示［J］. 理论月刊，2016（3）：48-53.

　　［61］林晏州，George L P，林宝秀，等. 游客与居民对太鲁阁国家公园资源保育愿付费用之影响因素分析与比较［J］. 观光研究学报，2007，13（4）：309-326.

　　［62］刘畅. 大熊猫国家公园：被大熊猫"伞护"的美好家园［EB/OL］. http：//www.cjckcn.com/hb/15858.html.［2022-05-06/2022-05-21］.

　　［63］刘庆余，李娟，张立明，等. 遗产资源价值评估的社会文化视角［J］. 人文地理，2007，22（2）：98-101.

　　［64］刘拓，何铭涛. 发展森林康养产业是实行供给侧结构性改革的必然结果［J］. 林业经济，2017，39（2）：39-42.

　　［65］刘焱序，傅伯杰，赵文武，等. 生态资产核算与生态系统服务评估：概念交汇与重点方向［J］. 生态学报，2018，38（23）：8267-8276.

　　［66］鲁鹏一. 从市场中国到价值中国——基于义利之辨的分析［J］. 探索与争鸣，2014（4）：85-88.

　　［67］鲁绍伟. 中国森林生态服务功能动态分析与仿真预测［D］. 北京：

北京林业大学，2006：40.

［68］吕维霞，宁晶.PPP 环卫改革、环境治理效果对环保税支付意愿的影响——基于 H 市 1663 个居民的实证研究［J］.华中师范大学学报（人文社会科学版），2019，58（4）：51-62.

［69］罗怀秀，徐吉洪，俞瑶，等.云南省自然保护地现状与空间分析［J］.林业调查规划，2021，46（1）：68-74.

［70］罗金华.中国国家公园管理模式的基本结构与关键问题［J］.社会科学家，2016（2）：80-85.

［71］罗旋，王小德，杭璐璐，等.浙江风水林类型、特点及保护管理探讨［J］.福建林业科技，2012，39（2）：173-177.

［72］马天，谢彦君.旅游体验的社会建构：一个系统论的分析［J］.旅游学刊，2015，30（8）：96-106.

［73］毛江晖.财政事权和支出责任背景下的国家公园资金保障机制建构——以青海省为例［J］.新西部，2020（Z5）：88-91.

［74］毛江晖.困难与出路：三江源国家公园从试点、设立到运行［J］.新西部，2020（Z4）：40-44.

［75］苗元江，胡亚琳，周堃.从快乐到实现：实现幸福感概观［J］.广东社会科学，2011（5）：114-121.

［76］南海龙，王小平，陈峻崎，等.日本森林疗法及启示［J］.世界林业研究，2013，26（3）：74-78.

［77］欧阳志云，徐卫华，臧振华.完善国家公园管理体制的建议［J］.生物多样性，2021，29（3）：272-274.

［78］秦伟，左长清，晏清洪，等.红壤裸露坡地次降雨土壤侵蚀规律［J］.农业工程学报，2015，31（2）：124-132.

［79］邱胜荣，赵晓迪，何友均，等.我国国家公园管理资金保障机制问题探讨［J］.世界林业研究，2020，33（3）：107-110.

［80］师卫华.中国与美国国家公园的对比及其启示［J］.山东农业大学学报（自然科学版），2008，39（4）：631-636.

［81］施秀芬.全球近1/4的疾病由环境造成：解读世界卫生组织《使环境健康，以预防疾病》报告［J］.科学生活，2006（8）：8-9.

［82］石敏俊.生态产品价值的实现路径与机制设计［J］.环境经济研

究，2021，6（2）：1-6.

［83］石欣 . 海洋环境监测法研究［D］. 青岛：中国海洋大学，2010.

［84］宋锋林 . 认知的维度［M］. 北京：北京邮电大学出版社，2018：185.

［85］搜图网 . 买卖空气［EB/OL］. https：//www. aisoutu. com/a/2715498. ［2022-05-06/2022-05-10］.

［86］苏杨 . 多方共治、各尽所长才能形成生命共同体：解读《建立国家公园体制总体方案》之八［J］. 中国发展观察，2019（7）：50-54.

［87］苏杨 . 国家公园建设：先补齐生态补偿制度短板并体现国家事权［J］. 中国发展观察，2016a（11）：47-49.

［88］苏杨 . 国家公园体制试点是生态文明制度配套落地的捷径［J］. 中国发展观察，2016b（7）：54-57.

［89］粟路军，何学欢，胡东滨 . 旅游者主观幸福感研究进展及启示［J］. 四川师范大学学报（社会科学版），2019，46（2）：83-92.

［90］孙春晨 . 新时代的公益精神培育与公益行动选择——评卓高生新著《当代中国公益精神及培育研究》［J］. 山东社会科学，2019（6）：2.

［91］孙刚，盛连喜，冯江 . 生态系统服务的功能分类与价值分类［J］. 环境科学动态，2000（1）：19-22.

［92］孙国梓，吕建伟，李华康 . 基于编辑距离的多实体可信确认算法［J］. 计算机科学，2020，47（12）：327-331.

［93］孙睿，刘秀霞 . 青海三江源腹地达日黑土滩治理成效显著，上百名脱贫牧民受益［EB/OL］. http：//sjy. qinghai. gov. cn/news/zh/23321. html. ［2021-09-27/2022-03-25］.

［94］孙晓莉 . 公共服务中的公民参与［J］. 中国人民大学学报，2009，23（4）：114-119.

［95］孙孝平，李双，余建平，等 . 基于土地利用变化情景的生态系统服务价值评估：以钱江源国家公园体制试点区为例［J］. 生物多样性，2019，27（1）：51-63.

［96］谭旭运，董洪杰，张跃，等 . 获得感的概念内涵、结构及其对生活满意度的影响［J］. 社会学研究，2020（5）：195-217.

［97］唐芳林 . 国家公园收费问题探析［J］. 林业经济，2016，38（5）：

9 – 13.

　　[98] 唐芳林，闫颜，刘文国．我国国家公园体制建设进展 [J]．生物多样性，2019，27（2）：123 – 127.

　　[99] 唐小燕．钱江源典型森林类型地表径流和土壤侵蚀特征研究 [D]．杭州：浙江农林大学，2012.

　　[100] 陶广杰，潘善斌．贵州省自然保护地立法的实践困境和路径选择 [J]．环境生态学，2021，3（9）：93 – 97.

　　[101] 陶健，鲍身玉，于秀琴．生态资源价值认知及其核算体系构建——以雄安新区整体性治理中的应用为例 [J]．行政论坛，2019（3）：80 – 86.

　　[102] 陶欣欣，魏顺平．国家开放大学科研投入与论文产出相关性分析 [J]．天津电大学报，2015，19（1）：8 – 12.

　　[103] 童碧莎，陈光璞．我国国家公园试点单位旅游形象感知研究 [J]．林业经济，2020，42（10）：85 – 96.

　　[104] 童晓进．武广铁路运输通道客流时空分布特征研究 [D]．长沙：中南大学，2014.

　　[105] 妥艳娗．旅游者幸福感为什么重要 [J]．旅游学刊，2015，30（11）：16 – 18.

　　[106] 万玛加，王雯静．青海省国家公园建设取得阶段性成效 [EB/OL]．https：//difang．gmw．cn/qh/2022 – 05/24/content_35760726．htm．[2022 – 05 – 24/2022 – 03 – 25].

　　[107] 汪锦军．公共服务中的公民参与模式分析 [J]．政治学研究，2011（4）：51 – 58.

　　[108] 王成金．中国交通流的衰减函数模拟及特征 [J]．地理科学进展，2009，28（5）：690 – 696.

　　[109] 王大尚，郑华，欧阳志云．生态系统服务供给、消费与人类福祉的关系 [J]．应用生态学报，2013，24（6）：1747 – 1753.

　　[110] 王东旭．洱海湖滨区农民环境意识调查——以大理市龙下登村为例 [J]．中国人口·资源与环境，2018，28（12）：49 – 53.

　　[111] 王革，陈晶．武汉市自然类博物馆运营状况研究 [J]．科学教育与博物馆，2018，4（3）：208 – 210.

　　[112] 王辉，刘小宇，郭建科，等．美国国家公园志愿者服务及机制——

以海峡群岛国家公园为例 [J]. 地理研究, 2016, 35 (6): 1193 – 1202.

[113] 王辉, 张佳琛, 刘小宇, 等. 美国国家公园的解说与教育服务研究——以西奥多·罗斯福国家公园为例 [J]. 旅游学刊, 2016, 31 (5): 119 – 126.

[114] 王婕, 翁迪凯. 浙江省上半年河湖库塘清淤8008 万方, 完成投资29 亿元 [EB/OL]. http://zj. people. com. cn/n2/2016/0729/c228592 – 28750663. html. [2016 – 07 – 29/2019 – 03 – 28].

[115] 王俊杰. 庄子的动物隐喻及其与深生态伦理的关联 [J]. 中州学刊, 2015 (8): 110 – 115.

[116] 王立. 生态价值实现的鄂州实践 [J]. 环境保护, 2017, 45 (10): 32 – 35.

[117] 王蓉, 代美玲, 欧阳红, 等. 文化资本介入下的乡村旅游地农户生计资本测度——婺源李坑村案例 [J]. 旅游学刊, 2021, 36 (7): 56 – 66.

[118] 王夏晖. 我国国家公园建设的总体战略与推进路线图设计 [J]. 环境保护, 2015, 43 (14): 30 – 33.

[119] 王心蕊, 孙九霞. 城市居民休闲与主观幸福感研究: 以广州市为例 [J]. 地理研究, 2019, 38 (7): 1566 – 1580.

[120] 王兴周. 义利一体与等序格局: 重建社会秩序的墨家思想 [J]. 学术研究, 2016 (3): 82 – 88.

[121] 王宇飞, 苏红巧, 赵鑫蕊, 等. 基于保护地役权的自然保护地适应性管理方法探讨: 以钱江源国家公园体制试点区为例 [J]. 生物多样性, 2019, 27 (1): 88 – 96.

[122] 王岳森. 京津冀水权市场运行模式研究 [D]. 天津: 天津大学, 2007: 136.

[123] 王兆平. 我国国家公园体制建立的法律问题与对策 [J]. 新西部 (理论版), 2015 (13): 76, 97.

[124] 魏华, 卢黎歌. 习近平生态文明思想的内涵、特征与时代价值 [J]. 西安交通大学学报 (社会科学版), 2019, 39 (3): 69 – 76.

[125] 魏江, 权予衡. "创二代" 创业动机、环境与创业幸福感的实证研究 [J]. 管理学报, 2014, 11 (9): 1349 – 1357.

[126] 魏霞, 李占斌, 李勋贵, 等. 坝地淤积物干容重分布规律及其在

层泥沙还原中的应用 [J]. 西北农林科技大学学报（自然科学版），2006，34 （10）：192 – 196.

[127] 吴承照. 保护地与国家公园的全球共识：2014 IUCN 世界公园大会综述 [J]. 中国园林，2015，31 （11）：69 – 72.

[128] 吴楚材，郑群明. 植物精气研究 [J]. 中国城市林业，2005，3 （4）：61 – 63.

[129] 吴桂平，刘元波，赵晓松，等. 基于 MOD16 产品的鄱阳湖流域地表蒸散量时空分布特征 [J]. 地理研究，2013，32 （4）：617 – 627.

[130] 吴健，邱晓霞. 基于生物勘探的遗传资源物种多样性价值评估 [J]. 资源科学，2018，40 （4）：829 – 837.

[131] 吴天岳. 试论奥古斯丁著作中的意愿（voluntas）概念：以《论自由选择》和《忏悔录》为例 [J]. 现代哲学，2005 （3）：112 – 124.

[132] 吴炆佳，孙九霞. 哈尼梯田世界文化遗产地文化治理研究 [J]. 旅游学刊，2020，35 （8）：71 – 80.

[133] 习近平. 决胜全面建成小康社会　夺取新时代中国特色社会主义伟大胜利 [N]. 人民日报，2017 – 10 – 18.

[134] 夏凌云，于洪贤，王洪成，等. 湿地公园生态教育对游客环境行为倾向的影响：以哈尔滨市 5 个湿地公园为例 [J]. 湿地科学，2016，14 （1）：72 – 81.

[135] 晓荣. 习近平：人与自然是个生命共同体 [EB/OL]. http：//the-ory. people. com. cn/n1/2017/0609/c40531 – 29328854. html. [2016 – 09 – 05/ 2022 – 04 – 27].

[136] 肖练练，钟林生，周睿，等. 近 30 年来国外国家公园研究进展与启示 [J]. 地理科学进展，2017，36 （2）：244 – 255.

[137] 谢高地，张彩霞，张雷明，等. 基于单位面积价值当量因子的生态系统服务价值化方法改进 [J]. 自然资源学报，2015，30 （8）：1243 – 1254.

[138] 徐化成. 人工林和天然林的比较评价 [J]. 世界林业研究，1991 （3）：50 – 56.

[139] 徐宁蔚，李玉臻. 国家公园构建过程中的演化博弈分析——基于公共价值视角 [J]. 林业经济，2018，40 （4）：10 – 16，32.

［140］徐晓虹，李岩松．绿色建筑的全寿命分析：以上海自然博物馆设计实践为例［J］．绿色建筑，2012，4（1）：25－29.

［141］许纪泉，钟全林．武夷山自然保护区森林生态系统服务功能价值评估［J］．林业调查规划，2006，31（6）：58－61.

［142］许凌飞，彭勃．从权利到知识：公民参与研究的视角转换［J］．社会主义研究，2017（4）：157－165.

［143］许仕，谢冬明，金国花．赣江源自然保护区森林生态系统服务功能价值初步评价［J］．生物灾害科学，2013，36（4）：383－388.

［144］杨朝霞．论我国环境行政管理体制的弊端与改革［J］．昆明理工大学学报（社会科学版），2007（5）：1－8.

［145］杨军，伏琳，林艺文，等．浅析高等学校科研投入与产出［J］．科技管理研究，2013（16）：102－106.

［146］杨凯奇．国家公园解"内外"难题：如何多头管理，如何开放旅游？［EB/OL］．https：//view. inews. qq. com/a/20211112A0621V00，［2021－11－12/2022－03－25］.

［147］杨莉，戴明忠，窦贻俭．论环境意识的组成、结构与发展［J］．中国环境科学，2001，21（6）：545－548.

［148］杨梦鸽，杨虹，王丹婷，等．地役权改革对农户收入的影响及作用机制研究——以浙江省钱江源国家公园为例［J］．云南农业大学学报（社会科学），2022，16（4）：136－147.

［149］杨敏，钟毅平．理论与模型：幸福感的维度与量度［J］．求索，2013（12）：102－104.

［150］杨锐．论中国国家公园体制建设的六项特征［J］．环境保护，2019，47（Z1）：24－27.

［151］杨锐，申小莉，马克平．关于贯彻落实"建立以国家公园为主体的自然保护地体系"的六项建议［J］．生物多样性，2019，27（2）：137－139.

［152］杨锐．生态保护第一、国家代表性、全民公益性：中国国家公园体制建设的三大理念［J］．生物多样性，2017，25（10）：1040－1041.

［153］杨士弘．城市绿化树木的降温增湿效应研究［J］．地理研究，1994，13（4）：74－80.

［154］杨团，朱健刚．慈善蓝皮书：中国慈善发展报告（2021）［M］．北京：社会科学文献出版社，2022：8－17．

［155］杨洋，李吉鑫，崔子杰，等．节事吸引力感知维度研究［J］．旅游学刊，2019，34（6）：85－95．

［156］杨洋，周星，徐颖儿，等．身体现象学视角下徒步旅游者 Flow 体验的生成与意义［J］．旅游学刊，2022，37（2）：120－129．

［157］杨曾宪．论价值取向评价与价值认知评价［J］．天津师大学报，2000（6）：1－6．

［158］叶海涛，方正．国家公园的生态政治哲学研究——基于国家公园的准公共物品属性分析［J］．东南大学学报（哲学社会科学版），2019，21（4）：118－124．

［159］叶海涛．论国家公园的"荒野"精神理据［J］．江海学刊，2017（6）：19－25．

［160］叶建军，徐来源，叶为诺，等．钱江源野生蔬菜品种资源及开发利用研究［J］．长江农业，2008（7b）：20－24．

［161］易承志．城市居民环境诉求政府回应机制的内在逻辑与优化路径——基于整体性治理的分析框架［J］．南京社会科学，2019（8）：64－70，120．

［162］殷培红，和夏冰．建立国家公园的实现路径与体制模式探讨［J］．环境保护，2015，43（14）：24－29．

［163］尹晓英，秦嘉龙．三江源生态效益补偿成本核算研究——以"黑土滩治理"工程为例［J］．财会通讯，2015（19）：87－89．

［164］余顺海，程凌宏，钱海源，等．钱江源国家公园大型真菌资源初步调查［J］．食用菌，2020，42（5）：24－27．

［165］俞元春，曾曙才，罗汝英．江南丘陵林区森林土壤微量元素的含量与分布［J］．安徽农业大学学报，1998，25（2）：167－173．

［166］喻中．论梁启超对权利义务理论的贡献［J］．法商研究，2016（1）：183－192．

［167］臧振华，张多，杜傲，等．中国首批国家公园体制试点的经验与成效、问题与建议［J］．生态学报，2020，40（24）：8839－8850．

［168］翟贤亮，徐莉，孟维杰．自卑的他人补偿探究——阿德勒自卑补

偿理论的补充与完善 [J]. 心理研究, 2012, 5 (2): 20-26.

[169] 张彪, 高吉喜, 谢高地, 等. 北京城市绿地的蒸腾降温功能及其经济价值评估 [J]. 生态学报, 2012, 32 (24): 7698-7705.

[170] 张朝枝, 曹静茵, 罗意林. 旅游还是游憩? 我国国家公园的公众利用表述方式反思 [J]. 自然资源学报, 2019, 34 (9): 1797-1806.

[171] 张晨, 郭鑫, 翁苏桐, 等. 法国大区公园经验对钱江源国家公园体制试点区跨界治理体系构建的启示 [J]. 生物多样性, 2019, 27 (1): 97-103.

[172] 张谨. "三种文化" 融合发展的新时代审视 [J]. 学术研究, 2021 (11): 1-6.

[173] 张丽佳, 周妍. 建立健全生态产品价值实现机制的路径探索 [J]. 生态学报, 2021, 41 (19): 7893-7899.

[174] 张利明. 美国国家公园资金保障机制概述: 以 2019 财年预算草案为例 [J]. 林业经济, 2018, 40 (7): 71-75.

[175] 张鹏. 究竟什么是地役权?: 评《物权法 (草案)》中地役权的概念 [J]. 法律科学 (西北政法学院学报), 2007 (1): 89-95.

[176] 张冉. 基于扎根理论的我国社会组织品牌外化理论模型研究 [J]. 管理学报, 2019, 16 (4): 569-577.

[177] 张胜军. 国外森林康养业发展及启示 [J]. 中国林业产业, 2018 (5): 76-80.

[178] 张薇, 程政红, 刘云国, 等. 植物挥发性物质成分分析及抑菌作用研究 [J]. 生态环境, 2007, 16 (3): 1455-1459.

[179] 张伟. 信息存量对个体生活幸福感的影响机制: 基于 CGSS 混合截面数据的实证分析 [J]. 哈尔滨工业大学学报 (社会科学版), 2019, 21 (4): 62-71.

[180] 张晓, 白长虹. 快乐抑或实现? 旅游者幸福感研究的转向: 基于国外幸福感研究的述评 [J]. 旅游学刊, 2018, 33 (9): 132-144.

[181] 张晓, 刘明, 白长虹. 自然主义视角下旅游者幸福感的构成要素研究 [J]. 旅游学刊, 2020, 35 (5): 37-51.

[182] 张晓哲. 守住生态红线需要制度保障 [N]. 中国经济导报, 2013-12-26 (A01).

［183］张序．与"公共服务"相关概念的辨析［J］．管理学刊，2010，23（2）：57－61．

［184］张颖．基于自然保护区面积的森林生物多样性评价模型［J］．中国水土保持科学，2013，11（4）：30－35．

［185］张颖．加拿大国家公园管理模式及对中国的启示［J］．世界农业，2018（4）：139－144．

［186］张颖，张莉莉，金笙．基于分类分析的中国碳交易价格变化分析：兼对林业碳汇造林的讨论［J］．北京林业大学学报，2019，41（2）：116－124．

［187］张玉钧．国家公园理念中国化的探索［J］．人民论坛·学术前沿，2022（4）：66－79，101．

［188］张玉钧，徐亚丹，贾倩．国家公园生态旅游利益相关者协作关系研究：以仙居国家公园公盂园区为例［J］．旅游科学，2017，31（3）：51－64．

［189］赵鑫蕊，何思源，苏杨．生态系统完整性在管理层面的体现方式：以跨省国家公园统一管理的体制机制为例［J］．生物多样性，2022，30（3）：178－185．

［190］赵煜，赵千钧，崔胜辉，等．城市森林生态服务价值评估研究进展［J］．生态学报，2009，29（12）：6723－6731．

［191］赵占领．中国知网是否涉及垄断还有待相关机构的认定［EB/OL］．http：//www.100ec.cn/detail－－6495970.html．［2019－02－18/2020－8－18］．

［192］浙江省物价局．关于调整我省排污费征收标准的通知［EB/OL］．http：//www.zj.gov.cn/art/2014/3/6/art_5502_1128437.html．［2014－03－06/2020－06－12］．

［193］郑月宁，贾倩，张玉钧．论国家公园生态系统的适应性共同管理模式［J］．北京林业大学学报（社会科学版），2017，16（4）：21－26．

［194］中共中央办公厅，国务院办公厅．建立国家公园体制总体方案［EB/OL］．http：//www.gov.cn/zhengce/2017－09/26/content_5227713.htm．［2017－09－26/2020－06－17］．

［195］钟林生，邓羽，陈田，等．新地域空间——国家公园体制构建方

案讨论 [J]. 中国科学院院刊, 2016, 31 (1): 126 – 133.

[196] 周武忠, 徐媛媛, 周之澄. 国外国家公园管理模式 [J]. 上海交通大学学报 (自然版), 2014, 48 (8): 1205 – 1212.

[197] ABDULLAH A R, WENG C N, AFIF I, et al. Ecotourism in Penang National Park: A multi-stakeholder perspective on environmental issues [J]. Journal of Business and Social Development, 2018, 6 (1): 70 – 83.

[198] ABDULLAH S, SAMDIN Z, TENG P, et al. The impact of knowledge, attitude, consumption values and destination image on tourists' responsible environmental behaviour intention [J]. Management Science Letters, 2019, 9 (9): 1461 – 1476.

[199] AHEBWA W M, VAN DER DUIM R, SANDBROOK C. Tourism revenue sharing policy at Bwindi Impenetrable National Park, Uganda: A policy arrangements approach [J]. Journal of Sustainable Tourism, 2012, 20 (3): 377 – 394.

[200] AHN J, BACK K J, BOGER C. Effects of integrated resort experience on customers' hedonic and eudaimonic well-being [J]. Journal of Hospitality & Tourism Research, 2019, 43 (8): 1225 – 1255.

[201] AKHOUNDOGLI M, BUCKLEY R. Outdoor tourism to escape social surveillance: Health gains but sustainability costs [J]. Journal of Ecotourism, 2021, Doi: 10. 1080/14724049. 2021. 1934688.

[202] AKYEAMPONG O A. Pro-poor tourism: Residents' expectations, experiences and perceptions in the Kakum National Park Area of Ghana [J]. Journal of Sustainable Tourism, 2011, 19 (2): 197 – 213.

[203] ALATARTSEVA E, BARYSHEVA G. Well-being: Subjective and objective aspects [J]. Procedia-Social and Behavioral Sciences, 2015, 166: 36 – 42.

[204] ALPIZAR F, CARLSSON F, JOHANSSON-STENMAN O. Anonymity, reciprocity, and conformity: Evidence from voluntary contributions to a national park in Costa Rica [J]. Journal of Public Economics, 2008, 92 (5 – 6): 1047 – 1060.

[205] ASHLEY C, ROE D, GOODWIN H. Pro-poor tourism strategies: Making tourism work for the poor: A review of experience (PPT Report No. 1)

[M]. Nottingham: The Russell Press, 2001.

[206] AWUNG N S, MARCHANT R. Investigating the role of the local community as co-managers of the Mount Cameroon National Park Conservation Project [J]. Environments, 2016, 3 (4): 36. Doi: 10.3390/environments3040036.

[207] AWUNG N S, MARCHANT R. Quantifying local community voices in the decision-making process: Insights from the Mount Cameroon National Park REDD + project [J]. Environmental Sociology, 2018, 4 (2): 235 –252.

[208] AWUNG N S, MARCHANT R. Transparency in benefit sharing and the influence of community expectations on participation in REDD + Projects: An example from Mount Cameroon National Park [J]. Ecosystems and People, 2020, 16 (1): 78 –94.

[209] BADHWAR N. Objectivity and subjectivity in theories of well-being [J]. Philosophy and Public Policy Quarterly, 2014, 32 (1): 23 –28.

[210] BAEK S, KIM S. Participatory public service design by Gov. 3.0 design group [J]. Sustainability, 2018, 10 (1): 245 –264.

[211] BAGSTAD K J, REED J M, SEMMENS D J, et al. Linking biophysical models and public preferences for ecosystem service assessments: A case study for the Southern Rocky Mountains [J]. Regional Environmental Change, 2016, 16 (7): 2005 –2018.

[212] BALCONI M, ANGIOLETTI L, DE FILIPPIS D, et al. Association between fatigue, motivational measures (BIS/BAS) and semi-structured psychosocial interview in hemodialytic treatment [J]. BMC Psychology, 2019, 7 (1): 49 – N/A. Doi: 10.1186/s40359 –019 –0321 –0.

[213] BARRETT A G, PITAS N A, MOWEN A J. First in our hearts but not in our pocket books: Trends in local governmental financing for parks and recreation from 2004 to 2014 [J]. Journal of Park & Recreation Administration, 2017, 35 (3): 1 –19.

[214] BATSON C D, AHMAD N, YIN J, et al. Two threats to the common good: Self-interested egoism and empathy-induced altruism [J]. Personality and Social Psychology Bulletin, 1999, 25 (1): 3 –16.

[215] BAUMAN T, SMYTH D. Indigenous partnerships in protected area

management in Australia: Three case studies. Australian Institute of Aboriginal and Torres Strait Islander Studies in association with the Australian Collaboration and the Poola Foundation (Tom Kantor fund) [M]. Canberra: Aboriginal Studies Press, 2007: 9.

[216] BEETON S, BENFIELD R. Demand control: The Case for demarketing as a visitor and environmental management tool [J]. Journal of Sustainable Tourism, 2002, 10 (6): 497 – 513.

[217] BELL J, STOCKDALE A. Evolving national park models: The emergence of an economic imperative and its effect on the contested nature of the "national" park concept in Northern Ireland [J]. Land Use Policy, 2015, 49: 213 – 226.

[218] BELLO F G, LOVELOCK B, CARR N. Enhancing community participation in tourism planning associated with protected areas in developing countries: Lessons from Malawi [J]. Tourism and Hospitality Research, 2018, 18 (3): 309 – 320.

[219] BHALLA R, CHOWDHARY N, RANJAN A. Spiritual tourism for psychotherapeutic healing post COVID-19 [J]. Journal of Travel & Tourism Marketing, 2021, 38 (8): 769 – 781.

[220] BIBER E, ESPOSITO E L. The national park service organic act and climate change [J]. Natural Resources Journal, 2016, 56 (1): 193 – 245.

[221] BINGHAM H, FITZSIMONS J A, REDFORD K H, et al. Privately protected areas: Advances and challenges in guidance, policy and documentation [J]. Parks, 2017, 23 (1): 13 – 28.

[222] BĄKOWSKA-WALDMANN E, KACZMAREK T. The use of PPGIS: Towards reaching a meaningful public participation in spatial planning [J]. ISPRS International Journal of Geo-Information, 2021, 10 (9): Doi. org/10. 3390/ijgi10090581.

[223] BRADBURN N M, NOLL C E. The Structure of Psychological Wellbeing [M]. Chicago: Aldine Publishing Company, 1969: 18 – 23.

[224] BRATMAN G N, OLVERA-ALVAREZ H A, GROSS J J. The affective benefits of nature exposure [J]. Social and Personality Psychology Compass,

2021, Doi: 10. 1111/spc3. 12630.

[225] BRESCANCIN F, DOBŠINSKÁ Z, DE MEO I, et al. Analysis of stakeholders' involvement in the implementation of the Natura 2000 network in Slovakia [J]. Forest Policy and Economics, 2017, 78: 107 – 115.

[226] BŘEZINA D, HLAVÁČKOVÁ P. The assessment of economic indicators of national park administrations [J]. Journal of Forest Science, 2016, 62 (2): 88 – 96.

[227] BROCK W A, CARPENTER S R. Panaceas and diversification of environmental policy [J]. Proceedings of the National Academy of Sciences of the United States of America, 2007, 104 (39): 15206 – 15211.

[228] BROWN G, REED P. Validation of a forest values typology for use in national forest planning [J]. Forest Science, 2000, 46 (2): 240 – 247.

[229] BROWN G, WEBER D. Public Participation GIS: A new method for national park planning [J]. Landscape & Urban Planning, 2011, 102 (1): 1 – 15.

[230] BRYANT A, CHARMAZ K. The SAGE handbook of current developments in grounded theory [M]. London: SAGE Publications Ltd, 2019: 68 – 69.

[231] BUCKLEY R. Ecological indicators of tourist impacts in parks [J]. Journal of Ecotourism, 2003, 2 (1): 54 – 66.

[232] BUENDÍA A V P, ALBERT M Y P, GINÉ D S. Online Public Participation Geographic Information System (PPGIS) as a landscape and public use management tool: A case study from the Ebro Delta Natural Park (Spain) [J]. Landscape Online, 2021, 93: 1 – 18.

[233] BUXTON R T, PEARSON A L, ALLOU C, et al. A synthesis of health benefits of natural sounds and their distribution in national parks [J]. Proceedings of the National Academy of Sciences, 2021, 118 (14): Doi. org/ 10. 1073/pnas. 2013097118.

[234] BYRNE J, WOLCH J, ZHANG J. Planning for environmental justice in an urban national park [J]. Journal of Environmental Planning and Management, 2009, 52 (3): 365 – 392.

[235] CAI Y, MA J, LEE Y S. How do Chinese travelers experience the

Arctic? Insights from a hedonic and eudaimonic perspective ［J］. Scandinavian Journal of Hospitality and Tourism, 2020, 20 （2）: 144 – 165.

［236］ CATTELL V, DINES N, GESLER W, et al. Mingling, observing, and lingering: Everyday public spaces and their implications for well-being and social relations ［J］. Health & Place, 2008, 14 （3）: 544 – 561.

［237］ CESSFORD G, MUHAR A. Monitoring options for visitor numbers in national parks and natural areas ［J］. Journal for Nature Conservation, 2003, 11 （4）: 240 – 250.

［238］ CETIN M, SEVIK H. Evaluating the recreation potential of Ilgaz Mountain National Park in Turkey ［J］. Environmental Monitoring and Assessment, 2016, 188 （52）: 1 – 10.

［239］ CHUNG J Y, KYLE G T, PETRICK J F, et al. Fairness of prices, user fee policy and willingness to pay among visitors to a national forest ［J］. Tourism Management, 2011, 32 （5）: 1038 – 1046.

［240］ CLEARY A, FIELDING K S, BELL S L. Exploring potential mechanisms involved in the relationship between eudaimonic wellbeing and nature connection ［J］. Landscape and Urban Planning, 2017, 158: 119 – 128.

［241］ CONWAY L G, WOODARD S R, ZUBROD A. Social psychological measurements of COVID 19: Coronavirus perceived threat, government response, impacts, and experiences questionnaires ［J］. PsyArXiv Preprints, 2020. Doi. org/ 10. 31234/osf. io/z2x9a.

［242］ CORRAL-VERDUGO V, MIRELES-ACOSTA J F, TAPIAFONLLEM C, et al. Happiness as correlate of sustainable behavior: A study of pro-ecological, frugal, equitable and altruistic actions that promote subjective wellbeing ［J］. Human Ecology Review, 2011, 18 （2）: 95 – 104.

［243］ COSTA S, CASANOVA C, LEE P. What does conservation mean for women? The Case of the Cantanhez Forest National Park ［J］. Conservation and Society, 2017, 15 （2）: 168 – 178.

［244］ COTTRELL S P. RAADIK J. Socio-cultural benefits of PAN Parks at Bieszscady National Park, Poland ［J］. Finnish Journal of Tourism Research, 2008, 4 （1）: 56 – 67.

[245] CUNHA A A. Negative effects of tourism in a Brazilian Atlantic forest National Park [J]. Journal for Nature Conservation, 2010, 18 (4): 291-295.

[246] CURTIN S, BROWN L. Travelling with a purpose: An ethnographic study of the eudemonic experiences of volunteer expedition participants [J]. Tourist Studies, 2018, 19 (2): 192-214.

[247] DAVIS A, GOLDMAN M J. Beyond payments for ecosystem services: Considerations of trust, livelihoods and tenure security in community-based conservation projects [J]. Oryx, 2017, 53 (3): 491-496.

[248] DE BLOOM J, GEURTS S A, TARIS T W, et al. Effects of vacation from work on health and well-being: Lots of fun, quickly gone [J]. Work & Stress, 2010, 24 (2): 196-216.

[249] DE DREU C K W, NAUTA A. Self-interest and other-orientation in organizational behavior: Implications for job performance, prosocial behavior, and personal initiative [J]. Journal of Applied Psychology, 2009, 94 (4): 913-926.

[250] DEJONCKHEERE M, VAUGHN L M. Semistructured interviewing in primary care research: A balance of relationship and rigour [J]. Family Medicine and Community, 2019, 7 (2): e000057. Doi: 10.1136/fmch-2018-000057.

[251] DENHARDT J V, DENHARDT R B. The new public service revisited [J]. Public Administration Review, 2015, 75 (5): 664-672.

[252] DENHARDT R B, DENHARDT J V. The new public service: Serving rather than steering [J]. Public Administration Review, 2000, 60 (6): 549-559.

[253] DE POURCQ K, THOMAS E, ELIAS M, et al. Exploring park-people conflicts in Colombia through a social lens [J]. Environmental Conservation, 2019, 46: 103-110.

[254] DIENER E, SANDVIK E, PAVOT W. Happiness is the frequency, not the intensity, of positive versus negative affect [C]. //Subjective well-being: An interdisciplinary perspective. Oxford: Pergamon Press, 1991: 119-139.

[255] DIENER E. Subjective well-being: The science of happiness and a proposal for a national index [J]. American Psychologist, 2000, 55 (1): 34-43.

[256] DIENER E, SUH E M, LUCAS R E, et al. Subjective well-being: Three decades of progress [J]. Psychological Bulletin, 1999, 125 (2): 276 – 302.

[257] DIENER E, WIRTZ D, TOV W, et al. New well-being measures: Short scales to assess flourishing and positive and negative feelings [J]. Social indicators research, 2010, 97 (2): 143 – 156.

[258] DINICA V. Tourism concessions in National Parks: Neo-liberal governance experiments for a Conservation Economy in New Zealand [J]. Journal of Sustainable Tourism, 2017, 25 (12): 1811 – 1829.

[259] DOWLING R, LLOYD K, SUCHET-PEARSON S. Qualitative methods 1: Enriching the interview [J]. Progress in Human Geography, 2016, 40 (5): 679 – 686.

[260] DUFFY R. Nature-based tourism and neoliberalism: Concealing contradictions [J]. Tourism Geographies, 2015, 17 (4): 529 – 543.

[261] DUPKE C, DORMANN C F, HEURICH M. Does public participation shift German national park priorities away from nature conservation? [J]. Environmental Conservation, 2019, 46 (1): 84 – 91.

[262] EAGLES P F J. Fiscal implications of moving to tourism finance for parks: Ontario Provincial Parks [J]. Managing Leisure, 2014, 19 (1): 1 – 17.

[263] EVANS-COWLEY J, HOLLANDER J. The new generation of public participation: Internet-based participation tools [J]. Planning Practice & Research, 2010, 25 (3): 397 – 408.

[264] FERRARO P J. The local costs of establishing protected areas in low-income nations: Ranomafana National Park, Madagascar [J]. Ecological Economics, 2002, 43 (2 – 3): 261 – 275.

[265] FILEP S. Moving beyond subjective well-being: A tourism critique [J]. Journal of Hospitality & Tourism Research, 2014, 38 (2): 266 – 274.

[266] FILEP S. Tourism and positive psychology critique: Too emotional? [J]. Annals of Tourism Research, 2016, 59: 113 – 115.

[267] FILEP S. Tourists' happiness through the lens of positive psychology [D]. Townsville, Queensland: James Cook University, 2009: 34 – 35, 88.

[268] FLETCHER R, BREITLING J. Market mechanism or subsidy in disguise? Governing payment for environmental services in Costa Rica [J]. Geoforum, 2012, 43 (3): 402 –411.

[269] FLETCHER R, DRESSLER W, BÜSCHER B, et al. Questioning REDD + and the future of market-based conservation [J]. Conservation Biology, 2016, 30 (3): 673 –675.

[270] FORTIN M J, GAGNON C. An assessment of social impacts of national parks on communities in Quebec, Canada [J]. Environmental Conservation, 1999, 26 (3): 200 –211.

[271] GAZLEY B, CHENG Y D, LAFONTANT C. Charitable support for U. S. national and state parks through the lens of coproduction and government failure theories [J]. Nonprofit Policy Forum, 2018, 9 (4): Doi: 10. 1515/npf – 2018 –0022.

[272] GIBBON A, SILMAN M R, MALHI Y, et al. Ecosystem carbon storage across the grassland-forest transition in the high Andes of Manu National Park, Peru [J]. Ecosystems, 2010, 13 (7): 1097 –1111.

[273] GIBSON S, LOUKAITOU-SIDERIS A, MUKHIJA V. Ensuring park equity: A California case study [J]. Journal of Urban Design, 2018, 24 (3): 385 –405.

[274] GLATZER W, CAMFIELD L, MØLLER V, et al. Global handbook of quality of life [M]. Berlin: Springer Netherlands, 2015: 269 –279.

[275] GROULX M, LEMIEUX C, DAWSON J, et al. Motivations to engage in last chance tourism in the Churchill Wildlife Management Area and Wapusk National Park: The role of place identity and nature relatedness [J]. Journal of Sustainable Tourism, 2016, 24 (11): 1523 –1540.

[276] GUNDERSEN V, MEHMETOGLU M, VISTAD O I, et al. Linking visitor motivation with attitude towards management restrictions on use in a national park [J]. Journal of Outdoor Recreation and Tourism, 2015, 9: 77 –86.

[277] GUO H D, HO A T K. Support for contracting-out and public-private partnership: Exploring citizens' perspectives [J]. Public Management Review, 2019, 21 (5): 629 –649.

[278] HAEFELE M, LOOMIS J, BILMES L J. Total economic valuation of the national park service lands and programs: Results of a survey of the American public [EB/OL]. https: //www. nationalparks. org/sites/default/files/NPS-TEV-Report-2016. pdf. [2016 – 06 – 30/2019 – 12 – 10].

[279] HALPENNY E A, CAISSIE L T. Volunteering on nature conservation projects: Volunteer experience, attitudes and values [J]. Tourism Recreation Research, 2003, 28 (3): 25 – 33.

[280] HANLEY N, WRIGHT R E, KOOP G. Modelling recreation demand using choice experiments: Climbing in Scotland [J]. Environmental and Resource Economics, 2002, 22 (3): 449 – 466.

[281] HAO F, XIAO H G. Residential tourism and eudaimonic well-being: A "value-adding" analysis [J]. Annals of Tourism Research, 2021, 87: 103150. Doi: 10. 1016/j. annals. 2021. 103150.

[282] HARADA K, PRABOWO D, ALIADI A, et al. How can social safeguards of REDD + function effectively conserve forests and improve local livelihoods? A Case from Meru Betiri National Park, East Java, Indonesia [J]. Land, 2015, 4: 119 – 139.

[283] HARDIN R. Collective contradictions of "corporate" environmental conservation [J]. Focaal, 2011 (60): 47 – 60.

[284] HARLAND P, STAATS H, WILKE H A M. Explaining proenvironmental intention and behavior by personal norms and the theory of planned behavior [J]. Journal of Applied Social Psychology, 1999, 29 (12): 2505 – 2528.

[285] HATTKE F, KALUCZA J. What influences the willingness of citizens to coproduce public services? Results from a vignette experiment [J]. Journal of Behavioral Public Administration, 2019, 2 (1): 1 – 14.

[286] HAUKELAND J V. Tourism stakeholders' perceptions of national park management in Norway [J]. Journal of Sustainable Tourism, 2011, 19 (2): 133 – 153.

[287] HAUSMANN A, TOIVONEN T, SLOTOW R, et al. Social media data can be used to understand tourists' preferences for nature-based experiences in protected areas [J]. Conservation Letters, 2018, 11 (1): 1 – 10.

[288] HEIKINHEIMO V, MININ E D, TENKANEN H, et al. User-genera-ted geographic information for visitor monitoring in a national park: A comparison of social media data and visitor survey [J]. International Journal of Geo-Information, 2017, 6 (3): 85 – 98.

[289] HUTA V, RYAN R M. Pursuing pleasure or virtue: The differential and overlapping well-being benefits of hedonic and eudaimonic motives [J]. Journal of Happiness Studies, 2010, 11 (6): 735 – 762.

[290] ISLAM G, WILLS-HERRERA E, HAMILTON M. Objective and sub-jective indicators of happiness in Brazil: The mediating role of social class [J]. The Journal of Social Psychology, 2009, 149 (2): 267 – 272.

[291] JAFFE K. An economic analysis of altruism: Who benefits from altruis-tic acts? [J]. Journal of Artificial Societies and Social Simulation, 2002, 5 (3): Doi: 10. 1007/BF01060537.

[292] JONES N, IOSIFIDES T, EVANGELINOS K I, et al. Investigating knowledge and perceptions of citizens of the National Park of Eastern Macedonia and Thrace, Greece [J]. International Journal of Sustainable Development & World Ecology, 2012, 19 (1): 25 – 33.

[293] JÄRVINEN M, MIK-MEYER N. Qualitative analysis: Eight approa-ches for the social sciences [M]. London: SAGE Publications Ltd, 2020: 225 – 238.

[294] KAFFASHI S, RADAM A, SHAMSUDIN M N, et al. Ecological conservation, ecotourism, and sustainable management: The case of Penang Na-tional Park [J]. Forests, 2015, 6 (7): 2345 – 2370.

[295] KAFFASHI S, YACOB M R, CLARK M S, et al. Exploring visitors' willingness to pay to generate revenues for managing the National Elephant Conservation Center in Malaysia [J]. Forest Policy and Economics, 2015, 56: 9 – 19.

[296] KAISER F G, WÖLFING S, FUHRER U, et al. Environmental atti-tude and ecological behavior [J]. Journal of Environmental Psychology, 1999, 19 (1): 1 – 19.

[297] KAMRI T. Willingness to pay for conservation of natural resources in

the Gunung Gading National Park, Sarawak [J]. Procedia-Social and Behavioral Sciences, 2013, 101: 506 – 515.

[298] KARKI S T, HUBACEK K. Developing a conceptual framework for the attitude-intention-behaviour links driving illegal resource extraction in Bardia National Park, Nepal [J]. Ecological Economics, 2015, 117: 129 – 139.

[299] KASHDAN T B, MCKNIGHT P E. Commitment to a purpose in life: An antidote to the suffering by individuals with social anxiety disorder [J]. Emotions, 2013, 13 (6): 1150 – 1159.

[300] KEYES C L M. Social well-being [J]. Social Psychology Quarterly, 1998, 61 (2): 121 – 140.

[301] KIL N, STEIN T V, HOLLAND S M, et al. The role of place attachment in recreation experience and outcome preferences among forest bathers [J]. Journal of Outdoor Recreation and Tourism, 2021, 35: Doi. org/10. 1016/ j. jort. 2021. 100410.

[302] KIM D S, LEE B C, PARK K H. Determination of motivating factors of urban forest visitors through latent dirichlet allocation topic modeling [J]. International Journal of Environmental Research and Public Health, 2021, 18 (18): Doi. org/10. 3390/ijerph18189649.

[303] KIM J, THAPA B, JANG S. GPS-based mobile exercise application: An alternative tool to assess spatio-temporal patterns of visitors' activities in a national park [J]. Journal of Park & Recreation Administration, 2019, 37 (1): 124 – 134.

[304] KNIGHT H H, ELLSON T. Value drivers of Corporate Social Responsibility: The role of explicit value and back value [J]. Social Business, 2017, 7 (1): 27 – 47.

[305] KNOBLOCH U, ROBERTSON K, AITKEN R. Experience, emotion, and eudaimonia: A consideration of tourist experiences and well-being [J]. Journal of Travel Research, 2016, 56 (5): 651 – 662.

[306] KOZMA A, STONES M J. The Measurement of happiness: Development of the Memorial University of Newfoundland Scale of Happiness (MUNSH) [J]. Journal of Gerontology, 1980, 35 (6): 906 – 912.

[307] KRUFILLA J V. Conservation reconsider [J]. The American Economic Review, 1967, 57 (4): 777 –786.

[308] KRUGER M, VAN DER MERWE P, SAAYMAN M, et al. Understanding accommodation preferences of visitors to the Kruger National Park [J]. Tourism and Hospitality Research, 2017, 19 (8): 1 –16.

[309] KUITERS A T, VAN DER SLUIJS L A M, WYTEMA G A. Selective bark-stripping of beech, Fagus sylvatica, by free-ranging horses [J]. Forest Ecology and Management, 2006, 222 (1 –3): 1 –8.

[310] KUMAR H, PANDEY B W, ANAND S. Analyzing the impacts of forest ecosystem services on livelihood security and sustainability: A case study of Jim Corbett National Park in Uttarakhand [J]. International Journal of Geoheritage and Parks, 2019, 7 (2): 45 –55.

[311] KWIATKOWSKI G, HJALAGER A M, LIBURD J, et al. Volunteering and collaborative governance innovation in the Wadden Sea National Park [J]. Current Issues in Tourism, 2020, 23 (8): 971 –989.

[312] LAKHIMPUR J, NOWGONG M. Rapid assessment of recent flood episode in Kaziranga National Park, Assam using remotely sensed satellite data [J]. Current Science, 2016, 111 (9): 1450 –1451.

[313] LAL P, WOLDE B, MASOZERA M, et al. Valuing visitor services and access to protected areas: The case of Nyungwe National Park in Rwanda [J]. Tourism Management, 2017, 61: 141 –151.

[314] LAMBORN C C, SMITH J W, BURR S W. User fees displace low-income outdoor recreationists [J]. Landscape and Urban Planning, 2017, 167: 165 –176.

[315] LEE W, JEONG C. Beyond the correlation between tourist eudaimonic and hedonic experiences: Necessary condition analysis [J]. Current Issues in Tourism, 2020, 23 (17): 2182 –2194.

[316] LEE W, JEONG C. Distinctive roles of tourist eudaimonic and hedonic experiences on satisfaction and place attachment: Combined use of SEM and necessary condition analysis [J]. Journal of Hospitality and Tourism Management, 2021, 47: 58 –71.

[317] LESILAU F, FONCK M, GATTA M, et al. Effectiveness of a LED flashlight technique in reducing livestock depredation by lions (Panthera leo) around Nairobi National Park, Kenya [J]. PLoS ONE, 2018, 13 (1): 1 – 18.

[318] LE T H T, LEE D K, KIM Y S, et al. Public preferences for biodiversity conservation in Vietnam's Tam Dao National Park [J]. Forest Science and Technology, 2016, 12 (3): 144 – 152.

[319] LIANG Y, KIRILENKO A P, STEPCHENKOVA S O, et al. Using social media to discover unwanted behaviours displayed by visitors to nature parks: Comparisons of nationally and privately owned parks in the Greater Kruger National Park, South Africa [J]. Tourism Recreation Research, 2020, 45 (2): 271 – 276.

[320] LINENTHAL E T. The national park service and civic engagement [J]. The George Wright Forum, 2008, 25 (1): 5 – 11.

[321] LIN Z, WU C Z, HONG W. Visualization analysis of ecological assets/values research by knowledge mapping [J]. Acta Ecologica Sinica, 2015, 35 (5): 142 – 154.

[322] LI T E, CHAN E T H. Diaspora tourism and well-being: A eudaimonic view [J]. Annals of Tourism Research, 2017, 63: 205 – 206.

[323] LIU Q, WANG X, LIU J, et al. Physiological and psychological effects of nature experiences in different forests on young people [J]. Forests, 2021, 12 (10): doi. org/10. 3390/f12101391.

[324] LOUKAITOU-SIDERIS A. Urban form and social context: Cultural differentiation in the uses of urban parks [J]. Journal of Planning Education & Research, 1995, 14 (2): 89 – 102.

[325] LUOMA-AHO V, CANEL M J. The handbook of public sector communication [M]. New York: John Wiley & Sons, Incorporated, 2020: 277 – 287.

[326] LY T P, XIAO H. The choice of a park management model: A case study of Phong Nha-Ke Bang National Park in Vietnam [J]. Tourism Management Perspectives, 2016, 17: 1 – 15.

[327] MACKENZIE C A, SALERNO J, HARTTER J, et al. Changing perceptions of protected area benefits and problems around Kibale National Park,

Uganda [J]. Journal of Environmental Management, 2017, 200: 217 – 228.

[328] MACKENZIE C A. Trenches like fences make good neighbours: Revenue sharing around Kibale National Park, Uganda [J]. Journal for Nature Conservation, 2012, 20 (2): 92 – 100.

[329] MAES J, EGOH B, WILLEMEN L, et al. Mapping ecosystem services for policy support and decision making in the European Union [J]. Ecosystem Services, 2012, 1 (1): 31 – 39.

[330] MAGALHÃES M J, DE MAGALHÃES S T, RODRIGUES C, et al. Acceptance criteria in a promotional tourism demarketing plan [J]. Procedia Computer Science, 2017, 121 (C): 934 – 939.

[331] MANNING R E. Emerging principles for using information/education in wilderness management [J]. International Journal of Wilderness, 2003, 9 (1): 20 – 27.

[332] MANNING R E. Studies in outdoor recreation: A review and synthesis of the social science literature in outdoor recreation [M]. Corvallis, OR: Oregon State University Press, 1986.

[333] MARIKI S B. Conservation with a human face? Comparing local participation and benefit sharing from a national park and a state forest plantation in Tanzania [J]. Sage Open, 2013, 3 (4): 1 – 16.

[334] MARION J, ARREDONDO J, WIMPEY J, et al. Applying recreation ecology science to sustainably manage camping impacts: A classification of camping management strategies [J]. International Journal of Wilderness, 2018, 24 (2): 84 – 100.

[335] MAYERL J, BEST H. Attitudes and behavioral intentions to protect the environment: How consistent is the structure of environmental concern in cross-national comparison? [J]. International Journal of Sociology, 2019, 49 (1): 27 – 52.

[336] MAYER M. Can nature-based tourism benefits compensate for the costs of national parks? A study of the Bavarian Forest National Park, Germany [J]. Journal of Sustainable Tourism, 2014, 22 (4): 561 – 583.

[337] MCCOOL S F, STANKEY G H. Managing access to wildlands for rec-

reation in the USA: Background and issues relevant to sustaining tourism [J]. Journal of Sustainable Tourism, 2001, 9 (5): 389 – 399.

[338] MEALEY L, THEIS P. The relationship between mood and preferences among natural landscapes: An evolutionary perspective [J]. Ethology and Sociobiology, 1995, 16 (3): 247 – 256.

[339] MEDWAY D, WARNABY G, DHARNI S. Demarketing places: Rationales and strategies [J]. Journal of Marketing Management, 2010, 27 (1 – 2): 124 – 142.

[340] MICHAEL E, NAIMANI G M. Implication of upgrading conservation areas on community's livelihoods: Lessons from Saadani National Park in Tanzania [J]. Journal of the Geographical Association of Tanzania, 2017, 36 (1): 39 – 57.

[341] MIKA M, ZAWILINSKA B, PAWLUSINSKI R. Exploring the economic impact of national parks on the local economy: Functional approach in the context of Poland's transition economy [J]. Human Geographies, 2016, 10 (1): 5 – 21.

[342] MIRDEILAMI T, SHATAEE S H, KAVOOSI M R. Forest fire risk zone mapping in the Golestan national park using regression logistic method [J]. Journal of Wood and Forest Science and Technology, 2015, 22 (1): 1 – 16.

[343] MONZ C, LEUNG Y F. Meaningful measures: Developing indicators of visitor impact in the national park service inventory and monitoring program [J]. The George Wright Forum, 2006, 23 (2): 17 – 27.

[344] MOONS I, DE PELSMACKER P, BARBAROSSA C. Do personality- and self-congruity matter for the willingness to pay more for ecotourism? An empirical study in Flanders, Belgium [J]. Journal of Cleaner Production, 2020, 272, 122866. Doi: 10. 1016/j. jclepro. 2020. 122866.

[345] MORE T. From public to private: Five concepts of park management and their consequences [J]. The George Wright Forum, 2005, 22 (2): 12 – 20.

[346] MOSWETE N, THAPA B. Factors that influence support for community-based ecotourism in the rural communities adjacent to the Kgalagadi Transfrontier Park, Botswana [J]. Journal of Ecotourism, 2015, 14 (2 – 3): 243 – 263.

[347] MOYLE B D, WEILER B. Revisiting the importance of visitation: Public perceptions of park benefits [J]. Tourism and Hospitality Research, 2016, 17 (1): 91 – 105.

[348] NAWIJN J. The holiday happiness curve: A preliminary investigation into mood during a holiday abroad [J]. International Journal of Tourism Research, 2010, 12 (3): 281 – 290.

[349] NDAYIZEYE G, IMANI G, NKENGURUTSE J, et al. Ecosystem services from mountain forests: Local communities' views in Kibira National Park, Burundi [J]. Ecosystem Services, 2020, 45: Doi. org/10. 1016/j. ecoser. 2020. 101171.

[350] NEUVONEN M, POUTA E, PUUSTINEN J, et al. Visits to national parks: Effects of park characteristics and spatial demand [J]. Journal for Nature Conservation, 2010, 18 (3): 224 – 229.

[351] NOY C, COHEN E. Israeli backpackers and their society: A view from afar [M]. New York: University of New York Press, 2004: 111 – 158.

[352] O'DELL P. Redefining the national park service role in urban areas: Bringing the parks to the people [J]. Journal of Leisure Research, 2016, 48 (1): 5 – 11.

[353] OH J G, WON H J, MYEONG H H. A study on the method of ecosystem health assessment in national parks [J]. Korean Journal of Ecology and Environment, 2016, 49 (2): 147 – 152.

[354] OLYA H G, GAVILYAN Y. Configurational models to predict residents' support for tourism development [J]. Journal of Travel Research, 2017, 56 (7): 893 – 912.

[355] OSTERGREN D, SOLOP F I, HAGEN K K. National park service fees: Value for the money or a barrier to visitation [J]. Journal of Park and Recreation Administration, 2005, 23 (1): 18 – 36.

[356] PALEARI F G, PIVETTI M, GALATI D, et al. Hedonic and eudaimonic well-being during the COVID-19 lockdown in Italy: The role of stigma and appraisals [J]. British Journal of Health Psychology, 2021, 26 (2): 657 – 678.

[357] PALOMO I, MARTÍN-LÓPEZ B, POTSCHIN M, et al. National

parks, buffer zones and surrounding lands: Mapping ecosystem service flows [J]. Ecosystem Services, 2013, 4: 104 – 116.

[358] PANDIT N R. The creation of theory: A recent application of the grounded theory method [J]. The Qualitative Report, 1996, 2 (4): 1 – 15.

[359] PANTA S K, THAPA B. Entrepreneurship and women's empowerment in gateway communities of Bardia National Park, Nepal [J]. Journal of Ecotourism, 2018, 17 (1): 20 – 42.

[360] PARK E H, CHOI S J, OH H C, et al. Concept and policy developments on eco-welfare of national parks based on ecosystem service [J]. Korean Journal of Environment and Ecology, 2016, 30 (2): 261 – 270.

[361] PARK L E, TROISI J D, MANER J K. Egoistic versus altruistic concerns in communal relationships [J]. Journal of Social and Personal Relationships, 2011, 28 (3): 315 – 335.

[362] PAVLIKAKIS G E, TSIHRINTZIS V A. Perceptions and preferences of the local population in Eastern Macedonia and Thrace National Park in Greece [J]. Landscape and Urban Planning, 2006, 77: 1 – 16.

[363] PEDRAZA S, SANCHEZ A, CLERICI N, et al. Perception of conservation strategies and nature's contributions to people around Chingaza National Natural Park, Colombia [J]. Environmental Conservation, 2020, 47 (3): 158 – 165.

[364] PETERSEN B, STUART D. Navigating critical thresholds in natural resource management: A case study of Olympic National Park [J]. Journal of Extreme Events, 2017, 4 (1): 1750007. Doi: 10. 1142/s2345737617500075.

[365] PETERSON C, PARK N, SELIGMAN M E P. Orientations to happiness and life satisfaction: The full life versus the empty life [J]. Journal of Happiness Studies, 2005, 6 (1): 25 – 41.

[366] PITAS N, MOWEN A J, TAFF D, et al. Attitude strength and structure regarding privatization of local public park and recreation services [J]. Journal of Park & Recreation Administration, 2018, 36 (3): 141 – 159.

[367] POWELL R B, HAM S H. Can ecotourism interpretation really lead to pro-conservation knowledge, attitudes and behaviour? Evidence from the Galapagos Islands [J]. Journal of Sustainable Tourism, 2008, 16 (4): 467 – 489.

[368] PÉREZ-CALDERÓN E, PRIETO-BALLESTER J M, MIGUEL-BAR-RADO V, et al. Perception of sustainability of spanish national parks: Public use, tourism and rural development [J]. Sustainability, 2020, 12 (4): Doi: 10. 3390/su12041333.

[369] PRITCHARD A, RICHARDSON M, SHEFFIELD D, et al. The relationship between nature connectedness and eudaimonic well-being: A meta-analysis [J]. Journal of Happiness Studies, 2020, 21 (3): 1145 – 1167.

[370] QUAAS M F, BAUMGÄRTNER S. Natural vs. financial insurance in the management of public-good ecosystems [J]. Ecological Economics, 2008, 65 (2): 397 – 406.

[371] RAHMANI K, GNOTH J, MATHER D. Hedonic and eudaimonic well-being: A psycholinguistic view [J]. Tourism Management, 2018, 69: 155 – 166.

[372] RAMKISSOON H, MAVONDO F T. Proenvironmental behavior: Critical link between satisfaction and place attachment in Australia and Canada [J]. Tourism Analysis, 2017, 22 (1): 59 – 73.

[373] RAMKISSOON H, MAVONDO F, UYSAL M. Social involvement and park citizenship as moderators for quality-of-life in a national park [J]. Journal of Sustainable Tourism, 2018, 26 (3): 341 – 361.

[374] RAMKISSOON H, WEILER B, SMITH L D G. Place attachment and pro-environmental behavior in national parks: The development of a conceptual framework [J]. Journal of Sustainable Tourism, 2012, 20 (2): 257 – 276.

[375] RICCUCCI N M, VAN RYZIN G G, LI H. Representative bureaucracy and the willingness to coproduce: An experimental study [J]. Public Administration Review, 2016, 76 (1): 121 – 130.

[376] RICE W L, PARK S Y, PAN B, et al. Forecasting campground demand in US national parks [J]. Annals of Tourism Research, 2019, 75: 424 – 438.

[377] RICE W L, TAFF B D, NEWMAN P, et al. Grand expectations: Understanding visitor motivations and outcome interference in Grand Teton National Park, Wyoming [J]. Journal of Park & Recreation Administration, 2019, 37

（2）：26 - 44.

[378] RODGER K, TAPLIN R H, MOORE S A. Using a randomised experiment to test the causal effect of service quality on visitor satisfaction and loyalty in a remote national park [J]. Tourism Management, 2015, 50 (C)：172 - 183.

[379] RODRIGUEZ L C, HENSON D, HERRERO M, et al. Private farmers' compensation and viability of protected areas: The case of Nairobi National Park and Kitengela dispersal corridor [J]. International Journal of Sustainable Development & World Ecology, 2012, 19 (1)：34 - 43.

[380] RYAN R M, DECI E L. On happiness and human potentials: A review of research on hedonic and eudaimonic well-being [J]. Annual Review of Psychology, 2001, 52 (1)：141 - 166.

[381] RYFF C D. Happiness is everything, or is it? Explorations on the meaning of psychological well-being [J]. Journal of Personality and Social Psychology, 1989, 57 (6)：1069 - 1081.

[382] RYFF C D, KEYES C L M. The structure of psychological well-being revisited [J]. Journal of Personality and Social Psychology, 1995, 69 (4)：719 - 727.

[383] SAMDIN Z, AZIZ Y A, RADAM A, et al. Factors influencing the willingness to pay for entrance permit: The evidence from Taman Negara National Park [J]. Journal of Sustainable Development, 2010, 3 (3)：212 - 220.

[384] SARKER A H M R, RØSKAFT E. Human attitudes towards the conservation of protected areas: A case study from four protected areas in Bangladesh [J]. Oryx, 2011, 45 (3)：391 - 400.

[385] SCHRAMME T, EDWARDS S. Handbook of the philosophy of medicine [M]. Dordrecht: Springer Nature, 2017：160 - 165.

[386] SCHWARTZ M W, REDFORD K H, LESLIE E F. Fitting the US national park service for change [J]. BioScience, 2019, 69 (8)：651 - 657.

[387] SCHWARTZ Z, STEWART W, BACKLUND E A. Visitation at capacity-constrained tourism destinations: Exploring revenue management at a national park [J]. Tourism Management, 2012, 33 (3)：500 - 508.

[388] SELWYN N. A safe haven for misbehaving? An investigation of online

misbehavior among university students ［J］. Social Science Computer Review, 2008, 26 (4): 446 – 465.

［389］ SESSIONS C, WOOD S A, RABOTYAGOV S, et al. Measuring recreational visitation at U. S. National Parks with crowd-sourced photographs ［J］. Journal of Environmental Management, 2016, 183 (Part 3): 703 – 711.

［390］ SHAFER C L. Chronology of awareness about US national park external threats ［J］. Environmental Management, 2012, 50 (6): 1098 – 1110.

［391］ SHARMA G. Pros and cons of different sampling techniques ［J］. International Journal of Applied Research, 2017, 3: 749 – 752.

［392］ SHINWARI M I, KHAN M A. Folk use of medicinal herbs of Margalla Hills National Park, Islamabad ［J］. Journal of Ethnopharmacology, 2000, 69 (1): 45 – 56.

［393］ SIMANGUNSONG B C H, MANURUNG E G T, ELIAS E, et al. Tangible economic value of non-timber forest products from peat swamp forest in Kampar, Indonesia ［J］. Biodiversitas Journal of Biological Diversity, 2020, 21 (12): 5954 – 5960.

［394］ SIMS R. Food, place and authenticity: Local food and the sustainable tourism experience ［J］. Journal of Sustainable Tourism, 2009, 17 (3): 321 – 336.

［395］ SLOCUM S L. Operationalising both sustainability and neo-liberalism in protected areas: Implications from the USA's National Park Service's evolving experiences and challenges ［J］. Journal of Sustainable Tourism, 2017, 25 (12): 1848 – 1864.

［396］ SMITH J W, WILKINS E J, LEUNG Y F. Attendance trends threaten future operations of America's state park systems ［J］. Proceedings of the National Academy of Sciences of the United States of America, 2019, 116 (26): 12775 – 12780.

［397］ SOHEL M S I, MUKUL S A, BURKHARD B. Landscape's capacities to supply ecosystem services in Bangladesh: A mapping assessment for Lawachara National Park ［J］. Ecosystem Services, 2015, 12: 128 – 135.

［398］ SRIARKARIN S, LEE C H. Integrating multiple attributes for sustainable development in a national park ［J］. Tourism Management Perspectives, 2018, 28: 113 – 125.

［399］STEVENS T H, MORE T A, MARKOWSKI-LINDSAY M. Declining national park visitation: An economic analysis ［J］. Journal of Leisure Research, 2014, 46 (2): 153 – 164.

［400］STEYER R, SCHWENKMEZGER P, NOTZ P, et al. Theoretical analysis of a multidimensional mood questionnaire (MDBF) ［J］. Diagnostica, 1994, 40 (4): 320 – 328.

［401］STRICKLAND-MUNRO J, MOORE S. Indigenous involvement and benefits from tourism in protected areas: A study of Purnululu National Park and Warmun Community, Australia ［J］. Journal of Sustainable Tourism, 2013, 21 (1): 26 – 41.

［402］SU L J, TANG B L, NAWIJN J. Eudaimonic and hedonic well-being pattern changes: Intensity and activity ［J］. Annals of Tourism Research, 2020, 84: 103008. Doi: 10. 1016/j. annals. 2020. 103008.

［403］SUNTIKUL W, BUTLER R, AIREY D. Implications of political change on national park operations: doi moi and tourism to Vietnam's national parks ［J］. Journal of Ecotourism, 2010, 9 (3): 201 – 218.

［404］SURESH K, WILSON C, QUAYLE A, et al. Can a tourist levy protect national park resources and compensate for wildlife crop damage? An empirical investigation ［J］. Environmental Development, 2022, Doi. org/10. 1016/j. envdev. 2021. 100697.

［405］SUTTON P C, DUNCAN S L, ANDERSON S J. Valuing our national parks: An ecological economics perspective ［J］. Land, 2019, 8 (4): 1 – 17.

［406］TANAKA T. Governance for protected areas "beyond the boundary": A conceptual framework for biodiversity conservation in the Anthropocene ［DB/OL］. https: //link_springer. xilesou. top/chapter/10. 1007/978 – 981 – 13 – 9065 – 4_6. ［2019 – 09 – 01/2019 – 12 – 15］.

［407］TAYLOR P A, GRANDJEAN B D, GRAMANN J H. National Park Service comprehensive survey of the American public 2008 – 2009: Racial and ethnic diversity of national park system visitors and non-visitors. Natural Resource Report NPS/NRSS/SSD/NRR-2011/432 [EB/OL]. http: //www. nature. nps. gov/ socialscience/docs/CompSurvey2008_2009RaceEthnicity. pdf. [2019 - 10 - 16/ 2020 - 12 - 21].

[408] TENGBERG A, FREDHOLM S, ELIASSON I, et al. Cultural eco-system services provided by landscapes: Assessment of heritage values and identity [J]. Ecosystem Services, 2012, 2 (2): 14 - 26.

[409] THOMAS B, HOLLAND J D, MINOT E O. Seasonal home ranges of el-ephants (Loxodonta africana) and their movements between Sabi Sand Reserve and Kruger National Park [J]. African Journal of Ecology, 2012, 50 (2): 131 - 139.

[410] TOIVONEN T, HEIKINHEIMO V, FINK C, et al. Social media data for conservation science: A methodological overview [J]. Biological Conservation, 2019, 233: 298 - 315.

[411] TOM DIECK D, TOM DIECK M C, JUNG T. Tourists' virtual reality adoption: An exploratory study from Lake District National Park [J]. Leisure Stud-ies, 2018, 37 (4): 371 - 383.

[412] TONGE J, RYAN M M, MOORE S A, et al. The effect of place at-tachment on pro-environment behavioral intentions of visitors to coastal natural area tourist destinations [J]. Journal of Travel Research, 2015, 54 (6): 730 - 743.

[413] TORMEY D. Communicating geoheritage: Interpretation, education, outreach [J]. Parks Stewardship Forum, 2022, 38 (1): 75 - 83.

[414] TRIGUEROS R, PÉREZ-JIMÉNEZ J M, GARCÍA-MAS A, et al. Adaptation and validation of the eudaimonic well-being questionnaire to the Span-ish sport context [J]. International Journal of Environmental Research and Public Health, 2021, 18 (7): 3609 - 3618.

[415] UBA C D, CHATZIDAKIS A. Understanding engagement and disen-gagement from pro-environmental behaviour: The role of neutralization and affirma-tion techniques in maintaining persistence in and desistance from car use [J]. Transportation Research Part A: Policy and Practice, 2016, 94: 278 - 294.

[416] VADA S, PRENTICE C, HSIAO A. The role of positive psychology in tourists' behavioural intentions [J]. Journal of Retailing and Consumer Services, 2019, 51: 293 - 303.

[417] VAN RIPER C J, KYLE G T, SHERROUSE B C, et al. Toward an integrated understanding of perceived biodiversity values and environmental conditions in a national park [J]. Ecological Indicators, 2017, 72: 278 – 287.

[418] VAN RIPER C J, KYLE G T, SUTTON S G, et al. Mapping outdoor recreationists' perceived social values for ecosystem services at Hinchinbrook Island National Park, Australia [J]. Applied Geography, 2012, 35 (1 – 2): 164 – 173.

[419] VAN ZYL H, KINGHORN J, EMERTON L. National park entrance fees: A global benchmarking focused on affordability [J]. Parks, 2019, 25 (1): 39 – 54.

[420] VENHOEVEN L A, BOLDERDIJK J W, Steg L. Explaining the paradox: How pro-environmental behaviour can both thwart and foster well-being [J]. Sustainability, 2013, 5 (4): 1372 – 1386.

[421] VOIGT C, HOWAT G, BROWN G. Hedonic and eudaimonic experiences among wellness tourists: An exploratory enquiry [J]. Annals of Leisure Research, 2010, 13 (3): 541 – 562.

[422] VOYER M, GLADSTONE W, GOODALL H. Methods of social assessment in Marine Protected Area planning: Is public participation enough? [J]. Marine Policy, 2012, 36 (2): 432 – 439.

[423] WATERMAN A S, SCHWARTZ S J, CONTI R. The implications of two conceptions of happiness (hedonic enjoyment and eudaimonia) for the understanding of intrinsic motivation [J]. Journal of happiness studies, 2008, 9 (1): 41 – 79.

[424] WATERMAN A S, SCHWARTZ S J, ZAMBOANGA B L, et al. The Questionnaire for Eudaimonic Well-Being: Psychometric properties, demographic comparisons, and evidence of validity [J]. The Journal of Positive Psychology, 2010, 5 (1): 41 – 61.

[425] WATSON D, CLARK L A, TELLEGEN A. Development and validation of brief measures of positive and negative affect: The PANAS scales [J]. Journal of Personality and Social Psychology, 1988, 54 (6): 1063 – 1070.

[426] WATVE M, PATEL K, BAYANI A, et al. A theoretical model of

community operated compensation scheme for crop damage by wild herbivores [J]. Global Ecology and Conservation, 2016, 5: 58 – 70.

[427] WEAVER D. Volunteer tourism and beyond: Motivations and barriers to participation in protected area enhancement [J]. Journal of Sustainable Tourism, 2015, 23 (5): 683 – 705.

[428] WEBLER T, TULER S, TANGUAY J. Competing perspectives on public participation in national park service planning: The Boston Harbor Islands National Park Area [J]. Journal of Park and Recreation Administration, 2004, 22 (3): 91 – 113.

[429] WEILER B, MOYLE B D, SCHERRER P, et al. Demarketing an iconic national park experience: Receptiveness of past, current and potential visitors to selected strategies [J]. Journal of Outdoor Recreation and Tourism, 2019, 25: 122 – 131.

[430] WITT B. Tourists' willingness to pay increased entrance fees at Mexican protected areas: A multi-site contingent valuation study [J]. Sustainability, 2019, 11 (11): Doi: 10. 3390/su11113041.

[431] WOLSKO C, LINDBERG K. Experiencing connection with nature: The matrix of psychological well-being, mindfulness, and outdoor recreation [J]. Ecopsychology, 2013: 5 (2), 80 – 91.

[432] YOSHIKURA T, AMANO M, ANSHARI G Z. Exploring potential of REDD + readiness with social safeguard through diverse forest use practices in Gunung Palung National Park in West Kalimantan, Indonesia [J]. Open Journal of Forestry, 2018, 8 (2): 141 – 154.

[433] YU J B, LI H L, XIAO H G. Are authentic tourists happier? Examining structural relationships amongst perceived cultural distance, existential authenticity, and wellbeing [J]. International Journal of Tourism Research, 2019, 22 (1): 144 – 154.

[434] ZAFRA-CALVO N, BALVANERA P, PASCUAL U, et al. Plural valuation of nature for equity and sustainability: Insights from the global south [J]. Global Environmental Change, 2020, 63: 102115. Doi: 10. 1016/j. gloenvcha. 2020. 102115.

［435］ ZAHRA A, MCINTOSH A J. Volunteer tourism： Evidence of cathartic tourist experiences ［J］. Tourism Recreation Research, 2007, 32 （1）： 115 – 119.

［436］ ZAWILIŃSKA B. Residents' attitudes towards a national park under conditions of suburbanisation and tourism pressure： A case study of OjcóW National park （Poland） ［J］. European Countryside, 2020, 12 （1）： 119 – 137.

［437］ ZELENIKA I, MOREAU T, LANE O, et al. Sustainability education in a botanical garden promotes environmental knowledge, attitudes and willingness to act ［J］. Environmental Education Reaearch, 2018, 24 （11）： 1581 – 1596.

［438］ ZHANG H M, CHEN W, ZHANG Y C, et al. National park visitors' car-use intention： A norm-neutralization model ［J］. Tourism Management, 2018, 69： 97 – 108.